U0295238

国家出版基金项目
NATIONAL PUBLICATION FOUNDATION

航空发动机系列

主 编 陈懋章

燃气涡轮推进系统

Gas Turbine Propulsion Systems

【加】贝尔尼·麦克艾萨克 【美】罗伊·兰顿 著

颜万亿 谈琳娓 译

上海交通大学出版社
SHANGHAI JIAO TONG UNIVERSITY PRESS

内容提要

本书是一本关于燃气涡轮发动机推进系统在航空器及舰船上应用的专著。全书以先进飞机和发动机为例,讲述燃气涡轮推进系统各子系统的工作原理、设计要求和设计方法,内容涉及发动机的进/排气、起动、FADEC、加力燃烧和可调喷口、反推力、矢量推力、VSTOL、进气道/螺旋桨防冰、滑油、燃油、通风冷却、功率提取、预测和健康监控,还专门给出航改燃气轮机在舰船推进系统中的应用和设计要求。本书还介绍了现在和未来燃气涡轮推进系统的发展和新技术,最后以附录的形式给出建立发动机热力学模型的数学方法。

本书可供从事飞机、直升机以及燃气涡轮发动机设计的工程技术人员以及从事以燃气轮机为动力的舰船设计人员参考,也可供各航空院校相关专业以及舰船设计专业的师生教学和科研参考。

© 2011, John Wiley & Sons, Ltd

All Rights Reserved. Authorised translation from the English language edition published by John Wiley & Sons Limited. Responsibility for the accuracy of the translation rests solely with Shanghai Jiaotong University Press and is not the responsibility of John Wiley & Sons Limited. No part of this book may be reproduced in any form without the written permission of the original copyright holder, John Wiley & Sons Limited.

上海市版权局著作权合同登记号:图字:09-2013-23 号

图书在版编目(CIP)数据

燃气涡轮推进系统/(加)麦克艾萨克,(美)兰顿著;颜万亿,谈琳娓译.—上海:上海交通大学出版社,2014

ISBN 978-7-313-12146-2

Ⅰ.①燃… Ⅱ.①麦…②兰…③颜…④谈…
Ⅲ.①燃气透平-推进系统 Ⅳ.①TK47

中国版本图书馆 CIP 数据核字(2014)第 229027 号

燃气涡轮推进系统

著　　者:〔加〕贝尔尼·麦克艾萨克　〔美〕罗伊·兰顿　　译　者:颜万亿　谈琳娓
出版发行:上海交通大学出版社　　　　　　　　　　　　　地　址:上海市番禺路 951 号
邮政编码:200030　　　　　　　　　　　　　　　　　　　　电　话:021-64071208
出 版 人:韩建民
印　　制:上海万卷印刷有限公司　　　　　　　　　　　　经　销:全国新华书店
开　　本:787mm×1092mm　1/16　　　　　　　　　　　印　张:19.5
字　　数:384 千字
版　　次:2014 年 12 月第 1 版　　　　　　　　　　　　　印　次:2014 年 12 月第 1 次印刷
书　　号:ISBN 978-7-313-12146-2/TK
定　　价:80.00 元

版权所有　侵权必究
告读者:如发现本书有印装质量问题请与印刷厂质量科联系
联系电话:021-56928211

大飞机出版工程

丛书编委会

总主编

顾诵芬（中国航空工业集团公司科技委副主任、中国科学院和中国工程院院士）

副总主编

金壮龙（中国商用飞机有限责任公司董事长）

马德秀（上海交通大学党委书记、教授）

编　委(按姓氏笔画排序)

王礼恒（中国航天科技集团公司科技委主任、中国工程院院士）

王宗光（上海交通大学原党委书记、教授）

刘　洪（上海交通大学航空航天学院教授）

许金泉（上海交通大学船舶海洋与建筑工程学院工程力学系主任、教授）

杨育中（中国航空工业集团公司原副总经理、研究员）

吴光辉（中国商用飞机有限责任公司副总经理、总设计师、研究员）

汪　海（上海交通大学航空航天学院副院长、研究员）

沈元康（中国民用航空局原副局长、研究员）

陈　刚（上海交通大学副校长、教授）

陈迎春（中国商用飞机有限责任公司常务副总设计师、研究员）

林忠钦（上海交通大学常务副校长、中国工程院院士）

金兴明（上海市经济与信息化委副主任、研究员）

金德琨（中国航空工业集团公司科技委委员、研究员）

崔德刚（中国航空工业集团公司科技委委员、研究员）

敬忠良（上海交通大学航空航天学院常务副院长、教授）

傅　山（上海交通大学航空航天学院研究员）

航空发动机系列编委会

主　编
陈懋章(北京航空航天大学能源与动力工程学院教授、中国工程院院士)

副主编(按姓氏笔画排序)
尹泽勇(中航商用飞机发动机有限责任公司总设计师、中国工程院院士)
严成忠(中航工业沈阳发动机设计研究所原总设计师、研究员)
苏　明(上海市教育委员会主任、教授)
陈大光(北京航空航天大学能源与动力工程学院教授)

编　委(按姓氏笔画排序)
丁水汀(北京航空航天大学动力与能源工程学院院长、教授)
王安正(上海交通大学机械与动力工程学院教授)
刘松龄(西北工业大学动力与能源学院教授)
孙健国(南京航空航天大学能源与动力学院、教授)
孙晓峰(北京航空航天大学能源与动力工程学院教授)
朱俊强(中国科学院工程热物理所副所长、研究员)
何　力(牛津大学工程科学系教授)
张绍基(中航工业航空动力机械研究所原副所长、研究员)
张　健(中航发动机控股有限公司副总经理)
李应红(空军工程大学工程学院教授、中国科学院院士)
李其汉(北京航空航天大学能源与动力学院教授)
李继保(中航商用飞机发动机有限责任公司副总经理、研究员)
李锡平(中航工业航空动力机械研究所原副总设计师、研究员)
杜朝辉(上海交通大学研究生院常务副院长、教授)
邹正平(北京航空航天大学能源与动力工程学院教授)
陈　光(北京航空航天大学能源与动力工程学院教授)
周拜豪(中航工业燃气涡轮研究院原副总设计师、研究员)
金如山(美国罗罗公司原研发工程师、西北工业大学客座教授)
贺　利(中国国际航空股份有限公司原副总裁)
陶　智(北京航空航天大学副校长、教授)
高德平(南京航空航天大学能源与动力学院教授)
蒋浩康(北京航空航天大学能源与动力工程学院教授)
蔡元虎(西北工业大学动力与能源学院教授)
滕金芳(上海交通大学航空航天学院研究员)

总　　序

　　国务院在 2007 年 2 月底批准了大型飞机研制重大科技专项正式立项,得到全国上下各方面的关注。"大型飞机"工程项目作为创新型国家的标志工程重新燃起我们国家和人民共同承载着"航空报国梦"的巨大热情。对于所有从事航空事业的工作者,这是历史赋予的使命和挑战。

　　1903 年 12 月 17 日,美国莱特兄弟制作的世界第一架有动力、可操纵、重于空气的载人飞行器试飞成功,标志着人类飞行的梦想变成了现实。飞机作为 20 世纪最重大的科技成果之一,是人类科技创新能力与工业化生产形式相结合的产物,也是现代科学技术的集大成者。军事和民生对飞机的需求促进了飞机迅速而不间断的发展,应用和体现了当代科学技术的最新成果;而航空领域的持续探索和不断创新,为诸多学科的发展和相关技术的突破提供了强劲动力。航空工业已经成为知识密集、技术密集、高附加值、低消耗的产业。

　　从大型飞机工程项目开始论证到确定为《国家中长期科学和技术发展规划纲要》的十六个重大专项之一,直至立项通过,不仅使全国上下重视起我国自主航空事业,而且使我们的人民、政府理解了我国航空事业半个世纪发展的艰辛和成绩。大型飞机重大专项正式立项和启动使我们的民用航空进入新纪元。经过 50 多年的风雨历程,当今中国的航空工业已经步入了科学、理性的发展轨道。大型客机项目其产业链长、辐射面宽、对国家综合实力带动性强,在国民经济发展和科学技术进步中发挥着重要作用,我国的航空工业迎来了新的发展机遇。

　　大型飞机的研制承载着中国几代航空人的梦想,在 2016 年造出与波音 B737 和空客 A320 改进型一样先进的"国产大飞机"已经成为每个航空人心中奋斗的目标。然而,大型飞机覆盖了机械、电子、材料、冶金、仪器仪表、化工等几乎所有工业门类,集成了数学、空气动力学、材料学、人机工程学、自动控制学等多种学科,是一个复杂的科技创新系统。为了迎接新形势下理论、技术和工程等方面的严峻挑战,迫切需要引入、借鉴国外的优秀出版物和数据资料,总结、巩固我们的经验和成果,编著一套以"大飞机"为主题的丛书,借以推动服务"大型飞机"作为推动服务整个航空科学的切入点,同时对于促进我国航空事业的发展和加快航空紧缺人才的培养,具有十分重要的现实意义和深远的历史意义。

2008 年 5 月,中国商用飞机有限公司成立之初,上海交通大学出版社就开始酝酿"大飞机出版工程",这是一项非常适合"大飞机"研制工作时宜的事业。新中国第一位飞机设计宗师——徐舜寿同志在领导我们研制中国第一架喷气式歼击教练机——歼教 1 时,亲自撰写了《飞机性能捷算法》,及时编译了第一部《英汉航空工程名词字典》,翻译出版了《飞机构造学》《飞机强度学》,从理论上保证了我们飞机研制工作。我本人作为航空事业发展 50 年的见证人,欣然接受了上海交通大学出版社的邀请担任该丛书的主编,希望为我国的"大型飞机"研制发展出一份力。出版社同时也邀请了王礼恒院士、金德琨研究员、吴光辉总设计师、陈迎春副总设计师等航空领域专家撰写专著、精选书目,承担翻译、审校等工作,以确保这套"大飞机"丛书具有高品质和重大的社会价值,为我国的大飞机研制以及学科发展提供参考和智力支持。

编著这套丛书,一是总结整理 50 多年来航空科学技术的重要成果及宝贵经验;二是优化航空专业技术教材体系,为飞机设计技术人员培养提供一套系统、全面的教科书,满足人才培养对教材的迫切需求;三是为大飞机研制提供有力的技术保障;四是将许多专家、教授、学者广博的学识见解和丰富的实践经验总结继承下来,旨在从系统性、完整性和实用性角度出发,把丰富的实践经验进一步理论化、科学化,形成具有我国特色的"大飞机"理论与实践相结合的知识体系。

"大飞机"丛书主要涵盖了总体气动、航空发动机、结构强度、航电、制造等专业方向,知识领域覆盖我国国产大飞机的关键技术。图书类别分为译著、专著、教材、工具书等几个模块;其内容既包括领域内专家们最先进的理论方法和技术成果,也包括来自飞机设计第一线的理论和实践成果。如：2009 年出版的荷兰原福克飞机公司总师撰写的 *Aerodynamic Design of Transport Aircraft*（《运输类飞机的空气动力设计》），由美国堪萨斯大学 2008 年出版的 *Aircraft Propulsion*（《飞机推进》）等国外最新科技的结晶；国内《民用飞机总体设计》等总体阐述之作和《涡量动力学》、《民用飞机气动设计》等专业细分的著作；也有《民机设计 1000 问》、《英汉航空双向词典》等工具类图书。

　　该套图书得到国家出版基金资助，体现了国家对"大型飞机项目"以及"大飞机出版工程"这套丛书的高度重视。这套丛书承担着记载与弘扬科技成就、积累和传播科技知识的使命，凝结了国内外航空领域专业人士的智慧和成果，具有较强的系统性、完整性、实用性和技术前瞻性，既可作为实际工作指导用书，亦可作为相关专业人员的学习参考用书。期望这套丛书能够有益于航空领域里人才的培养，有益于航空工业的发展，有益于大飞机的成功研制。同时，希望能为大飞机工程吸引更多的读者来关心航空、支持航空和热爱航空，并投身于中国航空事业做出一点贡献。

2009 年 12 月 15 日

序　言

作为创新型国家的标志工程,大型飞机研制重大科技专项已于 2007 年 2 月由国务院正式批准立项。为了对该项重大工程提供技术支持,2008 年 5 月,上海交通大学出版社酝酿"大飞机出版工程",并得到了国家出版基金资助,现已正式立项。"航空发动机系列丛书"是"大飞机出版工程"的组成部分。

航空发动机为飞机提供动力,是飞机的心脏,是航空工业的重要支柱,其发展水平是一个国家综合国力、工业基础和科技水平的集中体现,是国家重要的基础性战略产业,被誉为现代工业"皇冠上的明珠"。建国以来,发动机行业受到国家的重视,从无到有,取得了长足的进步,但与航空技术先进国家相比,我们仍有较大差距,飞机"心脏病"的问题仍很严重,这已引起国家高度重视,正采取一系列有力措施,提高科学技术水平,加快发展进程。

航空发动机经历了活塞式发动机和喷气式发动机两个发展阶段。在第二次世界大战期间,活塞式发动机技术日臻成熟,已达到很高水平,但由于其功率不能满足不断提高的对飞行速度的要求,加之螺旋桨在高速时尖部激波使效率急剧下降,也不适合高速飞行,这些技术方面的局限性所带来的问题表现得日益突出,客观上提出了对发明新式动力装置的要求。在此背景下,1937 年,英国的 Frank Whittle,1939 年德国的 von Ohain 在相互隔绝的情况下,先后发明了喷气式发动机,宣布了喷气航空新时代的来临。喷气发动机的问世,在很短的时间内得到了飞速发展,在很大程度上改变了人类社会的各个方面,对科学技术进步和人类生活产生了深远的影响。

喷气式发动机是燃气涡轮发动机的一种类型,自其问世以来,已出现了适于不同用途的多种类型,得到了长足的发展。在 20 世纪的下半叶,它已占据航空动力装置的绝对统治地位,预计起码在 21 世纪的上半叶,这种地位不会改变。现在一般所说的航空发动机都是指航空燃气涡轮发动机。本系列丛书将只包含与这种发动机有关的内容。

现代大型客机均采用大涵道比涡轮风扇发动机,它与用于战斗机的小涵道比发动机有一定区别,特别是前者在低油耗、低噪声、低污染排放、高可靠性、长寿命等方面有更高的要求,但两者的基本工作原理、技术等有很大的共同性,所以除了必须指明外,本系列丛书不再按大小涵道比(或军民用)分类型论述。

航空发动机的特点是工作条件极端恶劣而使用要求又非常之高。航空发动机是在高温、高压、高转速特别是很快的加减速瞬变造成应力和热负荷高低周交变的条件下工作的。以高温为例,目前先进发动机涡轮前燃气温度高达 $1800\sim2000\,\mathrm{K}$,而现代三代单晶高温合金最高耐温为 $1376\,\mathrm{K}$;这 600 多度的温度差距只能靠复杂的叶片冷却技术和隔热涂层技术解决。发动机转速高达 $10\,000\sim60\,000\,\mathrm{r/min}$,对应的离心加速度约为 $100\,000\,\mathrm{g}$ 的量级,承受如此高温的叶片在如此高的离心负荷下要保证安全、可靠、长寿命工作,难度无疑是非常之高的。

航空发动机是多学科交融的高科技产品,涉及气动力学、固体力学、热力学,传热学、燃烧学、机械学、自动控制、材料学、加工制造等多个学科。这些学科的科学问题,经科学家们长期的艰苦探索、研究,已取得很大成就,所建立的理论体系,可以基本反映客观自然规律,并用以指导航空发动机的工程设计研制。这是本系列丛书的基本内容。但是必须指出,由于许多科学问题,至今尚未得到根本解决,有的甚至基本未得到解决,加之多学科交叉,大大增加了问题的复杂性,人们现在还不能完全靠理论解决工程研制问题。以流动问题为例,气流流过风扇、压气机、燃烧室、涡轮等部件,几何边界条件复杂,流动性质为强三维、固有非定常、包含转换过程的复杂湍流流动,而湍流理论至今基本未得到解决,而且在近期看不见根本解决的前景。其他学科的科学问题也在不同程度上存在类似情况。

由于诸多科学问题还未得到很好解决,而客观上又对发展这种产品有迫切的需求,人们不得不绕开复杂的科学问题,通过大量试验,认识机理,发现规律,获取知识,以基本理论为指导,理论与试验数据结合,总结经验关系,制定各种规范……并以此为基础研制发动机。在认识客观规律的过程中,试验不仅起着揭示现象、探索机理的作用,也是检验理论的最终手段。短短七八十年,航空发动机取得如此惊人的成就,其基本经验和技术途径就是如此。

总之,由于科学问题未得到很好解决,多学科交叉的复杂性,加之工作条件极端恶劣而使用要求又非常之高的特点,使得工程研制的技术难度很大,这些因素决定了航空发动机发展必须遵循以大量试验为支撑的技术途径。

随着计算机和计算数学的发展,计算流体力学、计算固体力学和计算传热学、计算燃烧学等取得了长足的进展,对深入认识发动机内部复杂物理机理、优化设计和加速工程研制进程、逐步减少对试验的依赖起着非常重要的作用。但是由于上述诸多科学问题尚未解决,纯理论的数值计算不能完全准确反映客观真实,因而不能完全据此进行工程研制。目前先进国家的做法,仍是依靠以试验数据为基础建立起来的经验关联关系。在数值技术高度发展的今天,人们正在做出很大的努力,利用试验数据库修正纯理论的数值程序,以期能在工程研制中发挥更大作用。

钱学森先生曾提出技术科学的概念,它是搭建科学与工程之间的桥梁。航空发动机是典型的技术科学,而以试验为支撑的理论、经验关系、设计准则和规范等则是构建此桥梁的水泥砖石。

对于航空发动机的科学、技术与工程之间的关系及其现状的上述认识将反映在本系列丛书中,并希望得到读者的认同和注意。

"发动机系列丛书"涵盖总体性能、叶轮机械、燃烧、传热、结构、固体力学、自动控制、机械传动、试验测试、适航等专业方向,力求达到学科基本理论的系统性,内容的相对完整性,并适当结合工程应用。丛书反映了学科的近期和未来的可能发展,注意包含相对成熟的先进内容。

本系列丛书的编委会由来自高等学校、科研院所和工业部门的教师和科技工作者组成,他们都有很高的学术造诣,丰富的实际经验,掌握全局,了解需求,对于形成系列丛书的指导思想,确定丛书涵盖的范围和内容,审定编写大纲,保证整个丛书质量,发挥了不可替代的重要作用。我对他们接受编委会的工作,并做出了重要贡献表示衷心感谢。

　　本系列丛书的编著者均有很高的学术造诣，理论功底深厚，实际经验丰富，熟悉本领域国内外情况，在业内得到了高度认可，享有很高的声望。我很感谢他们接受邀请，用他们的学识和辛勤劳动完成本系列丛书。在编著中他们融入了自己长期教学科研生涯中获得的经验、发现和创新，形成了本系列丛书的特色，这是难能可贵的。

　　本系列丛书以从事航空发动机专业工作的科技人员、教师和与此专业相关的研究生为主要对象，也可作为本科生的参考书，但不是本科教材。希望本丛书的出版能够有益于航空发动机专业人才的培养，有益于提高行业科学技术水平，有益于航空工业的发展，为中国航空事业做出贡献。

2013 年 10 月

译 者 序

燃气涡轮发动机自第二次世界大战期间问世至今，经过航空工业界的不断努力，历经数代发展，在推力级、性能、推重比、耗油率、环保特性（噪声、排污）、可靠性、安全性和寿命等各方面都取得了惊人的成就，成为当今飞机和直升机的主要动力，尤其是先进性能高涵道比涡轮风扇发动机的应用，构成现代大型民用运输类飞机的唯一动力。

随着现代电子技术的发展，使燃气涡轮发动机与确保燃气涡轮发动机正常工作所必需的系统和子系统得以高度综合，构成了用于现代航空器的复杂燃气涡轮推进系统，为各类航空器提供飞行所需要的推进力，提供确保航空器安全运行所必需的电源、液压源和气源。

这次引进并翻译出版的 *Gas Turbine Propulsion Systems*（燃气涡轮推进系统），是一本阐述以燃气涡轮发动机推进系统在航空器及舰船上应用的专著。本书的作者是两位从事燃气涡轮发动机及其系统设计和制造的资深专业人士。加拿大的 Bernie MacIsaac（贝尔尼·麦克艾萨克）博士，他曾创建 GasTOPS 责任有限公司并任董事长，并担任加拿大航空航天研究所（CASI）所长；另一位是美国的 Roy Langton（罗伊·兰顿），他曾任美国 Parker Hannifin（帕克·汉尼汾）航宇公司航空航天集团工程副总裁。

本书与其他有关燃气涡轮发动机的著作有所不同，并非是单纯阐述燃气涡轮发动机及其部件的工作原理和构造，而是在阐明燃气涡轮发动机（涡轮喷气、涡轮风扇、涡轮螺旋桨和涡轮轴）工作原理和主要特点的同时，以当前多个型号的先进民机/军机和发动机为示例，用恰当的和易于掌握的基础数学处理方法，着重阐述燃气涡轮推进系统各子系统的工作原理，并借助系统工程的方法进行分析和研究，表明各子系统的设计要求和方法，内容涉及超声速和亚声速进气道、飞机隐身、发动机起动、发动机控制（FADEC）、发动机排气（包括加力燃烧室和可调喷口、反推力装置、矢量推力和 VSTOL）、进气道/螺旋桨防冰、滑油系统、燃油系统、通风冷却、功率提取等系统。

本书第 10 章，引入当前发动机状态监控的新概念，即预测和健康监控（PHM）系统，详细阐述 PHM 的基本概念、执行方法和数据处理以及空地数据传递，还给出了与燃气涡轮发动机主要部件有关的寿命统计数据。

本书最后的第 11 章，为读者指出了未来的新燃气涡轮推进技术，专门介绍了涉及新一代旅客机波音 787 梦幻多电飞机和多电发动机、无引气和无机械功率提取发动机、无滑油（磁浮轴承）发动机、新桨扇发动机、Leap-x 发动机、齿轮传动风扇（GTF）发动机、电传动反推力装置（ETRAS）等。

值得一提的是，本书还扩展了燃气涡轮发动机在其他领域的应用，第 9 章用了整章的篇幅，阐述了燃气涡轮推进系统在现代舰船（海洋防务）上的应用。这里顺便做一解释，英文术语"Gas Turbine Engine"，在我国航空界普遍翻译为"燃气涡轮发动机"，而在船舶工业界则普遍翻译为"燃气轮机"，为尊重读者的习惯，在第 9 章中，用了"燃气轮机"的名称。这一章以实际战舰为例，详细阐明航空燃气涡轮发动机和航改燃气轮机在不同工作平台上的使用差异，舰船推进系统选用原则，进气/排气口位置选择和设计、防红外辐射探测/隐身设计、舰船航行和操纵、船用螺旋桨、防水/防冰、发动机安装设计的要求和注意事项。

此外，本书最后以 4 份附录的形式，给出扰动法、根轨迹法、拉氏变换等数学方法在设计和发动机最终建模时的应用，为燃气涡轮推进系统设计提供指南。

由于本书出版时间较近，加上两位作者在该专业范畴内有丰富的理论和实践经验，因此本书的内容新颖而详尽，反映了该专业范畴内当前的最新科技水平和成果，是一本不可多得的专业著作。

航空燃气涡轮发动机一直是制约我国航空工业发展的短板，希望本书的翻译出版和使用，能够为克服这一短板效应做点贡献。

本书可供我国从事飞机、直升机以及燃气涡轮发动机设计的工程技术人员参考使用，也可供从事以燃气轮机为动力的舰船设计人员参考。同时本书又是一本好教材，可供各航空院校相关专业以及舰船设计专业的师生教学使用和科研工作参考。

中国商飞公司民机试飞中心的谈琳娓翻译了本书的第 2，5，7 和 11 章，颜万亿翻译其余部分并负责全书统稿。在本书翻译成稿过程中得到了上海飞机设计研究院多位资深人士和中国商飞民机试飞中心刘燊的大力帮助，在此深表感谢。

原版书作者介绍

贝尔尼·麦克艾萨克(Bernie MacIsaac)

贝尔尼·麦克艾萨克博士于 1970 年获得新斯科舍技术大学工学学士学位(机械)。后获得"科学 67"研究生奖学金,去渥太华卡尔顿大学研究喷气发动机动力学和控制,并于 1972 年获得工程硕士学位,于 1974 年获得哲学博士学位。在完成学业之后,麦克艾萨克博士在加拿大国家研究委员会工作了 4 年,在此期间,他协助研制用于通用航空燃气涡轮发动机的第一个 8 比特微处理器控制器,获得有关防止直升机发动机出现空中发动机失速的控制设计专利。

麦克艾萨克博士于 1979 年成立了 GasTOPS①Ltd(燃气涡轮和其他推进系统有限责任公司),总部位于渥太华的公司,专注于将智能系统应用于机械保护和机械维修系统。公司大部分工作的重点在于航空航天和工业用动力装置。大约在 1991 年,GasTOPS 公司开始研制一种可联机使用的滑油碎屑探测器,用于对动力装置中滑油湿润部件的损坏进行确认。这一装置现已用于许多现代战斗机发动机,也用于许多陆基热电联产机组发动机和管道输送系统发动机,并在新兴的风力涡轮机市场上销售良好。这一发展使他创建了一个制造企业,并且使此产品的世界销售量处于领先地位。麦克艾萨克博士担任 GasTOPS 责任有限公司的董事长直到 2007 年。此后,他将公司的管理移交给他长期合作的同事戴维·缪尔(David Muir)先生。自那以后,麦克艾萨克博士投入他的全部精力,在 GasTOPS 公司内创建了一个 R&D(研制和设计)组,负责新技术的定义和后续验证,这些技术将构成 GasTOPS 公司下一个生产线的基础。麦克艾萨克博士参与渥太华大学和卡尔顿大学的专业实践课程以及卡尔顿大学主办的关于燃气涡轮发动机的短期课程。他是加拿大航空航天研究所的前任董事长,并且是 PRECARN②(一家网络公司,联系从事合作应用研究

---

① 原文全称为"Gas Turbines and Other Propulsion Systems"。——译注
② 原文全称为"Pre-competitive Applied Research Network"。——译注

的各个公司)前任主席。他现在担任加拿大航空航天研究所高级评奖委员会主席。麦克艾萨克博士生于 1945 年,1969 年结婚,有一对在 1973 年圣诞节出生的孪生女儿,有 3 个外孙女和 1 个外孙。从 1970 年起,他与妻子安(Ann)一直住在加拿大渥太华。

罗伊·兰顿(Roy Langton)

罗伊·兰顿于 1956 年在位于英国兰开夏郡沃顿的英国航空电气公司(现在的 BAE 系统)当见习生,开始了他的职业生涯。后来毕业于机械和航空工程专业。他从事若干军用飞机的助力飞行操纵作动系统的工作,包括英国的闪电(Lightning)、英法联合研制的美洲虎(Jaguar)和帕那维亚飞机公司的旋风(Panavia Tornado)。他 1968 年移民到美国,在康涅狄格州的西哈特福德的钱德勒埃文斯(Chandler Evans)公司(现在是古特瑞奇(Goodrich)公司的一部分)工作,后来在哈密尔顿标准(Hamilton Standard)公司(现在的汉胜(Hamilton Sundstrand)公司)工作,从事发动机燃油控制器从流体力学向数字电子转换的技术。在此期间,他经历了各种各样的项目,从小的燃气涡轮发动机(诸如战斧导弹巡航发动机)到用于当今商用运输机的大型高涵道比燃气涡轮发动机。在此期间,一个重大的里程碑是,首次将 FADEC 投入商业应用,安装在 PW 公司的 PW2037 发动机上,这是许多 B757 飞机所用的发动机。在 1984 年,他与帕克·汉尼汾(Parker Hannifin)公司合作,开始了研究飞机燃油控制器的职业生涯,是该公司航空航天集团燃油产品部(位于加利福尼亚州欧文市)的总工程师。他于 2004 年退休,在此之前的 20 年时间里,一直担任集团的工程副总裁,在促使帕克航宇(Parker Aerospace)公司成为向全世界飞机制造商提供整套燃油系统的领先供应商方面,起到了重要作用。从 1993 年为庞巴迪公司的环球快车(Global Express)喷气式公务机提供服务开始,到 2000 年为 A380 大型商用运输机提供燃油测量和管理系统,达到鼎盛时期。罗伊·兰顿生于 1939 年,在 1960 年与妻子琼(June)结婚,有两个女儿和 5 个外孙。罗伊和琼现在住在美国的爱达荷州的博伊西。罗伊·兰顿现还在工作,作为帕克航宇公司的兼职技术顾问,并从 2005 年起,成为 John Wiley & Sons[①] 出版公司航空航天系列丛书的编辑。

---

① 本书原文著作的出版商。——译注

原 版 前 言

燃气涡轮工业从 1940 年开始起步,数十年来一直是大学和政府实验室的研究目标,而许多商业机构都在竭尽全力开发此项技术。在这一时期,进行了许多基础研究工作,并鼓励信息交换。值得注意的是,英国政府资助了惠特尔(Whittle)发动机的许多研究,并作为一项战时措施,与美国政府共享了整个技术成果。这就促使美国政府资助 GE 公司在其位于马萨诸塞州林恩的工厂内继续对此展开研制。

20 世纪 50 年代,在欧洲和北美已经创建了多家公司,每家公司都在提供适合于特定用途的设计。除了快速发展航空和国防工业外,开始显现非航空发动机的其他应用场合。这些应用包括燃气管道输送、发电和海军舰船推进系统。简而言之,工业在发展,工程师很容易找到工作。更重要的是,有许多机会学习这一令人着迷的机器。

当今的工业界,已经合并为少数几家非常大的公司。研制一台发动机所需要的投资是巨大的,并且可以说竞争激烈。工程师更加专业化,而且商业机密成了公司生存的基本要素。对于真正的工程专家而言,探索未知领域仍然很有吸引力。然而,对于必须发展各种战略和设备以支持和管理发动机运行的系统工程师而言,工作变得更加复杂,并且想要获取可以实现系统特性综合的信息变得越发困难。

现在已有许多阐述燃气涡轮发动机的可用书籍,重点主要在于从气体热力学的观点来阐述"转动和燃烧"的机理。通常,对于支持整个燃气涡轮推进系统的那些外围系统的内容,要么根本未作论述,要么往往阐述很浅显。由于工业界想要继续提高发动机的性能和减轻重量,于是不断对发动机进行改进,在某些情况下,使发动机变得越加复杂。因此,可以预料,系统工程师不仅要致力于设计更加精确的控制系统,而且还要致力于设计使拥有成本保持尽可能低的信息管理系统。

　　本书的编排在于使读者对燃气涡轮发动机如何工作具有基本的了解,强调其运行中最影响系统设计人员任务的那些方面。我们已尝试运用作为功能部件的一种组合的"推进系统包",为了产生功率,其必须正确协调运行。弗兰克·惠特尔爵士的名言"燃气涡轮发动机仅有一个移动件",巧妙地忽略了为形成实际可行推进系统包而必须与基本原动机协调工作的许多子系统。在惠特尔时代,能使发动机平稳运行已足够了。时至今日,整个发动机的设计则必须计及拥有成本、维修性、安全性以及预测和健康监控。

　　本书按燃气涡轮发动机的主要部件阐述基本燃气涡轮发动机,其深浅程度足以使读者了解燃气涡轮发动机的运行并充分理解其使用包线内的各种严格限制。尤其是以一定深度解决了与油门瞬态变化过程中如何对飞机推进系统所用燃气发生器或涡轮发动机"核心"机进行操作,以防止出现与压气机喘振或熄火相关的问题,包括在稳态运行时需要稳定的转速调节。

　　对于了解和管理发动机进气和排气系统的重要性,连同与功率提取和轴承润滑有关的问题,也广泛涉及。

　　燃气涡轮已经在许多重要的非航空工业中得到应用。这些包括管道增压压缩机传动装置,发电以及海军舰船推进系统。从系统设计角度考虑,海军舰船的应用大概是难度最大的。由于本书重点在于推进系统,业已挑选在舰船上的应用作为挑战燃气涡轮发动机(为航空应用而研制的)在如此严酷环境下使用的一个示例。对支持和保护发动机在海军舰船上使用而必需的子系统,也作了一定深度的描述。

　　最后,必须将预测和健康监控视为形成能够有效预报剩余使用寿命的可靠运算法则所需要的关键措施。随着商业营运人和军方进入视情维修领域,作为一种控制和减少拥有成本的手段,预测和健康监控就变得越来越重要。其中的一些系统将安装在未来的发动机上,尽管它们的潜在优点已得到公认,但它们与地面后勤保障系统之间的相互配合则同样重要。

　　尽管本书侧重于燃气涡轮推进系统的系统方面,但也涉及燃气涡轮发动机设计的基础,我们认为其深浅程度对于从业的系统工程师和(或)商务项目经理而言已完全够用。除了专门用一整章的篇幅阐述燃气涡轮发动机基础外,本书还给出若干份附录,旨在就燃气涡轮设计、模块化和运行诸方面的原理,为读者奠定扎实的基础。

致　　谢

本书的编写完成得益于许多同事和机构的帮助,他们提供了有价值的信息和支持,特别是:

- 卡尔顿大学的赫尔勃・萨拉瓦纳穆土;
- GasTOPS 公司的理查德・迪普伊斯,皮特・麦吉利夫雷,肖恩・合恩和道格・迪博夫斯基;
- 加拿大普拉特-惠特尼公司的吉恩皮埃尔・博勒加德(退休)。

作者对下列 3 个特定主题得到的支持表示特别感谢:

(1) 加拿大普拉特-惠特尼公司的 PW150A 发动机控制系统。

(2) 协和号飞机进气道控制系统。

(3) 供所有 A380 飞机发动机选装的梅吉特(Meggitt)公司的发动机监控装置。

第一个主题涉及第 5 章,阐述现代涡轮轴发动机,含有以 FADEC 为基础的先进控制系统。作者感谢加拿大普拉特-惠特尼公司对于此主题的支持,特别是吉姆・贾瓦提供的咨询服务以及积极参与资料的制作和检查。吉姆现在是基地在加拿大魁北克省隆格伊的加拿大普拉特-惠特尼公司工程部的控制系统研究员。

至于第二个主题,感谢英国飞机公司(现在的 BAE 系统),授权使用描述协和号飞机进气系统的历史技术文件。还要感谢罗杰・塔普林,他在协和号项目的设计、研制和交付使用阶段担任协和号 AICS 项目的首席工程师。罗杰现在受雇于空中客车工业公司的菲尔顿工厂(英国),担任飞机机翼设计师,在本书第 6 章的编写过程中提供了有价值的咨询和编辑支持。

第三,感谢英国的梅吉特上市公司的默文・佛洛伊德提供的支持,涉及他们最新近的发动机监控装置项目之一。在第 10 章中涉及这一主题,即预测和健康监控系统的讨论。

此外,还要感谢下列组织机构,在支持本书的编辑方面,通过已经出版的资料提供了重要的信息渠道:

- 波音飞机公司;
- CFM 国际公司;
- 通用电气公司;
- 霍尼韦尔公司;
- 帕克宇航公司;
- 普拉特-惠特尼公司;
- 罗尔斯-罗伊斯公司。

目　　录

1　绪论　1

1.1　燃气涡轮发动机原理　1

1.2　燃气涡轮系统概述　6

参考文献　8

2　燃气涡轮发动机的基本工作原理　9

2.1　涡轮喷气发动机的性能　9

2.2　本章结语评述　28

参考文献　29

3　燃气发生器燃油控制系统　30

3.1　燃气发生器燃油控制系统的基本概念　31

3.2　燃油发生器控制模式　32

3.3　燃油系统设计和执行　55

3.4　控制系统设计中的误差估计概念　65

3.5　关于安装、合格鉴定和合格审定的考虑　71

3.6　本章结语评述　74

参考文献　75

4　推力发动机控制和加力系统　76

4.1　推力发动机概念　76

4.2　推力管理和控制　78

4.3　推力增大　81

参考文献　88

5　轴功率推进控制系统　89
　5.1　涡轮螺旋桨推进系统的应用　93
　5.2　涡轮轴发动机的应用　101
　参考文献　112

6　发动机进气系统、排气系统和短舱系统　113
　6.1　亚声速发动机进气道　113
　6.2　超声速发动机进气道　117
　6.3　进气道防冰　130
　6.4　排气系统　131
　参考文献　138

7　润滑系统　139
　7.1　基本原理　139
　7.2　润滑系统的工作　145
　参考文献　153

8　功率提取和起动系统　154
　8.1　机械功率提取　154
　8.2　发动机起动　159
　8.3　以发动机引气为动力源的系统和设备　161
　参考文献　165

9　舰船推进系统　166
　9.1　推进系统设计　168
　9.2　航改燃气轮机　168
　9.3　海洋环境　170
　9.4　发动机罩　175
　9.5　发动机辅助设备　177
　9.6　舰船推进控制　182
　9.7　本章结语评述　190
　参考文献　191

10　预测和健康监控系统　192
　10.1　发动机运行保障系统的基本概念　193
　10.2　设计在发动机维修中的作用　198

10.3　预测和健康监控(PHM)　205

参考文献　214

11　新的和未来的燃气涡轮推进系统技术　216

11.1　热效率　216

11.2　推进效率的改进　218

11.3　其他方面的发动机技术创新　226

参考文献　234

附录 A　压气机级性能　235

A.1　压气机级特性的基点　235

A.2　能量从转子向气流转换　236

参考文献　240

附录 B　压气机特性线图评估　241

B.1　设计点分析　243

B.2　级特性叠加分析　246

参考文献　247

附录 C　燃气涡轮发动机的热力学模型　249

C.1　线性小扰动建模　249

C.2　全范围模型:拓展线性法　252

C.3　以部件为基础的热力学模型　253

参考文献　259

附录 D　经典反馈控制导论　260

D.1　闭环　260

D.2　框图和传递函数　261

D.3　稳定性概念　262

D.4　频率响应　263

D.5　拉普拉斯变换　267

参考文献　271

缩略语　272

索引　277

1 绪　　论

用于飞机推进的现代燃气涡轮发动机是一种包含许多系统和子系统并要求将它们作为一个复杂综合实体而运行的复杂机器。燃气涡轮发动机的复杂性已经过70多年的进化。今天,可以看到这些发动机得到了广泛的应用,从输出轴功率的小型辅助动力装置(APU),到现代战斗机所使用的先进矢量推力发动机。

空中优势的军事使命成为用于飞机推进的燃气涡轮发动机发展的推动力。它必须更轻、更小,更重要的是,所提供的推进形式必须可使飞机以更高的速度飞行。按照定义,飞机推进力是原动机所产生的空气或燃气气流的反作用力,使用燃气涡轮产生热喷气的想法,由弗兰克·惠特尔爵士于1929年首次提出。他于1930年申请并获得有关此项发明的专利。1935年,他为这一发明的商业利益所吸引,创建了喷气动力有限公司(Power Jet Ltd.),研制了一台验证型发动机,并在1937年首次运行。大约在1939年,英国空军部开始对此感兴趣,全力支持进行一次飞行演示。他们与喷气动力有限公司就此发动机签订了合同,并与格洛斯特飞机公司签订制造一架试验飞机的合同。1941年5月15日,实现了首次飞行。这一历史事件开创了喷气时代。

1.1　燃气涡轮发动机原理

图1-1是燃气涡轮发动机的基本概念,图解说明它的工作原理。串联布局的压气机-涡轮组件,超过某一转速后便达到自持运行状态。继续供应燃油时,转速增大,并产生过剩的"燃气马力"。由燃气发生器输出的燃气马力,可用于各种发动机设计布局,产生推力或轴功率,在后面将对此作进一步的讨论。

在最简形式的燃气涡轮发动机中,高能燃气通过喷管和喷口排出,成为纯涡轮喷气发动机(惠特尔原理)。它产生

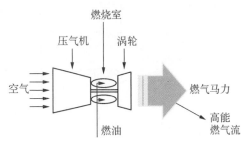

图1-1　燃气涡轮发动机的基础——燃气发生器

速度非常高的喷气流,尽管布局紧凑,但产生的推进效率相对较低。这样的布局适合于高速军用飞机,因为这类飞机需要小的迎风面积以减小飞行阻力。

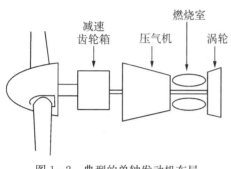

图 1-2　典型的单轴发动机布局

接着出现的最常见的布局(尤其是从历史角度来看)则是直接驱动螺旋桨的单轴涡轮发动机,如图 1-2 所示,涡轮将所有的可用能量转换为轴功率,其中部分功率为压气机所消耗,其余的则用于驱动螺旋桨。这种布局需要设置减速齿轮箱,为的是获得最佳螺旋桨转速。此外,拉力螺旋桨的需求,促使出现齿轮箱位于压气机的前面并固定在发动机上这种布局。

RR 公司的"达特"是这种构型发动机早期非常成功的示例。此发动机由 2 级离心式压气机(增压比适中,约为 6∶1)和 2 级涡轮组成。通过发动机前端经过直列布局的星形齿轮减速箱实现螺旋桨传动。达特发动机于 1953 年投入使用,提供 1 800 轴马力(SHP,1 SHP=735 W)。后续型号发动机最大能够提供 3 000 SHP,该发动机一直生产到 1986 年。

当前,单轴燃气涡轮发动机主要限用于低功率(小于 1 000 SHP)的推进发动机和 APU,此时简单和低成本则是主要的设计驱动因素。但是,存在一些值得注意的例外情况,其一是伽勒特(Garrett)(先前的联信公司(Allied Signal)和现在的霍尼韦尔公司(Honeywell))的 TPE331 涡轮轴发动机,其功率已经提升到 1600SHP 以上,并且连续赢得主要的新项目,尤其是日益兴旺的无人机(UAV)市场。

发动机原理与上述"达特"发动机的相似,如图 1-3 所示。显著的差异在于用了逆流式燃烧室,缩短了发动机长度并简化了减速齿轮的构造,使用直齿轮和中心轴布局,将螺旋桨中心线移至涡轮机构的上方。因此支持低位置进气道。

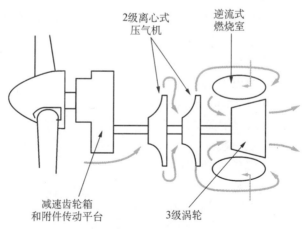

图 1-3　TPE331 涡轮轴发动机原理

作为上面阐述的直接驱动或单轴布局的最常见替代形式,是使用分离设置的动力涡轮,吸收来自燃气发生器的可用燃气马力。

由于现在动力涡轮与燃气发生器轴在机械上无连接,因此常常称之为"自由涡轮"。就驱动螺旋桨而言,这种构造形式(见图1-4)表明,需要有一根细长的驱动轴,通过空心的燃气涡轮轴,到达安装在前面的齿轮箱。这样一种构造带来轴的侧向稳定性和扭转稳定性问题,同时还带来较为复杂的轴承布局问题。

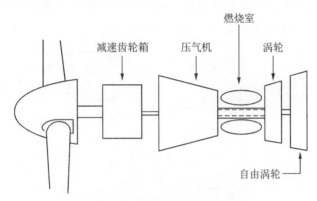

图1-4　带自由涡轮的涡轮轴发动机

在各制造厂商的涡轮螺旋桨发动机原理中,加拿大PW公司选用了"倒飞发动机"概念,通过精心安排进气和排气管道,使穿过减速齿轮箱的传动轴很短,改善了轴的刚度和鲁棒性。他们的发动机PT-6具有许多构型,一直是正在生产的最可靠的燃气涡轮发动机之一。它具有极其低的空中事故率,并且已经销售了40 000多台。产品从1964年首次推出后一直在大量生产。PT-6发动机原理如图1-5所示。

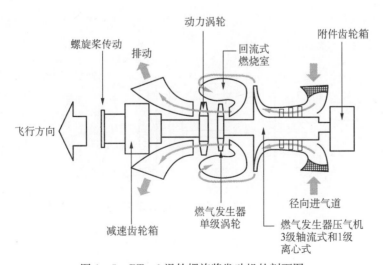

图1-5　PT-6涡轮螺旋桨发动机的剖面图

纯涡轮喷气发动机产生高速喷气流,具有很低的推进效率,然而其特出的优点在于飞行速度较高,涡轮螺旋桨发动机具有良好的推进效率,但飞机的最高速度相对较低。然而可将这两种构型组合在一起,产生涡轮风扇发动机,如图1-6所示。由此图可见,有一根轴穿过发动机中心与第2级涡轮或低压涡轮(可将其看做是涡轮螺旋桨发动机所用的自由涡轮)相连接,由此轴驱动安装在发动机前面的风扇。一部分风扇气流经压气机压缩增压,其余的则通过所谓的"冷喷管"排出,直接产生推力。这样的布局可以产生高推力和良好的推进效率,这类发动机是当前商用飞机中最普遍使用的一种形式。

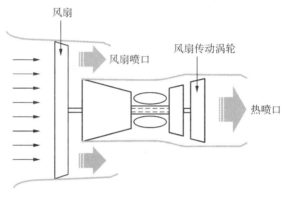

图1-6 涡轮风扇发动机的布局

用于飞机推进的另一个重要的构型是双转子涡轮喷气发动机,其本质上属于双转子燃气发生器,带有一个喷管和排气喷口。如果第2个涡轮能够驱动一个大风扇,它也能够驱动多级压气机,其输出完全流经下游的压气机。发动机的布局如图1-7所示。

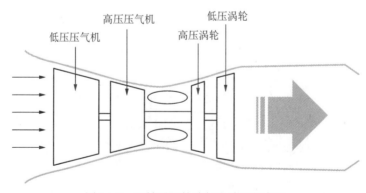

图1-7 双转子涡轮喷气发动机的布局

在迄今为止的讨论中,一直假设压缩和膨胀的热力学过程是理想的,并且对可以获得的压力值无明显的限制。此外,并未考虑热量如何输入到燃气中引起燃气温度升高。

　　燃气涡轮发动机实际工作时涉及有限效率的涡轮机和内部燃烧过程,即通过烃类燃油在燃烧室(必须小而紧凑)内燃烧而增加热量。

　　在发动机的整个研制过程中,运用专门技术带动发动机发展已成为经久不变的主题。其中第一个主题是发动机性能:发动机有能力以足够的热效率产生推力,在运送有效业载的同时使飞机具有可接受的航程。从内部空气动力学技术和燃烧技术方面寻求满足这一要求的方法。

　　萨拉瓦纳穆土等人[1]对燃气涡轮发动机给出了全面的论述。由简单循环的计算可以看到,为达到良好的效率,需要高的总发动机压力比和高涡轮温度。同样,高的比推力需要每一主要部件都具有高的等熵效率。最后是尺寸问题。为了获得高推力级,必须获得高空气流量。大型轴流式涡轮机有力地证明了这一点。这无疑是一个决定性的项目,因为这些机器的设计非常复杂,并且为了完成研制,在所需设备和设施方面的投资确实非常大。

　　对于燃烧技术可进行类似的论证。压气机必须向燃烧室输送均匀的高压空气流量。必须将足够数量的燃油输送到燃烧室,以使平均温度至少升高$1200\,℉$ $\left(℃ = \dfrac{5}{9}(℉ - 32)\right)$。假设此燃烧过程是在接近理想配比条件下发生,可预料局部温度超过$3500\,℉$。在燃气涡轮发动机的燃烧室内存在过量的空气是绝对必要的,用以将火焰冷却到可接受的水平,而在此同时,与热燃气混合,以向涡轮喉道输送均匀的高温燃气。最后,为确保重量和整个发动机的刚度和鲁棒性,燃烧室必须保持尽可能的短。再则,这项技术在很大程度上依赖于经验,涉及设备和设施方面的大量投资。

　　第二个重要主题是发动机的长寿命和完善的可靠性,这贯穿整个喷气发动机的研制过程中。这个要求驱使人们毫无止境地追求对材料和设计技术的改进。关于涡轮部件的基本需求是能够连续地在高温下工作(对于无冷却叶片,涡轮进口温度可高达$2500\,℉$)。涡轮叶片和涡轮盘两者都必须能够承受由转速所施加的巨大应力,这些应力迫使材料超过弹性极限,因而遇到低循环疲劳(LCF)问题。必须很好地了解这一状况,以确保合理的寿命并在出现安全性问题之前消除隐患。

　　有关不断改进气动热力学和材料这两个主题,将意味着燃气涡轮发动机尽管很精密,但实际上是非常简单的机械。事实上,追求性能改进,已引领设计人员对发动机构型做了相当大的改变。每一种构型,在与按此发动机设计的飞机机体相匹配时,在燃油效率、比推力和总推进效率之间给出各种各样的平衡。已研制出单转子、双转子和三转子构型的发动机,并且轴承和润滑系统复杂程度随之增加。涡轮风扇发动机已成为民用航空工业界的主力机型,其具有精确推力管理,包括反推力和功率提取(用于驱动各类附件)。因此,燃气涡轮发动已经发展成为一种精密而复杂的机器,其设计和研制都需要采取系统工程方法。

1.2 燃气涡轮系统概述

为了向读者提供基本知识,本书第 2 章阐述燃气涡轮发动机的气动热力学原理,并对与燃气涡轮发动机设计、运行和控制的原理相关的某些疑问,提出作者的见解。有关轴流式压气机设计原理更详细的叙述,包括压气机性能分析和压气机性能线图估算,分别列于附录 A 和 B 内。为完整起见,有关燃气涡轮发动机的热动力学模型,将在附录 C 中予以阐述。

尽管以燃气涡轮发动机为基础的动力装置由许多系统和子系统构成,燃油控制系统也许执行最关键的功能。

该系统必须在整个使用包线范围内,向燃气发生器或发动机的"核心"段提供高压燃油,同时,在动态和稳态运行的任何组合状态下保护发动机,以免在温度、压力和速度方面超限。

此外,可能要求燃油控制系统通过调制压气机静止叶片角度和放气阀来管理流经压气机的空气流量。

燃气发生器产生高能燃气作为其输出,有时称之为燃气马力或燃气扭矩,可将它们转换为直接推力和轴功率。

在带有推力增大系统(加力燃烧)的军用飞机上,还要求燃油控制系统控制向加力燃烧室供油,同时控制排气喷口的出口面积,为的是维持燃气发生器稳定地工作。

燃油控制系统的辅助功能包括冷却发动机滑油,在某些应用场合,向飞机机体提供高压燃油油源,作为主动流来驱动飞机燃油系统引射泵[2]。

鉴于燃油控制系统问题的复杂性和广泛性,分别在下面独立的 3 章中涉及这一重要主题。

(1) 燃气发生器段的燃油控制,包括加速和减速限制、转速控制和超限保护,将在第 3 章内予以阐述。

(2) 推力发动机的燃油控制问题,包括推力管理和增加推力,将在第 4 章中予以阐述。

(3) 轴功率发动机的燃油控制和管理,包括涡轮螺旋桨和涡轮轴发动机的应用,将在第 5 章中予以阐述。

由于与燃油控制系统设计有关的主要性能问题,涉及动态响应和稳定性分析,提供附录 D 作为经典反馈控制的基础指导材料。

在商用飞机上,标准做法是安装许多发动机子系统和相关主要部件,作为发动机、短舱和吊挂组件的一部分。然后,将这一短舱和发动机综合包,运送到飞机机体总装线,安装在飞机上。

由于空气动力性能或隐形性能的缘故,军用飞机更有可能使推进系统组件与机身实现更紧密的综合。

尽管发动机安装布局的主要功能是为燃气涡轮发动机提供高效适用的进气道

和排气口,然而还必须考虑可使发动机压气机噪声传播减至最小的措施,以及发动机安装的通风和冷却。反推力机构,包括作动器和喷口气流转向装置,通常也安装在短舱或推进系统组件上。

超声速应用向推进系统设计人员呈现一种特殊情况。此时,有效地恢复发动机进气截面上自由气流能量的工作,需要通过控制进气道几何形状来管理进气道内激波的位置。尽管超声速进气道的控制通常属于飞机机体设计的任务,然而,主要因素是在超声速飞行时提供有效推进力,因此,将在本书中阐述此问题。

与动力装置安装相关系统的问题,主要焦点是进气和排气系统,将在第 6 章中予以阐述。

与任何大功率旋转机器一样,轴承润滑和冷却是关键功能,由于飞机飞行所处的使用环境,使此任务变得更复杂。第 7 章阐述与燃气涡轮发动机润滑系统有关的主要问题。

除了为飞机提供推进功率外,燃气涡轮发动机还必须为飞机上的所有耗能系统提供动力源。这种来自发动机的动力源呈现两种形式,具体说明如下。

- 从连接涡轮和压气机的轴上提取机械动力。这一动力源涉及塔形轴和减速齿轮箱,共用发动机润滑系统。通常提供多个驱动平台,用于发电机和液压泵。通过同一齿轮箱,实现发动机起动。
- 飞机机体也使用发动机引气,用于驾驶舱/座舱的增压和空调。这一高压热空气源还用于机翼和发动机短舱进气道防冰。

与机械功率提取和引气功率提取以及起动系统有关的系统、子系统和主要部件,将在第 8 章中予以阐述。

迄今为止,我们仅考虑燃气涡轮在飞机上的应用。但是,在国防工业中,燃气涡轮在功率/重量比方面的优势,也已引起人们广泛的重视。当前,海军很多高速水面舰艇使用燃气轮机[①]作为主推进装置。因此,为完整起见,在第 9 章内,纳入舰船用燃气轮机推进系统,重点是在海军舰艇上的应用。

在过去的若干年,PHM(预测和健康监控)问题业已成为与后勤保障有关的关键问题。无论是商业航空公司还是军用维修机构,都从计划维修演变为视情维修,作为改进效率和降低拥有成本的一个主要契机。

第 10 章阐述 PHM,涉及发动机维修基本概念和翻修策略以及它们的应用所导致的经济利益。还提及机队级在测量、管理以及修理和翻修(R&O)优化实践方面所使用的技术。

最后,在第 11 章中,讨论被认为属于未来燃气涡轮推进系统的某些新系统技术。许多发动机技术专家特别感兴趣的是"多电发动机(MEE)"创新计划,它是 40

---

① 原文为"gas turbine",国内航空业界称其为"燃气涡轮",造船业界和电力工业界称其为"燃气轮机",故本书
  在第 9 章采用"燃气轮机"译名。——译者

多年前由莱特·泊松空军实验室发起的开始称之为"全电飞机"（现在称为"多电飞机"）的衍生。[①]

参 考 文 献

[1] Saravanamuttoo H I H，Rogers G F C，Cohen H. Gas Turbine Theory［M］. 5th edn，Pearson Education Ltd. 2001.

[2] Langton R. Clark C，Hewitt M，Richards L. Aircraft Fuel Systems［M］. John Wiley & Sons，Ltd，UK. 2009.

[①] 此处原文名称为"Wright Patterson Air Force Laboratory"与索引中的英文名称"Wright Patterson Air Force Research Labs（WPAFRL）"不符。——译注

2 燃气涡轮发动机的基本工作原理

本书重点关注对造出一台成功发动机实属必需的许多系统。但是,如果未对发动机的基本特性进行阐述,设计人员无法了解系统预期需要满足的发动机基本要求,就不可能开展系统设计。

因此,本章专注于研究燃气涡轮发动机的使用特性。重点在于主要部件的实际特性,以及这些特性对发动机运行的影响。本章将通过推理,对为什么已研制出如此多的燃气涡轮发动机构型,提出某些见解。

就单纯的热力学而言,每一种燃气涡轮发动机都是经典布雷顿循环的实际体现。这一循环如图 2-1 所示。

循环从状态①开始,在该点燃气通过纯压缩阶段达到温度和压力更高的状态②。通过由更高压力和温度所定义的热力学状态的变化,表示压气机所做的功。

然后,在恒压条件下向燃气添加热能,使燃气温度升高到状态③的温度。从状态③到状态④燃气膨胀,返回到状态①所定义的压力。如果是通过涡轮实施膨胀,则可提取足够的功率以驱动压气机,同时有足够的

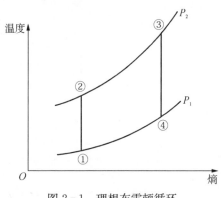

图 2-1 理想布雷顿循环

剩余功率,用于驱动其他装置,诸如螺旋桨。或者,驱动压气机后的剩余能量可通过推进喷口进行膨胀,以产生推力。

2.1 涡轮喷气发动机的性能

通常认为单转子涡轮喷气发动机是最简单形式的燃气涡轮发动机。先暂时不考虑几何可变的可能性,而认为发动机具有单一的运动件:由压气机和涡轮构成的转子。现将其工作原理阐述如下(见图 2-2)。

● 空气以 P_2 和 T_2 所定义的压力和温度状态(大气状态)进入压气机进口截面,

压缩到由压力 P_3 和温度 T_3 所定义的新的热力学状态。

● 燃油与燃烧室内的空气混合并燃烧,因而,使混合物的温度上升到可用材料所允许的最高温度 T_4。

● 然后,热燃气流经涡轮进行膨胀,产生足够的功率以驱动压气机。

● 燃气从涡轮流出(仍然具有很高的能量),流经推进喷口,进一步膨胀,由此产生驱动飞机所需要的推力。

图 2-2 给出这一工作状态,示出沿发动机燃气路径的站位,在每一点上定义热力学状态。所示的各站位编号原则是大多数燃气涡轮发动机所通用的,但是,这仅是一个惯例,可随不同的发动机设计概念而变化。

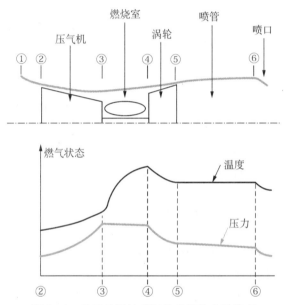

图 2-2　典型的涡轮喷气发动机热力学状态

在几乎所有关于燃气涡轮发动机的论述中,都能找到先前的陈述。出版物[1]和[2],分别是发动机制造商 PW 公司(普拉特-惠特尼)和 RR 公司(罗尔斯-罗依丝)所推出的两本著作。还推荐第 3 本书(作者 E. Treager[3]),作为了解燃气涡轮发动机的一个信息丰富的渠道。

但是,必须承认,这里我们关注的重点在于发动机系统方面。因此,想要探究这些部件彼此之间以及发动机与其环境之间的相互影响。为此,着手分析涡轮喷气发动机在设计状态和非设计状态下的性能。

现开始阐述这一主题,首先公认压气机和涡轮都属于空气动力学部件,它们是设计工作的独立主体。在选定增压比和涡轮进口温度这些发动机总体设计参数之后,通过工作循环的计算,规定每一主要部件的设计点。暂时不考虑有关允许物理包线的问题,将由下列空气动力学参数定义压气机:

- 空气流量,
- 增压比,
- 等熵效率。

将由类似的一组参数定义涡轮的设计点。

由于与多级轴流式压气机相关的设计任务庞大而复杂,通常将设计工作分解成专业活动。例如,压气机空气动力学组,将承担确定压气机级数、尺寸以及每级的叶片剖面形状等任务。鉴于这一分析,将选择一系列参数,包括转速、环面尺寸,叶片安装角等。这些参数又推动机械设计,其将产生一个必须是重量轻并且可靠的实体装置。涡轮设计组完成类似的工作,将产生类似的涡轮设计。

提醒读者,喷气发动机是一种原动机,必须从零转速开始,加速到慢车状态,然后在任何高度上,在任何姿态下(对一些军用飞机),在慢车和全功率之间的任一点上进行运行。因此,每一部件设计组必须使用分析和试验相组合的方法,探究部件偏离设计特性的问题。对于压气机和涡轮,以性能"线图"的形式给出结果,其将说明该部件的全部性能包线。典型的压气机和涡轮线图如图 2-3 所示。

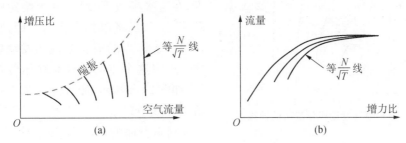

图 2-3　典型的压气机和涡轮空气流量性能线图

(a) 压气机线图　(b) 涡轮线图

应该注意,这些线图是以无量纲形式给出的。无量纲参数源自于白金汉(Buckingham)Pi 定理,该定理确认,涉及众多变量的任何复杂系统可由一组无量纲参数来表示,而其总是等于变量数减去所用到的量纲数。因此,与飞行高度变化有关的压气机和涡轮性能中的变量,通常由归一化海平面条件下无量纲形式的线图来表示。

整个无量纲形式涉及一个特征尺寸,诸如进气道直径,然而,对某个给定的发动机来说这是常数,所以通常未包括在此项中。因此,性能参数表达如下:

空气流量:
$$\frac{w\sqrt{T}}{D^2 P} \Rightarrow \frac{w\sqrt{T}}{P}$$

转速:
$$\frac{ND}{\sqrt{T}} \Rightarrow \frac{N}{\sqrt{T}}$$

增压比:
$$\frac{P_3}{P_2} \Rightarrow \frac{P_3}{P_2}$$

效率：

$$\frac{T'_3 - T_2}{T_3 - T_2} \Rightarrow \eta$$

式中，T'_3 为 P_3 处的理想温度；w 为发动机空气流量；D 为直径（通常取压气机前截面的直径）；N 为发动机转子转速。

在此形式中，考虑了大气密度随高度变化的影响，因为是前进速度对发动机面上基准进气条件（压力、温度）的影响。

如前面图 2-2 所示，组装在一台喷气发动机内这些主要部件，对压气机和涡轮的工作强加两个特别的限制。

（1）来自压气机的所有空气必须通过燃烧室和涡轮。对于稳态情况，通常将其称为"流量平衡"。

（2）涡轮所产生的功率由压气机吸收。在稳态情况下，将其称为"功率平衡"。

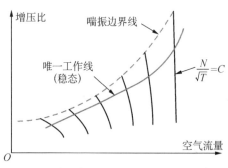

图 2-4　涡轮喷气发动机压气机的稳态运行

对于给定的推力喷口面积，上面的约束条件迫使涡轮和压气机彼此匹配，以至于形成单一的总增压比，以及涡轮进口温度，在这些参数下，对于某个给定的转子转速，发动机将以稳态运行。因此，可利用唯一工作点的概念来说明发动机的工作。可将这个点的轨迹画在压气机线图上，如图 2-4 所示，通常将其称之为"发动机工作线"或"稳态工作线"。当然，如果采用可调截面喷口，则破坏了唯一工作线的概念。将在 2.1.3 节中对此进行更全面的讨论。

由于燃油控制系统是本书所涉及的系统之一，这是阐述发动机动态特性的一个合适的切入点。因此，让我们考虑燃油流量变化的结果对发动机运行的影响。一开始，可以明确地说，燃油流率[①]的正向变化将趋向于增加功率级。这也会增加发动机的转速，这又意味着空气流率将发生改变。因此，可以断定，这将打乱流量平衡和功率平衡的稳定状态条件。换言之，发动机将以动态运行。

让我们考虑燃烧室的工作，其原理图如图 2-5 所示。

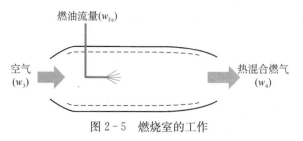

图 2-5　燃烧室的工作

按照此图，应将燃烧室想象成一个聚能器，其压力级符合质量守恒定律。因此，燃烧室内的

---

① 原文为"fuel flow rate"，中文含义是"燃油（每秒）流量"，本书以符号 w_{Fe} 表示，是指经燃油计量装置计量后进入燃烧室的实际燃油量。为区分本书中出现的"fuel flow（燃油流量）"，将此译为"燃油流率"。——译注

密度变化率由下式给出：

$$\frac{\mathrm{d}\rho_3}{\mathrm{d}t} = \frac{1}{V}(w_3 - w_4 + w_{\mathrm{Fe}}) \tag{2-1}$$

式中，V 为燃烧室容积；w_{Fe} 为燃油流率。

现在，可以以微分形式写出气体定律如下：

$$\frac{\mathrm{d}P}{\mathrm{d}t} = RT\,\frac{\mathrm{d}\rho}{\mathrm{d}t} + \rho R\,\frac{\mathrm{d}T}{\mathrm{d}t} \tag{2-2}$$

按目前的分析，我们将忽略右边的第二项，因为与第一项相比其影响非常微弱，并且使用此简化的方法可以得到良好的结果。因此。可以写出质量守恒方程如下：

$$\frac{\mathrm{d}P_3}{\mathrm{d}t} = \frac{RT}{V}(w_3 - w_4 + w_{\mathrm{Fe}}) \tag{2-3}$$

粗略地看此方程，似乎是燃油流量增加 25%，对压力变化率的影响将小于 1%，因为燃油/空气比的量级为 0.03。但实际的影响依据如下事实确定：随着燃油消耗，伴随有流经燃烧室的气流温升增大，因为这与已耗燃油的增加有关。燃烧室内的能量平衡可以表示为

$$h_3 w_3 + \Delta H w_{\mathrm{Fe}} = h_4 w_4 \tag{2-4}$$

此外，设定 $w_4 = w_3$，简化此方程，可得到

$$h_4 - h_3 = \Delta H \frac{w_{\mathrm{Fe}}}{w_3} \tag{2-5}$$

或者按温度的形式，可得到

$$T_4 - T_3 = \frac{\Delta H}{c_{\mathrm{p}}} \frac{w_{\mathrm{Fe}}}{w_3} \tag{2-6}$$

式中，c_{p} 是空气比热。就大多数实际情况而言，放热的化学过程几乎是很短的一瞬间。因此，温度 T_4 的这一快速变化会影响涡轮空气流量 w_4，因为参数 $w_4\sqrt{T_4}/P_4$ 控制流经涡轮导向器面积的流量。

式(2-3)说明燃烧室压力的变化率，很显然，对 P_3 的主要影响是降低燃烧室出口流量。实际上，采用压气机进口温度和燃烧室物理容积的代表值，就可以估计压力变化率的量级为 $1000\,\mathrm{psi/s}$（psi，磅力每平方英寸，$1\,\mathrm{psi} = 1\,\mathrm{lbf/in^2} = 6.89476 \times 10^3\,\mathrm{Pa}$）。这转化为式(2-3)的一阶时间常数，量级为几毫秒。

同时，随着流量兼容性受到扰乱，轴上功率失去平衡，偏向于涡轮。因此，可按式(2-7)，估算转子转速的变化率

$$\frac{\mathrm{d}N}{\mathrm{d}t} = \frac{2\pi}{I_\mathrm{g}}(G_\mathrm{t} - G_\mathrm{c}) \qquad\qquad (2-7)$$

式中，I_g 为转子的极惯性矩；G_t 为涡轮扭矩；G_c 为压气机扭矩。

采用这些参数的典型值，可看到引起扭矩不平衡的转子转速变化率，比燃烧室压力变化率低得多。再则，以式(2-7)中一阶时间常数的形式表示响应率，对于海平面工作状态，我们所获得值的量级为 0.5～1s。

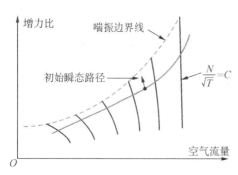

图 2-6　燃油流量增加一个步长之后压气机工作点的转移

如果画出这一瞬态过程中的压气机工作点曲线，可以发现，与转子转速变化率相比，增压比上升斜率要陡得多。实际上，压气机工作点将沿着稳态转速线从稳态工作线朝喘振的方向转移，如图 2-6 所示。

事实上，压气机输出压力对燃油流率一个步长增量的响应率，要比发动机转子速度的响应率快 1000 倍，意味着压气机工作点，将直接移动到性能线图的喘振区，如图 2-6 所示，除非以某种方式限制燃油流量增加。

压气机喘振或失速现象与流经发动机的流量非常快地衰减有关。这导致各个叶片上的力通常以非常高的频率急剧变化，如果持续下去，将导致压气机机械损坏。图 2-7 为一个不可控发动机喘振结果的示例。

因此，我们遇到了负责研制喷气发动机的工程师们所面临的最难解决的控制问题之一：压气机失速。因为压气机失速的根本原因在于湍流附面层及其与各个压气机叶片形状和状态的相互作用，对于此现象而言，存在一随机因素。在关注侵蚀、腐蚀和清洁程度的同时，机加公差问题同样是叶片常见的情况。我们引用给

图 2-7　喘振之后压气机受损的照片(经伊恩·纳恩同意)

定转速下可获得的最大压气机输出压力与相同转速下稳态工作点之间的差值作为"可用喘振余度"。正是发动机的可用喘振余度允许增加燃油流率，再使发动机加速到更高的功率级。燃油控制的主要功能之一是在整个瞬态期间管理输往发动机的燃油，以避免压气机失速。

2.1.1　发动机性能特性

一旦某台发动机的各主要部件已实现彼此匹配，并且已知它们整个工作包线内

各自的工作点,则有可能使发动机的整个性能特性化。这些又都是以无量纲的形式呈现。

也许从系统管理角度考虑,最重要的参数是燃油流量、转速以及描述整个推力的参数,或某个可替代推力的参数。现对这些参数说明如下。

2.1.1.1　燃油流率

燃油流率的全无量纲表达式为

$$\frac{w_{Fe}\Delta H}{D^2 P \sqrt{T}}$$

式中,w_{Fe} 为燃油质量流率;ΔH 为燃油的热值;D 为发动机的名义直径;T 为发动机进口温度;P 为发动机进口压力。

由于某个给定燃油类型的燃油热值可视为常数,并且发动机名义直径是固定的,通常可将燃油流量参数表达为

$$\frac{w_{Fe}}{P \sqrt{T}}$$

同样,可用无量纲形式将转子转速表达为 $N/\sqrt{T}$。

因此,有可能按常规方法以无量纲的形式绘制燃油流量与转子转速的关系曲线,如图 2-8 所示。

如图 2-8 所示,稳态曲线确定维持发动机以某个规定转速运行所需要的燃油量。另一条曲线在某些方面更令人关注。这条曲线是对驱动发动机从某个给定的稳态转速状态进入一种压气机失速状态所需的以无量纲形式表示的燃油量(每单位时间)的准稳态描述。

这条曲线可通过试验方法予以确定,方法是先使发动机在某个特定的转子转速下稳定运行,然后突然增加燃油

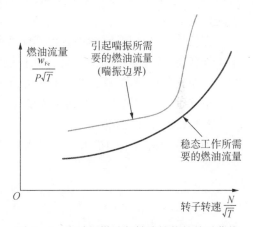

图 2-8　发动机燃油与转速性能的关系曲线

流量而不采取控制防护。如果突然增加的燃油流量刚好足够大使压气机失速,则就确定了失速燃油边界曲线上的某一个点。再以这种方式探测到一系列的稳态速度点后,就可画出整个失速燃油边界线图。

另一种备选的试验方法涉及可变几何推力喷口。对于单转子发动机,依据变化的方向,使压气机工作点向转速线上方或下方移动,由此对排气喷口面积的变化做出响应[1]。

具体而言,较小的喷口将引起工作点朝向喘振方向移动。因此,发动机可在某

个给定转速和减小的喷口面积下稳定运行。随着喷口面积减少,工作点将朝向喘振方向移动,转速将按固定的燃油流率而变化。当压气机接近失速时,可注意燃油流率和转速并作记录。显然,通过适当调节每个新喷口面积设定值下的燃油流率,保持恒定转速是有可能的,由此,获得在固定转子转速下某点的失速燃油边界。

由于这样的发动机试验既费钱又有风险,可以使用发动机计算机模型来估算这些数据点,该模型应足够详尽,足以包括对部件特性线图的描述。因此,固定发动机转速,增加燃油流量促使工作点朝向压气机失速方向移动,是一次简单的计算。对这样的模型将在附录 C 中予以阐述。

由于压气机失速趋势确定失速燃油边界曲线所定义的燃油量,由此可知,失速燃油边界曲线的形状与压气机喘振或失效边界的形状紧密相连,后者又与其设计相关。

可以为航空燃气涡轮发动机设计一台压气机,使其具有宽范围的转速裕度,允许以慢车状态稳定运行,只不过要做一番工作。许多压气机在低速下呈现非常小的失速裕度,这是由于压气机级间的相互作用,趋势是促使压气机前部各级进入失速。这些发动机的设计者,常常采取措施缓解压气机前几级在低速下的失速趋势。通过重新设定静止叶片的安装角或通过沿压气机的中间部位放出一些空气,可以达此目的,这样做的作用是可使前几级"吞咽"更多的空气,因此缓解它们的失速倾向。

在任何一种情况下,这些控制措施都意味着随着放气阀关闭或静子进入其高功率工作状态,失速裕度可能降低。在控制行动中断的情况下,在失速燃油边界上可能有一个轮廓明显的"折线"。在其他情况下,尤其是在 GE 公司设计的发动机上,控制更连续、更平稳,形成控制系统设计者认为较易处理的喘振裕度。

2.1.1.2 发动机推力

喷气发动机产生的推力的无量纲形式如下:

$$\frac{F}{D^2 P}$$

式中:F 为总推力;D 为特性尺寸(通常是发动机进气道直径);P 为发动机进气压力。

这一参数与无量纲转子转速的典型关系曲线如图 2-9 所示。

在经合适校准的试验车间内,在海平面静止条件下,可以很方便地测得此参数。但是在飞行中测量就不再是简单的问题。因此除总推力之外的其他发动机参数,用于在起飞和着陆时设定油门位

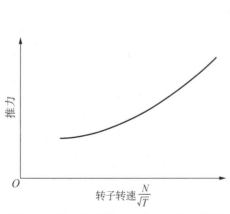

图 2-9　发动机总推力与转速的关系曲线

置,并用于飞行期间的推力管理。

首先,从系统角度考虑,最为重要的是发动机推力是进入发动机的空气动量净变化的函数,因此取决于飞机速度。这个事实使得净推力的任何空中测量变得复杂化。

其次,存在使人必需注意的安全性原因,也就是为什么要求飞机驾驶员必须使发动机推力保持在规定的限制范围内。这些受起飞时可用推力和最终进近着陆期间可用推力所控制。

最后,存在着使用方面的原因,即在整个飞行包线范围内使发动机推力尽可能精确地与飞机要求相匹配。例如,随着高度增加空气密度降低,对于给定的飞机速度需要较小的推力。同样,随着飞行过程中燃油的消耗,飞机重量降低,对于给定的飞机速度,再次降低所要求的推力。高推力设定值要求在超过即时所需的发动机温度下运行,最终将会降低发动机的使用寿命,因此,提供功率(推力)管理系统用于连续调节功率(推力)级,以与飞行状态匹配。

就控制而言,一般使用 3 个参数。它们是:

- 发动机压力比(EPR);
- 综合发动机压力比(IEPR);
- 经修正的风扇转速($N/\sqrt{T}$)。

其中第一个参数(EPR)定义为:涡轮排气压力与发动机进气压力之比值。此参数近似于喷口两端的压力比,尤其是在起飞滑跑开始(即向前速度为零)时,因此与发动机总推力有关。排气管压力和发动机进气压力两者都易于测得,有了此参数,能够方便地测定推力,尽管有些粗糙。随着飞行速度增加,需要对这一参数进行修正,为的是获得与实际推力良好的相关性。在早期,对于营运人而言这已不是难题,当前借助现代功率(推力)管理控制器,更是容易处理。

其中的第二个参数(IEPR)与第一个参数有关,已由一家制造商采用。它考虑到如下情况:即现代发动机为涡轮风扇发动机,总推力中的大部分是从风扇气流获得,而这部分气流不进入核心发动机。因此有两个喷管和两个喷口,一般将以不同的压力比进行工作。IEPR 是代数式,其试图近似求出单一总平均压力比,再将其用于发动机推力测定。此参数涉及对 3 个压力的测量:发动机进气压力、风扇出口(或冷喷口喷管)压力和涡轮排气(或热喷口喷管)压力。

最后,另外一家制造商也注意到,现代高涵道比涡轮风扇发动机的大部分推力从风扇空气流量获得。因此,该制造商已挑选经修正的风扇转速作为参数,由此设定起飞推力,并在飞行中管理发动机推力。

我们应该允许用其他方法来评价这些参数中每个参数的效能。它们之中没有一个是直接测量推力的,但是它们全都可作为一种控制措施而良好运作。也可使用风扇转速参数,与核心发动机转速一起确认风扇叶片前缘的磨蚀和有关损坏。因此,这是一种用于测量整个发动机性能随发动机使用期增长而引起的性能衰退的有效措施。这一意见源自如下事实:即双转子发动机(涡轮喷气或涡轮风扇)的双转子属于空气动力耦合,这样对于某个给定的核心发动机转速,对应有唯一的风扇转速,发动机必须依此转速运行。空气动力耦合直接与每一主要部件的绝热效率和"空气泵送能力"有关。如果这些部件中有一个部件的空气动力学特性发生变化,转子转速关系的唯一性也就跟着变化。

2.1.2　压气机喘振控制

如同前面所述,现代效率的发动机要求高增压比和高涡轮进口温度[1]。这一结论,再加上高推力要求,促使我们朝多级轴流式压气机方向发展。尽管对于级效率的研究已经取得良好的进展,但高总增压比的要求驱使我们采用多级设计。此外,由于压气机失速属于一个非常严重的问题,尤其是对于控制系统设计人员而言,值得对此现象做一定的了解,并采取各种措施来改进使用过程中的喘振裕度。

多级压气机只是将一系列单级压气机排列在同一轴上。因此每一级就是一台压气机,能够升高空气压力并伴有温度升高。尽管每级所呈现的级特性通常略有不同,但每一级都可由其自身的压气机线图所描述。最后,至关重要的是,来自每一级的气流必须为下一级所"吞咽",以至于需要确定连续排列各级的尺寸以容纳这一空气流量,并且应以级效率最佳的方式使气流流向下一级。多级压气机的例子如图 2 - 10 所示。

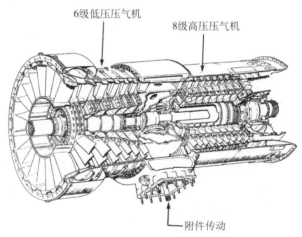

6级低压压气机　　　8级高压压气机

附件传动

图 2 - 10　典型的多级压气机

(RR 公司版权,2011)

每一压气机级由一组固定在压气机盘缘上的旋转叶片所组成(见图 2 - 11)。紧随其后的是另一组静子叶片(通常称其为静子),其作用是使气流以最佳可能状态流往下一级。

取压气机叶片组的"俯视图",能够构成与整个级上不同点有关的速度图,如

图 2-12 所示。

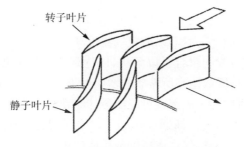

图 2-11　典型的压气机级叶片布局

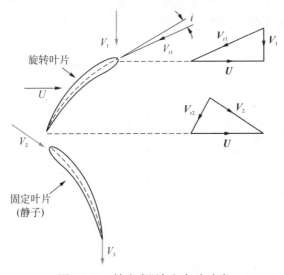

图 2-12　轴流式压气机气流速度

按图中所示的情况,空气以 V_1 速度沿纯轴向进入压气机级。因为首个叶片固定在转动的压气机盘上,其以切向速度 U 移动。使用矢量代数并对绝对速度 V_1 与叶片速度 U 求和,可得到相对于叶片的空气速度 V_{r1}。

使用有关涡轮机叶片的常规术语,可以看到速度矢量 V_{r1} 在叶片前缘处与叶片中弧线切线形成来流角 i。旋转叶片给予空气相当大的能量,相对而言,空气沿着叶片的曲面流动,并以相对速度 V_{r2}(在旋转叶片后缘与叶片中弧线相切)流出。根据矢量代数,很显然,绝对速度 V_2 如图 2-12 所示。

最后,根据静子叶片的导向,使气流的来流角处于限制范围内,我们能够改变气流方向,然后形成可为下一级旋转叶片接受的来流角。在所给出的示例中,空气沿轴向流入第一级,静子布置成改变气流方向,以使得气流也沿轴向流入第二级。

由常识可知,如果来流角太大(或就负方向而言,太小),叶片将失速。同样,也由常识可知,从某级到下一级所需要的气流流通面积必须减小,以适应每一级所输送空气的更高压缩程度。

这些常识告知,设计人员必须非常仔细地选择每一排叶片的设定角(安装角),并且必须选择每一级的环形面积,以适应气流流动。总而言之,这是一个多维问题,必须通过精确分析和实验的组合予以解决,以达到符合如下要求的设计,即具有最佳效率并以最少压气机级数达到所希望的增压效果。

在设计点,压气机的每一级都以可能的最佳流动状态工作。现在让我们考虑偏离设计点将会出现何种情况。斯通(Stone)[4]对此问题给出非常好的处置方法,他的论文虽然发表年代有些早,但在表述轴流式压气机级间相互作用的文献中仍属于可见到的佳作之一。斯通的分析清楚地表明,当压气机以最小和最大速度之间的某个速度运行时,每一级的工作点是变化的,在低于某一特定中间速度的工作点上,压气机前几级首先失速,而大于此速度时,压气机后面几级首先失速。此现象如图 2-13 所示。

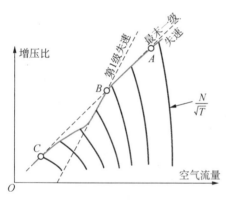

图 2-13　表明级失速和压气机总体喘振的压气机特性线图

在较高的转速下,所有各级都承受高负载,以至于当最后一级失速时,总是引起压气机总体喘振,如图 2-13 所示的点 A。达此转速或低于此转速,压气机前几级首先失速,如图 2-13 所示的 B 点。更大的可能是,第 1 级失速后,也将引起压气机总体失速。但是,当转速进一步降低时,前几级可能失速,但可能不出现压气机总体喘振。虽然并非希望在低速时前面若干级完全失速,但压气机仍然能够工作(尽管效率有所降低)还是有可能的。如图 2-13 所示的 C 点,是可以持续工作的最低转速和最高增压比。此转速实际上给出该压气机作为某发动机的一部分而工作时最低可能的慢车转速。

读者此时可以看到,如果某一轴流式压气机有足够多的级失速,则此发动机可能易于出现低速喘振。更严重的是,可能不能够起动,因为压气机有如此多的级完全不能让所需要的气流流过来支持压气机后几级对空气的压缩。这进一步意味着,对排列在单根轴上的压气机级数可能有一定的限度,以免发动机不能起动。如 2.1.2.1~2.1.2.3 节所述,设计人员已使用多种方法来解决关于前级低速失速的问题。

2.1.2.1　级间放气

直觉上显而易见的是,如果允许前几级在低速下能流过更多的气流,则前几级可能适应需求,它们则可在其使用包线的非失速部分工作。由于下游各级不能"吞咽"增大的空气流量,则不得不将其排放到机外。这种布局称为"放气"或级间放气。如果这些装置仅在低速下工作,则需要有某种控制措施在使用包线内的相应点使它们打开或关闭。同样,很显然从多级放气,并按某一顺序而不是同时打开或关闭这些放气阀,能够得到某些好处。

对于将空气压缩到某个中间压力然后将其放到机外的做法,只能理解为发动机在这一工作阶段效率降低。尽管以往已经采用放气作为使压气机低速稳定工作的一项措施,现也已找到其他方法解决此问题。

2.1.2.2　可变位置静子

解决压气机低速失速现象的另外一种方法是安排一级或一排叶片,使得叶片安装角可以调节。在图 2.14 中以图解形表明这种布局。

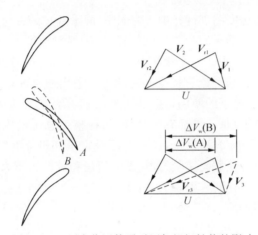

图 2-14　可变位置静子对压气机级性能的影响

这一特性对每一级的性能提供单独控制。有关压气机级性能起点的更详细说明,将以普遍接受的无量纲形式在附录 A 中给出,关于压气机级数据叠加以产生整个压气机线图的过程,将在附录 B 中予以说明。但是,就目前的讨论而言,读者应知道,呈现压气机级性能的常规方法是使得与叶片速度有关的数据实现无量纲化,如图 2-15 所示。

将 V_a/U 项称为流量系数。可以表明此参数与下式是等效的:

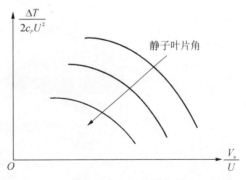

图 2-15　带有可变位置静子的轴流式压气机总的级性能

$$\frac{w\sqrt{T}}{P}\ \frac{\sqrt{T}}{N}$$

对于某一固定的叶片速度，这仅仅是无量纲流量。同样，$c_p\Delta T/U^2$ 项是温度系数，其等效于参数 $\dfrac{\Delta T}{T}\Big/\left(\dfrac{N}{\sqrt{T}}\right)^2$，通过热力学关系，$\Delta T/T$ 与级的增压比建立如下关系：

$$\frac{P_2}{P_1} = \left(1 + \eta_c\, \frac{\Delta T}{T}\right)^{\frac{\gamma}{\gamma-1}} \qquad (2-8)$$

式中，η_c 为级效率。

因此，很显然对于某个恒定的效率，能够用一条温度系数与流量系数的关系曲线来描述某个固定几何的压气机级。但是，如果配备可变静子的压气机级，可获得一组相似的曲线，如图 2-15 所示。

对图 2-14 中的速度图进行仔细研究表明，静子叶片的方位支配气流进入下游转子的来流角。可调节静子的叶片角度位置，影响绝对速度 V_3 和相对速度 V_{r3}，以至于得到净切向分速度 ΔV_w 的变化。由于功率吸收与切向分速度的变化成正比，流经压气机级的增压比和气流直接受到影响[5]。采用通常使用的术语来表达单级特性（见附录 A），可变静子的使用将提供如图 2.15 所示的二维级特性。

通过连续排列各级，每一级都有可变静子，在整个总压气机性能范围内可获得大的控制量。由图 2-14 容易看出，通过重新设定压气机级的叶片角，可使处于低速下失速的某一前级进入非失速状态（较低的流量和较低的压力）。同样，很显然可将更多的压气机级排列在同一根轴上，所获得的总压气机增压比高于用其他方法从单转子发动机中所获得的。GE 公司首先利用这一现象，并生产出非常成功的喷气发动机，在单转子上压气机多达 16 级。图 2-16 给出 GE J-79 发动机的概念图，并同时给出此发动机的照片。这是 GE 公司第一台在单轴轴流式压气机上配备了

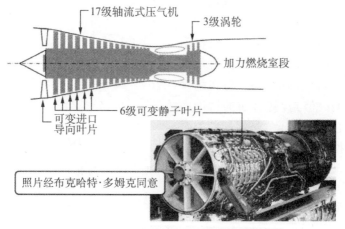

图 2-16　GE 公司涡轮喷气发动机概念图

多个可变静子的发动机。如同概念图中所示,并在照片中清晰可见,J-79发动机的前6级压气机带有可变静子。

2.1.2.3 多转子

然而,此时解决压气机失速问题的另外一种方法应是很明显的。如果我们将压气机分为两个独立的组件,每个都以不同的转速运行可以解决许多问题,并可获得高的总增压比。这种解决问题方法的缺点在于增加压气机轴结构的复杂性。但是,可能会有如下的不同见解:认为这样一种布局与采用多级可变安装角的静子叶片相比,复杂程度则小得多。

有很多的多转子发动机示例。这些已成为RR公司和PW公司的标准做法,并已有许多成功的发动机采用了各种组合轴布局以及级间和转子间放气。大多数高性能的航空燃气涡轮发动机可能同时利用多转子布局和级间放气以及一级或多级几何可变的多种做法。PW JT9D发动机就是这种发动机的一个示例,其概念如图2-17所示。该发动机采用双转子布局和压气机放气阀,与上面所给出的J-79发动机示例中的可变几何压气机相比,复杂程度要小很多。

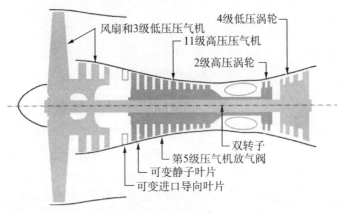

图2-17 PW JT9D涡轮风扇发动机概念

2.1.3 可调截面喷口

需要作某些说明的最后一个发动机性能要素是使用可调截面喷口以及加力燃烧室。这一组合通常称之为"推力增大"。一般而言,这一特性仅适用于军用发动机。但是,英-法协和号和俄罗斯的TU-144都使用推力增大措施,以增加推力达到超声速飞行所需要的量级。这两个型号的飞机都试图实施超声速商业飞行。自这两种飞机退役以来,尚未有后继型号。

燃气涡轮发动机在任何给定转速下的稳态设计性能分析是一个迭代的过程,由此满足控制气流流过压气机、涡轮和喷口的连续性流动方程,同时维持压气机和涡轮之间的功率平衡。如同先前所述,对于固定面积的喷口,这在每一允许的压气机工作转速下导致单一工作点。这些点的轨迹通常称为"唯一工作线",如图2-4所

示。可使此说法成立的假设是:

(1) 喷口面积固定。

(2) 除了从主燃烧室获得能量外,再无能量添加。

增加了加力燃烧室,改变了喷管气流的能量含量,喷口面积不可调时,其将颠覆流动平衡,并驱使压气机进入喘振。为了弄清楚为什么会出现此情况,我们需要更加仔细考虑喷口和喷管与燃气发生器如何相互匹配。

典型的喷口特性曲线,如图 2-18 所示。

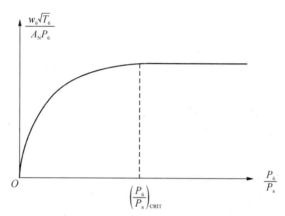

图 2-18　典型的喷口特性

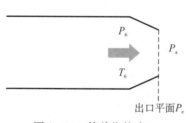

图 2-19　简单收敛喷口

描述这一曲线的参数是无量纲流量参数 $w_6 \sqrt{T_6}/A_N P_6$ 和压力比 P_6/P_a。式中,A_N 为喷口出口面积,P_a 为环境压力。当压力比增大时,气流参数继续上升,直到压力比达到所示的临界状态。此时,喷口喉部的气流流动已达到声速状态,不可能进一步上升。对于如图 2-19 所示的简单收敛喷口,声速状态出现在出口平面,此时对于大于 $(P_6/P_a)_{CRIT}$ 的所有 P_6/P_a 值,压力都保持在临界值。

返回到图 2-18,将 A_N 作为一参数重新绘制曲线而得到一系列曲线,每条曲线代表不同的 A_N 值。这示于图 2-20 的右面,此图取自于文献[6]。

图 2-20 的左边,是一条叠加了喷口无量纲流量值的涡轮流动特性曲线。可从如下的恒等式获得这些喷口流量值:

$$\frac{w_6 \sqrt{T_6}}{P_6} = \frac{w_4 \sqrt{T_4}}{P_4} \frac{P_4}{P_5} \sqrt{\frac{T_5}{T_4}} \frac{P_5}{P_6} \sqrt{\frac{T_6}{T_5}} \tag{2-9}$$

对于现在考虑的情况,尾喷管未设置加力燃烧室,并假设压力损失忽略不计。

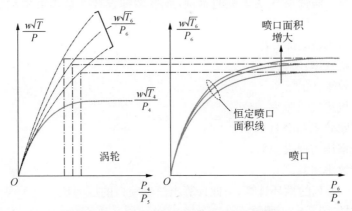

图 2 - 20 可调截面喷口与涡轮的匹配

使用此假设可以看到,恒等式方便地用完全由涡轮参数确定的各项来表达喷口的气流参数。通过图解匹配 3 个不同面积的壅塞喷口状态,可以看到,喷口面积越大,涡轮压力比越低。第 2 个恒等式可使我们确定对压气机工作点的影响:

$$\frac{P_6}{P_a} = \frac{P_3}{P_2} \frac{P_4}{P_3} \frac{P_5}{P_4} \frac{P_6}{P_5} \frac{P_2}{P_1} \frac{P_1}{P_a} \qquad (2-10)$$

假设海平静止状态($P_a = P_1 = P_2$),并假设尾喷管无流动损失($P_5 = P_6$),可以将式(2-10)的压力恒等式,改写如下:

$$\frac{P_3}{P_2} = \frac{P_3}{P_4} \frac{P_4}{P_5} \frac{P_6}{P_a} \qquad (2-11)$$

式中的 P_3/P_4 项代表流经燃烧室的压力损失,其数量级为 4%。因此,对于任何喷口压力比值,很显然 A_N 增大会导致涡轮压力比减小,压气机增压比也相应地减小。喷口面积变化的影响通常可显示在压气机特性线图上,如图 2 - 21 所示。

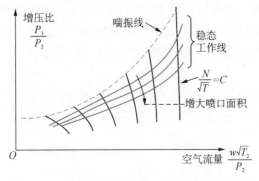

图 2 - 21 带有可变面积喷口的单转子涡轮喷气
发动机压气机的工作特性曲线

继续研究此涡轮喷气发动机的示例,应按多种设计参数考虑发动机喷口压力比。可供使用的主要设计参数是压气机增压比和涡轮进口温度。

使用下列典型的部件性能值:

● 压气机效率:87%;

● 涡轮效率:90%;

● 发动机进气道效率:93%;

● 燃烧室效率:98%;

● 燃烧室压力损失:4%;

● 机械效率:4%。

可进行一系列的循环计算,由此计算出流经喷口的压力比。对于海平面静止状态,这一数据如图 2-22 所示。

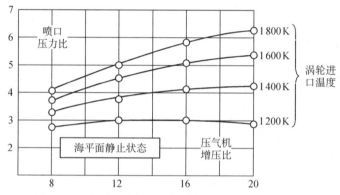

图 2-22　海平面条件下涡轮喷气发动机的喷口压力比

图 2-22 表明,涡轮进口温度为 1200 K 时,对于实际所有压气机设计增压比,喷口压力比大约是 30%。假设某台典型的军用发动机,其压气机增压比的量级为 15~20,涡轮进口温度的量级为 1400 K,则喷口压力比约为 4.0。

图 2-23 表明同一台发动机在 $Ma0.8$ 和高度 15 000 ft 条件下工作的参数。此时,在较高的压气机增压比下喷口压力比的量级为 6.0。这在一定程度上是由于前进速度的冲压对进口压力的影响,并在一定程度上降低了在这一使用高度上喷口出口处的环境反压。

考虑某台喷气发动机产生的推力,推力方程表示如下:

$$F_N = w(V_j - V_{ac}) + A_N(P_e - P_a) \qquad (2-12)$$

式中,F_N 为净推力;w 为进气道的空气流量;V_j 为喷口出口平面的喷气流速度;V_{ac} 为飞机飞行速度;A_N 为喷口出口面积;P_e 为喷口出口平面的压力;P_a 为环境压力。

注意,此方程适用于亚声速飞行状态。在超声速情况下,激波压力使导出式

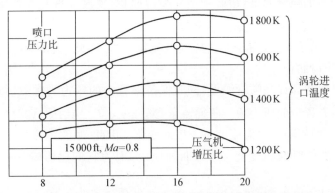

图 2 - 23　*Ma*0.8 和高度 15 000 ft 条件下涡轮喷气发动机的喷口压力比

（2 - 12）[①]的简化假设不适用。

按照式（2 - 12），显然在图 2 - 22 和图 2 - 23 中所得到的推力数据包含一个动量项和一个压力项。以比率形式重写式（2 - 12），我们可以估算这些贡献项的相对值：

$$\frac{F_N}{w} = (V_j - V_{ac}) + \frac{A_N}{w}(P_e - P_a) \tag{2-13}$$

使用与压气机增压比 16 和涡轮进口温度 1400 K 有关的条件，可以针对飞行条件 15 000 ft 和 *Ma*0.8，计算出比推力分量如下：

$$(V_j - V_{ac}) = 270.5 \text{N} \cdot \text{s/kg} \tag{2-14}$$

$$\frac{A_N}{w}(P_e - P_a) = 237.8 \text{N} \cdot \text{s/kg} \tag{2-15}$$

因此很显然，在此情况下，压力项的贡献与动量项的贡献相等。

应注意，喷口出口处的压力是由临界压力比确定的，因而假设喷口壅塞。还应注意，喷口出口处的气流速度是声速，因此可写出如下公式：

$$V_j = \sqrt{\gamma g_c R T_c} \tag{2-16}$$

式中，T_c 是喷口处临界状态下的静温。

按如下方程，建立这一临界温度与喷管温度的关系，即

$$T_c = \frac{2}{\gamma + 1} T_6 \tag{2-17}$$

可从上面所述获得的最直接的结果是，可以通过增加喷气流速度来增大推力，而增加喷管温度可达到增加喷气流速度的目的。例如，将喷管温度从 1 000 K 增加到 1 800 K，喷气流速度将增加约 34%。这将相应地增加动量分量。

---

① 原文误为 Equation 2.13（方程 2 - 13）。——译注

如果我们增加喷管温度,还必须增加喷口面积,以避免扰乱喷管压力。这是因为如果 P_4 保持常数,喷口壅塞流量参数 $w_6 \sqrt{T_6}/A_N P_6 = 0.532$ 要求或是改变 w_4,或是改变 A_N。由于 w_4 实际上是由压气机流量获得,因此,为避免扰乱压气机工作点,必须改变喷口面积。

增大喷口面积和提高喷管温度,同时保持喷管内的压力为常数,将按照面积的变化增大推力方程中的压力项。研究流量参数 $w_6 \sqrt{T_6}/A_N P_6$,如要保持 P_4 和 w_4 为常值,则要求面积随绝对温度的平方根而变化。因此,喷管温度从 1000 K 升高到 1800 K,将导致喷口面积变化 34%,准确地说,因为它们已影响先前所注意到的速度。

上面的评述意味着,如果我们为喷管安装燃烧室和相应的冷却衬层,就可以升高气流的平均温度,因而增加发动机推力。典型的加力燃烧室布局如图 2-24 所示。这包括燃油总管、燃油喷嘴和某种形式的火焰稳定器或火焰保持器,以确保在工作时火焰不被吹灭。此外,通常采用多孔的衬层以冷却和保护喷管。最后,需要一个面积可变的喷口,以维持喷管压力处于或接近压气机工作所要求的最大工作点。

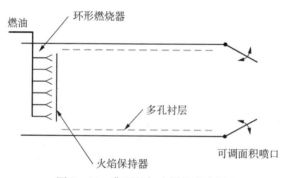

图 2-24 典型的加力燃烧室布局

虽然本节介绍中未涉及收敛-扩张形喷口概念,但读者应知道在某些超声速军用飞机上采用这样的系统。

这种飞行状态导致进气和排气两者出现激波。这些激波的存在大大改变了进气和排气的热动力学状态,这反过来又影响发动机。现代设计采用可变几何进气和排气以努力优化飞机性能。将在第 6 章内详细讨论此主题。

2.2 本章结语评述

本章简要说明了现代飞机的燃气涡轮推进发动机的工作和性能原理,为理解本书的主要意图奠定基础。本书旨在阐述与燃气涡轮发动机相组合的各系统和子系统的功能,以使其成为一个具有全面综合功能的推进系统。

参 考 文 献

［1］ Pratt & Whitney Aircraft. The Aircraft Gas Turbine and its Operation ［M］. Division of United Aircraft Corporation 1967.

［2］ Rolls-Royce. The Jet Engine ［M］. 3rd edn，Rolls-Royce Ltd，1973.

［3］ Treager I E. Aircraft Gas Turbine Engine Technology ［M］. 3rd edn，Glenco/McGraw-Hill，1996.

［4］ Stone A. Effects of Stage Characteristics on Axial-Flow Compressor Performance ［J］. ASME 1957，57-A-139.

［5］ Shepherd D G. Principles of Turbomachinery ［M］. MacMillan Company，1956.

［6］ Saravanamuttoo H I H，Rogers G F C，Cohen H. Gas Turbine Theory ［M］ 5th edn，Pearson Education Ltd，2001.

3 燃气发生器燃油控制系统

任何燃气涡轮推进系统的核心是燃气发生器[①],其产生高能燃气流,可用于提供推力或轴功率,依推进系统设计的应用场合和具体情况而定。以燃油流量和压气机级空气流量管理(在许多发动机上使用)形式实现的燃气发生器控制,也许是推进系统包中一些最关键的功能。这些控制功能确保发动机在整个使用飞行包线范围内在动态和稳态条件下安全和有效地运行。

通常,燃气涡轮发生器由压气机、燃烧室和涡轮组成,在某些情况下,包含独立的低压(LP)压气机和涡轮,它们自身拥有(与高压转子轴同心的)同心轴,如图3-1所示。

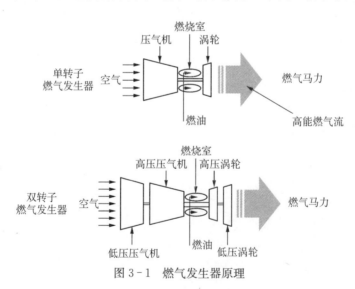

图 3-1　燃气发生器原理

在许多涡轮风扇发动机中,LP压气机轴也驱动风扇,并产生大部分发动机推力。此时风扇的核心区域也为低压压气机级提供一定的增压。低压涡轮可由两级

---

① 原文此处用"gas generator"和"gas producer"两个同义词组来表示,译文统一译为"燃气发生器",下同。
　　——译注

或多级组成。

各种推进系统概念中推力和（或）轴功率的产生，都涉及在一级或多级涡轮级内对燃气流能量的吸收。对于各种推进系统，最终推力或轴功率的管理和控制，通常是通过以某些形式微调燃气发生器燃油控制系统来实现。

因此，本章的目的着重于燃气发生器控制方法及其功能，因为其与燃油流量计量和压气机空气流量管理全面相关。而后各章解决推力和轴功率发动机（更多地取决于发动机类型）的控制和管理。

3.1 燃气发生器燃油控制系统的基本概念

燃气发生器燃油控制系统的主要要求是提供下列基本功能：借助燃油泵将燃油增压到足够高的压力（HP），使其有效地输入燃烧室，并提供相应的燃油计量和控制，如图 3 - 2 所示。

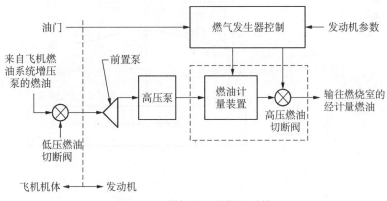

图 3 - 2 燃气发生器燃油系统

这一高度简化的描述，表明主要的燃油控制系统器件如何与飞机机体接口。要求飞机机体在预先确定的温度和压力范围内向发动机供给燃油。通过低压（LP）切断阀切断来自飞机机体的燃油供油，此阀是飞机燃油系统的一部分。飞机机体也向发动机提供油门指令，由此确定所需要的推力或功率。

燃气发生器燃油控制系统的主要任务是计量流往燃烧室的燃油，其精确地反映油门设定位置，同时在油门瞬时变化过程中维持安全运行，并防止发动机在整个使用飞行包线范围内超过与内部压力和温度有关的使用限制。

现代燃气发生器燃油系统使用高压（HP）燃油泵装置，其由离心式前置泵向正排量级供油，为的是形成可使燃油燃烧喷嘴有效工作所必需的高燃油压力。鉴于在许多现代发动机设计中，压气机增压比普遍超过 30 : 1，燃油系统供油压力可轻易地超过 1 000 psia[①]。通常，燃油计量装置（FMU）接受来自燃气发生器燃油控制器的指

---

① psia=pounds per square inch, absolute 磅力/英寸^2（绝对压力）。——译注

令,然后计量合适数量的燃油输往发动机。FMU还具有燃油切断功能,以便于发动机响应驾驶员的指令而停车,或在发动机探测到某些不安全运行状态(例如超速事件或发动机着火)后停车。

如图3-2所示的系统并未表明气流管理功能,这通常应由燃油控制系统提供,因此认为其属于燃油控制系统的一个主要组成部分。图3-3给出图解说明,其表明一个单转子燃气发生器,采用可变几何压气机,在压气机的若干低压级上设置进口导向叶片(IGV)和可变静子叶片(VSV)。这些IGV和VSV所处位置,则按最常见发动机工作状态的函数予以确定,为的是改善压气机性能和喘振裕度。

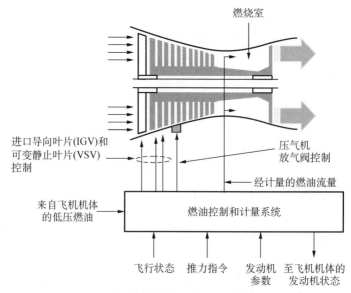

图3-3 典型的燃气发生器燃油控制系统任务

为改善从一个功率设定值加速到另一个功率设定值期间的压气机喘振裕度,也频繁使用放气阀。燃油控制系统的通常做法是利用HP燃油,作为IGV和VSV作动器的工作介质。通常将这一概念称为燃油油压传动。放气阀较普遍地由气压驱动。

3.2 燃油发生器控制模式

本小节所阐述的基本概念,与燃气涡轮发动机瞬态和稳态工作期间,如何对输往燃气发生器或燃气涡轮发动机"核心"段的燃油流量实现安全和合适控制相关。

为了执行各种控制任务,燃油控制系统需要来自油门的输入、飞行状态信息以及各种发动机参数,诸如转速、内部压力和温度。

与航空燃气涡轮发动机控制有关的最大难点之一是与工作环境变化相关。说明确些,这些都是因受高度、温度和空速的影响而带来的进气条件变化。因此,使发动机能够以任何给定转速工作,并要求燃油流量随着主流工作环境的改变而有相当大的变化。

为解决这一问题,使用第 2 章中所阐述的无量纲法则来描述发动机性能,并确定控制模式策略,由此可确定燃油控制系统的设计方法。

燃油控制业界常常以一种修正形式来使用这些无量纲参数,诸如燃油流量和转速。例如:

燃油流量(w_{Fe})修正到发动机进气条件后成为 $\dfrac{w_{Fe}}{\delta_1 \sqrt{\theta_1}}$

式中,δ_1 为实际进气总压,以 14.7 psia 计;θ_1 为实际进气总温,以 518.7°R[①] 计。

同样,经修正的发动机转速成为 $N/\sqrt{\theta_1}$。

在所有情况下,下标都代表发动机段的位置:按第 2 章图 2-2 中的定义,①是发动机进口,②是压气机进口,以此类推。读者应该知道,依据发动机构型和(或)发动机制造商参数选择的不同,这些定义会有变化。

使用这些经修正的参数,将发动机稳定工作线和其他关键性能特性(如喘振边界或熄火边界)的变化曲线汇成如图 3-4 所示的基本单一曲线。由这些曲线可以看到,针对需要考虑的实际运行条件,插入 θ 和 δ 值,可很容易地获得发动机转速和燃油流量的实际值。

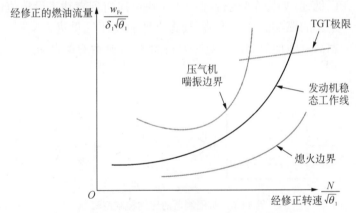

图 3-4　表明喘振和熄火边界的发动机性能

由图 3-4 可以看到,为改变发动机功率设定,并避免越过与压气机性能(加速限制)或燃烧室熄火(减速限制)有关的临界边界,必须以某种方式控制燃油流量。此外,控制功能必须确认与环境条件(由所用参数的经修正形式表示)的依存性。

从图 3-4 可以看出,如要改变燃气发生器功率等级可通过控制转子转速来实现。尽管并非普遍如此,绝大多数喷气发动机实际上是通过控制转速实现控制的。

---

① °R(或°R$_a$)为 Rankine 温标,即兰氏温标,是美国工程界使用的一种以华氏度(°F)定义的绝对温标,°R = °F + 459.67。0°R 为兰氏绝对零度,0°R = −459.67°F。文中 518.7°R 相当于 15℃。——译注

这意味着是使用简单的比例控制，如图 3-5 所示。

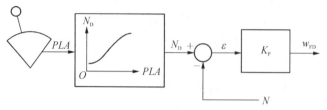

图 3-5 简单比例控制逻辑

在图 3-5 中，功率杆角 *PLA* 变换为燃气发生器转速需求。然后，将这一转速需求与实际发动机转速进行比较，形成一差值项 ε，然后乘以比例常数，将其转换为燃油流量需求值[1] w_{FD}。然后，将这一需求信号输入到燃油计量系统，其安排按这一燃油流量向发动机供油。这属于简单降速调速器的逻辑。此术语源自于如下事实，即为了产生所要求的相关燃油流量，转速需求与实际转速之间必须存在有限误差。实际的发动机转速必须"下降"到按此理念工作的需求转速以下。

图 3-5 中所示的形式会由于若干原因而不能工作，这些原因包含在上面的图 3-4 中。对于降速调速器而言，最难以克服的障碍是压气机喘振边界。例如，如果发动机正在以低速（如慢车）运行，而 *PLA* 快速向前到高功率设定值，图 3-5 的逻辑将指令一个新的燃油流量需求值，其将立即驱使压气机进入喘振。因此，必须对可能需求的燃油量施加限制。这意味着将图 3-5 所示的逻辑修改为图 3-6 所示的逻辑。

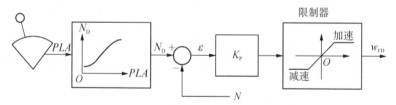

图 3-6 带限制器的比例控制逻辑

限制功能的存在迫使燃油需求处于所示边界内。极限值不可能是简单的常数，但是在整个瞬态过程中必须对其进行动态调节，以至于不会超出图 3-4 所给出的约束边界，同时确保平稳地加速到所需的更高转速。此外，必须按照环境条件对限制值的预定程序予以修正。为达此目的的有许多可用选项，将在下一节对其展开讨论。

3.2.1　燃油预定程序定义

一个常见的和最明显的燃油限制预定程序，绘制成如图 3-4 所示的可用裕度

---

① 原文为"fuel flow demand"，即燃动流量需求值，用符号 w_{FD} 表示。——译注

特性线图,以便构成如下形式的极限函数:

$$\frac{w_F}{P_1\sqrt{T_1}} = f(N,\ T_1) \tag{3-1}$$

由于$\sqrt{T_1}$对许用燃油的影响相对较弱,因此可将极限函数简化为

$$\frac{w_F}{P_1} = f(N,\ T_1) \tag{3-2}$$

为了简化,舍弃少量的可用裕度,但是通常由压气机输出压力P_3替代式中的P_1,则有

$$\frac{w_F}{P_3\sqrt{T_1}} = f(N,\ T_1) \tag{3-3}$$

将无量纲形式表示的燃油流量乘以增压比,很容易得

$$\frac{w_F}{P_1\sqrt{T_1}}\frac{P_1}{P_3} = \frac{w_F}{P_3\sqrt{T_1}} \tag{3-4}$$

此外通常忽略温度项。

由式(3-4)显然可见,可使用无量纲项的任何组合,前提是它们包含燃油项。RR 公司在 20 世纪 60 年代研制出一款这样的控制限制器,用于其大型商用发动机。这一限制预定程序,采用压气机增压比、转子转速以及发动机进口温度来表达,形式如下:

$$\frac{w_F}{N} = f\left(\frac{P_3}{P_1},\ P_1\right) \tag{3-5}$$

联立无量纲燃油流量与无量纲转速,得到如下公式:

$$\frac{w_F}{P_1\sqrt{T_1}}\frac{\sqrt{T_1}}{N} = \frac{w_F}{P_1 N} \tag{3-6}$$

绘出w_F/N与P_3/P_1的关系曲线,可以得到一个可用于加速和减速的新的极限函数。为执行这样的预定程序,有必要用N乘以参数w_F/N,以得到限制燃油流量。RR 公司完成这项工作所用的方法是,采用由附件齿轮箱传动燃油计量阀,其带有与飞重装置相连接的压降调节器。压力调节器设定值因此正比于N^2,而流经计量阀的流量因此与计量阀的位置成比例,也就是,(流通面积)$\times\sqrt{N^2}$。

由于相对简单而促成式(3-3)所描述的限制函数得到普遍应用,使用此函数,可在液压机械式控制系统中反映对压气机输出压力和转速的测量。

这些装置基本上属于对控制方程的机械模拟。因此它们的计算媒介是力。由简单的飞重装置将速度转换为力,即$F=KN^2$。压力根本不需要进行复杂的转换,

因为其计量单位就是每单位面积上的力。

压气机输出压力选择是显而易见的,因为其直接与压气机出口状态相关。必要的折中导致选择一个简单限制函数,要求其以最低可能成本和最低复杂性提供合理的瞬态响应。

电子式控制器的问世,尤其是 20 世纪 80 年代数字电子技术的出现,为工业界提供一个机遇重新审查燃油控制器的整个功能性。在这一重新评定的过程中,显而易见,如要达到需要的精度和可靠性,进行压力测量所需的费用很高。因此制订一个新燃油限制的问题备受重视。

返回到无量纲参数可以看到,转速上升速率(或 $\dot{N}$)是对能力的一种度量。转子转速上升速率与瞬态过程中作用在发动机转子上的过剩扭矩有关,这又与燃油流量的增大有关。这一参数的无量纲形式为 $\dot{N}/P_1$,很遗憾,其仍然需要测量压力。但是,通过联立无量纲方程组,可将其表示为如下形式:

$$\frac{\dot{N}N}{w_\mathrm{F}} = \frac{\dot{N}}{P_1} \frac{N}{\sqrt{T_1}} \frac{P\sqrt{T_1}}{w_\mathrm{F}} \qquad (3-7)$$

此参数要求测量转速和燃油流量。转速被认为是易于测量的,因为燃油流量必须受液压式机械装置所控制,此装置的输入为电子信号,易于获得燃油流量信号。如同 2.3.2 节将要讨论的那样,$\dot{N}$ 控制概念的实行,在转子转速调节方面引起新的稳定性问题。

再回到图 3-4,对于以燃油流量作为转子转速函数的形式而呈现的压气机喘振边界,必须在瞬态运行期间在压气机工作环境下予以解释。如同 2.1 节所讨论的以及图 2-6 所描绘的,来自某个给定稳态点的初始瞬态迹线,实际上沿着相应的转速线朝向喘振方向。因此,在该转速下喘振线上的点代表压气机喘振之前的最大许可燃油流率。这也代表可施加于转轴的最大过剩扭矩等级,因此代表可产生的最大可能的转子加速度。

现代计算机可使我们按部件级(见附录 C)来模拟某台发动机。先固定转子转速不变,并增加过量燃油供给,有可能绘制出所有可能等级的过量供油特性曲线,并且以燃油参数的形式呈现这一数据,可将其用于在整个瞬态过程中限制燃油供给。图 3-7 给出这类特性曲线的示例。

使用这些数据,连同相关的发动机数据(例如 P_3),能够构成任何燃油限制预定程序。$\dot{N}/P_1$、$\dot{N}N/w_\mathrm{F}$ 和 w_F/P_3 的喘振值作为 $N/\sqrt{T_1}$ 的函数关系如图 3-8 所示。显然可见,由已知的参数稳态值及其在压气机喘振点的相应值,能够构成任何预定程序。

对于减速限制,可构成类似的一组数据,此时,限制的热力学功能为燃烧室内的火焰稳定性。典型的火焰稳定性边界如图 3-9 所示[1]。

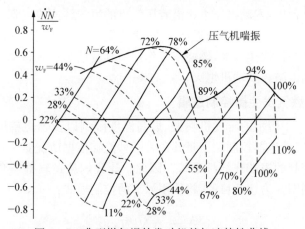

图 3 - 7　典型燃气涡轮发动机的加速特性曲线

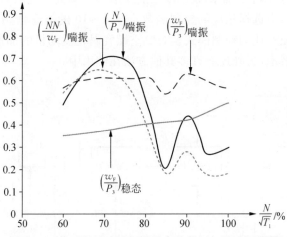

图 3 - 8　若干常见无量纲燃油参数的压气机喘振边界

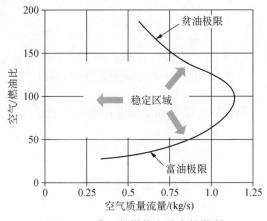

图 3 - 9　典型的燃烧室稳定性限制

快速减速过程中,发动机压力比沿着压气机的恒定转速线下降到稳态工作线以下。在此运行区内压气机转速线近似垂直,表明空气流量随增压比的变动很小。因此,引起空气/燃油比快速升高,燃烧室工作点向其贫油熄火区移动。为此必须对燃油流量施加限制以防止发动机熄火。

3.2.2　全燃气发生器控制逻辑

必须在图3-4所示的压气机喘振、最高温度限制以及燃烧室熄火的严格限制范围内,执行燃气发生器控制。于是其代表一种能够依据情况对一种极限过渡到另一种极限实行控制的极端非线性系统。因此。让我们从逻辑框图角度来考虑整个燃气发生器控制图。为达此目的,将使用如下的控制模式:

$$\frac{w_F}{P_1} = f(N,\ T_1)$$

此时,所有的控制和限制函数都以燃油流量与发动机进气压力之比的形式来呈现。然后利用逻辑来选择相应的控制函数。图3-10的概念框图已对此进行了图解说明。尽管上面所述的控制模式是对航空燃气涡轮发动机的加速、减速以及控制进行管理的常用技术,另外还有许多其他方法在使用中。

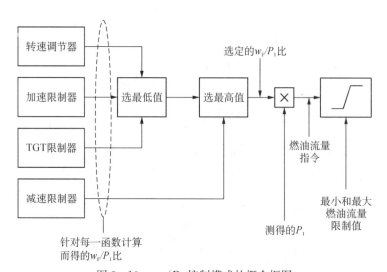

图3-10　w_F/P_1 控制模式的概念框图

例如,图3-10可很容易地代表如下的常用控制模式:

$$\frac{w_F}{P_3} = f(N,\ T_1)$$

此式中,使用压气机出口压力 P_3(此参数有时以 P_C、P_{CD} 或 CDP 表示)替代了原来的 P_1。术语 P_B 有时为燃油控制专业人员所使用,在此情况下,P_B 是指"喷嘴燃油压力",其基本上与 CDP 相同。

3.2.3　转速调节与加速/减速限制

稳态运行时,通常由简单比例调速器(或减速调速器)来控制燃气发生器,此时由油门位置或 PLA 确定转速。

从上面的讨论和图 3－10 可以看出,从一个稳态转速向另一稳态转速过渡时,在加速过程中必须防止压气机喘振,在减速过程中必须防止发动机熄火。并且必须防止超过涡轮温度限制值。

图 3－11 给出较为详细的加速、减速以及调速控制原理简图,一切基于 $w_F/P_1 = f(N, T_1)$ 控制模式。

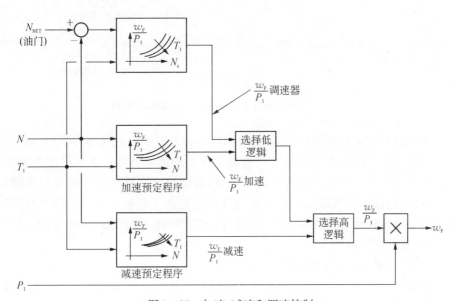

图 3－11　加速、减速和调速控制

在加速过程中,通过选择低逻辑来抑制调速器的输出,以免超过加速预定程序。同样,在减速过程中,将通过选择高逻辑来执行减速预定程序。

图 3－12 表明在油门瞬时从慢车向最大转速变化过程中发动机工作点的轨迹。参见此图,假设发动机初始时以发动机稳态工作线上的慢车转速(A 点)运行。现在考虑油门设定值突然变化,发出指令使转速从慢车变为最大转速。当增加燃油量而导致发动机加速时,燃油控制器必须限制过量供油,以防止压气机喘振。

当发动机加速时,燃油流量按预定程序输往发动机以遵循加速限制,直到达到调速器最大转速下降线。从这时起,转速的任何进一步增加即刻伴随燃油流量相应地减少,直到达到发动机稳态工作线上的 B 点。同样,从最大转速减速到慢车转速的过程中,由燃油控制器的减速限制,使燃油流量保持在熄火边界线上方。一旦达到调速器慢车转速下降线,调速器参与工作,使发动机状态回到 A 点。

正如前面所述,图解说明的调速器原理属于"降速调速器",也就是在稳态下,油门设定转速与实际运行转速之间必须存在某个误差,为的是产生燃油流量指令传送给燃油计量系统。

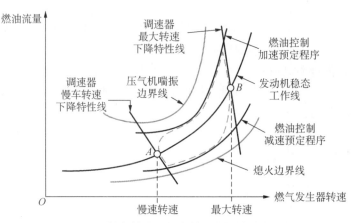

图 3-12 慢车转速和最大转速之间的瞬态运行

由于调速器的输出通常以比值为单位(即燃油流量除以进气压力或压气机出口压力)表示,在控制回路中存在对高度和前进速度的固有补偿。进气温度的变化如果不予计及,则对于任何给定的油门设定值,将会导致发动机运行转速发生漂移。因此,一般的做法是在调速器控制算法范围内包括进气总温,为的是按油门设定值的函数提供恒定转速运行。在图 3-11 控制原理图中给出了这样一种方法,图中由 T_1 引起速度误差的偏离。

3.2.3.1 调速器响应和稳定性

为涵盖这一主题,需要充分引述经典反馈控制技术。尚不熟悉这一主题的读者应参见本书附录 D,其包含有关此主题的简要知识。关于更详细的阐述可查阅参考文献[2],推荐将该著作作为有关此主题的易读入门读物。

对调速器控制回路动态性能进行分析的快速而有效的方法是使用小扰动法:围绕某个特定的工作点,使动态因素线性化,顾名思义,对于围绕该点的微小偏移,结果是有效的。这可使系统工程师对调速器带宽和稳定性裕度的动态特性有良好的了解。但是,应使用数字建模技术,对发动机和燃油控制系统进行全方位动态模拟,借以对此动态特性进行最终的验证。

首先让我们使用小扰动法对采用 $w_F/P_1 = f(N, T_1)$ 控制模式的调速器性能进行分析。这种类型调速器的控制回路可由图 3-13 简化框图予以表示,该图示出所涉及的所有主要要素。

与调速器和 FMU 有关的动态特性相对于发动机是快速的,并在整个使用飞行包线范围内保持完全的一致性。调速器方框可由单增益项来代表,它等于所考虑工作点处速度误差比率特性曲线的斜率,同时线性滞后 10 ms。就我们的线性分析而言,采用 20 ms 的线性滞后足可代表燃油计量阀。

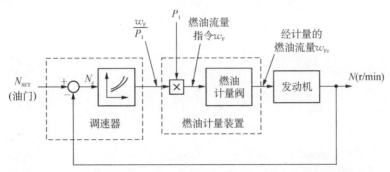

图 3-13 采用 $w_F/P_1 = f(N, T_1)$ 控制模式的燃气发生器调速器框图

此图中的发动机方框可由下面的任一稳态条件下的传递函数来代表,并且对于围绕待考虑工作点的燃油流量小扰动是有效的:

$$\frac{\Delta N}{\Delta w_{Fe}} = \frac{K_e e^{as}}{(1+\tau_e s)(1+\tau_e s)} \tag{3-8}$$

公式分子中的增益 K_e 项被称为发动机增益,是发动机对燃油流量变化的灵敏度(以轴转速表示)的一种度量。此参数是发动机转速稳态工作线上燃油流量斜率之倒数,其在高功率下具有较低值,并且当功率降低到慢车时则增大。

公式(3-8)分子中的 e^{-as} 项属于传输延迟,表示燃烧喷嘴处燃油流量变化与在涡轮喉部出现的燃气状态最终变化之间的时间滞后。这一项与燃烧室尺寸和流经发动机的空气流量有关,其值非常小,但在低功率和高空条件下可能变得很重要。因此,在任何调速器动态分析时对此参数给出某些容差属于谨慎之举。

正如第 2 章中所讨论的,发动机转速响应受转子惯性所控制,必须依靠涡轮产生的大于压气机所需要的过量扭矩来实现加速,直至达到一个新的稳定状态,并且扭矩重新达到平衡。量级为 $0.3\sim0.5\text{s}$ 的时间常数 τ_e 是高功率状态下的典型值。令人关注的是,它与发动机尺寸完全无关,因为扭矩不平衡与发动机增大而引起的转子惯性增大有相当好的比例关系。但是,对于一台给定的发动机,在较高的飞行高度或者当油门设定值朝慢车方向减小时,这一时间常数变得长得多。

由时间常数 τ_e 所表示的一阶滞后代表燃烧过程的动态特性,并且与基本发动机时间常数 τ_e 相比其值非常小。为简化分析,我们将忽略燃烧动态特性,但在任何精确分析中应考虑这些项,尤其是在高空运行时燃烧动态特性可能变得较为重要。

发动机工作环境对发动机增益和有关的基本时间常数两者的影响,变化相当大。图 3-14 表明发动机增益 K_e 和发动机时间常数 τ_e 如何随修正转速(相对于其海平面最大转速名义值而修正)而变化。

当发动机在海平面、静态、标准天条件下工作时,δ_1 和 $\sqrt{\theta_1}$ 两者是一致的。当发动机转速降低到慢车时,发动机增益 K_e 增大,系数约为 5,而发动机时间常数增大,

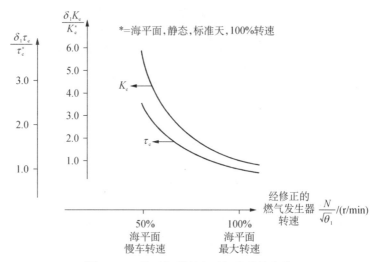

图 3-14　发动机增益和时间常数的变化

系数大于 2。

　　在典型的商用飞机飞行包线范围内，δ_1 可从 0.25 变化到 1.2，而 $\sqrt{\theta_1}$ 的变化范围比较小，从 0.9 到 1.05。发动机时间常数 τ_e 和发动机增益 K_e 相对于 τ_e^* 和 K_e^* 之值，可方便地从图 3.14 中分别获得，方法是针对有待分析的飞行状态，插入相应的 δ_1 和 $\sqrt{\theta_1}$ 值。

　　由于发动机动态特性比燃油控制和计量设备的动态特性要慢得多，按照一个闭环控制系统来设计调速器相对容易。此时，发动机时间常数处在其最快值，大约为 0.5 s，而控制和计量动态特性要快一个数量级。在闭环控制系统中，良好的做法是，使待控制过程的动态特性与控制器的动态特性拉大差距达"十"或更大（在这种情况下，将"十"定义为频率响应能力的一个系数 10。简而言之，这意味着控制器的动态特性要比发动机的快 10 倍）。发动机动态特性随高度增大和功率减小而变慢，这一事实倒是有利于此情况，因为控制和计量动态特性并不随工作状态而发生重大变化。

　　我们现在能够为使用能代表某个线性化模型的传递函数的调速器构建一个对围绕任何选定工作条件的小扰动是有效的框图，如图 3-15 所示。

　　在图 3-15 中，K_G 项是待考虑工作点的线性化调速器增益，以单位速度误差的比率形式表示。对于 $w_F/P_1 = f(N, T_1)$ 控制模式，乘数变成简单的增益项，因为对于任何给定的工作点，P_1 都为常数。对于调速器和 FMU 的动态项，可将其假设为对于所有的工作状态都保持相同。即分别具有时间常数为 10 ms 和 20 ms 的线性滞后。

　　必须针对待研究的飞行状态和油门设定值，选定发动机增益 K_e 和时间常数 τ_e。

　　由图 3-15，我们可将这一调速器的开环传递函数表示如下：

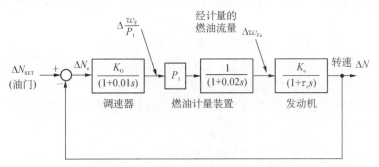

图 3-15 采用 $w_F/P_1 = f(N, T_1)$ 控制模式的线性化调速器框图

$$\frac{\Delta N_e}{\Delta N} = \frac{K_G P_1 K_e}{(1+0.01s)(1+0.02s)(1+\tau_e s)} \qquad (3-9)$$

为了确定将会给出所需稳定性裕度的回路增益,将 $s=j\omega$ 代入式(3-9),形成一个波德图(频率响应曲线),则是一个相对简单的过程。

另一种备选的方法是使用频域,这也是对线性系统(诸如我们的调速器)动态特性提供较好了解的方法,它以图解形式表明开环传递函数的根位于何处,闭环传递函数的根如何随回路增益增大而在这一频域内移动。

这就是所谓的根轨迹技术,在研究线性闭环系统时是极为有效的(有关这一概念的介绍参见附录 D)。该项技术由任一闭环系统特征方程发展而成,该方程为

$$1 + 开环传递函数 = 0 \qquad (3-10)$$

式(3-10)定义系统的动态稳定特性,也说明边界稳定性条件。在此边界条件下,如果绕回路一周的增益是单一的,并且绕回路一周的相位滞后是 180°,将会出现持续振荡。该特征方程也可表达为如下形式:

$$(绕回路一周的所有元素之积) = -1 = |\,1.0\,|\,\angle 180° \qquad (3-11)$$

在一个典型的示例中,考虑如下形式的系统特征方程:

$$\frac{K(s+z_1)(s+z_2)}{(s+p_1)(s+p_2)(s+p_3)} = |\,1.0\,|\,\angle 180° \qquad (3-12)$$

此式分子上 z 值称之为"零点",因为将 s 设定为任何一个 z 值时,此表达式趋于零。在分母上,p 值称之为"极点",因为当 s 设定任何一个 p 值时,此表达式趋于无穷大。

由此得出结论,如果我们能够定义频域(s 平面)内所有点的轨迹,从所有零点到轨迹上任何一点的所有矢量角之和减去从所有极点到轨迹上相同点的所有矢量角之和等于 180°,我们将能看到,当 K 值从零变化到无穷大时,系统的闭环根是如何在 s 平面内移动的。

轨迹上任何一点的 K 值仅仅是从极点到轨迹上的该点的矢量长度(模)之积除以从零点到同一点的矢量长度之积。这些根轨迹在 s 平面内的定位是由许多简单规则支持的一个简单过程,分析人员依据这些规则可快速画出轨迹(参见附录 D)。

根轨迹的数量等于极点的数量。这些轨迹延伸到其中一个零点,或在无零点的情况下,沿着预定的渐近线向无穷大移动。

我们可以通过定义如下的系统特征方程,将根轨迹概念应用于我们的调速器:

$$\frac{K_L}{(s+1/\tau_e)(s+50)(s+100)} = -1 \qquad (3-13)$$

式中,K_L 为回路增益,$K_L = (1/\tau_e)(50)(100)K_G P_1 K_e$。

现在,可以形成系统的频域曲线,表明 3 个系统极点的位置,如图 3-16 所示。

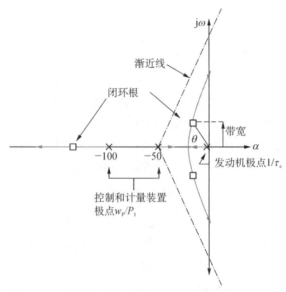

图 3-16 采用 w_F/P_1 控制模式的调速器的频域曲线

在此频域中,$s = \alpha + j\omega$。y 轴定义 $j\omega$ 项,其代表实数领域内的频率,而 x 轴定义 α 项,其根据平面内实数值代表振荡衰减(或增长)率。位置越负,衰减越快。右半平面内的点表示处于不稳定状态,此时振荡增大而不是衰减。y 轴上的点,代表以相应于 $j\omega$ 值的频率作持续振荡。

在调速器示例中,共有 3 个极点:一个在 -100,一个在 -50,第三个接近原点,代表初始发动机滞后。

根轨迹理论预示在 $-1/\tau_e$ 处的发动机极点和在 -50 处的燃油计量极点之间,将有一个根轨迹,其在 $\alpha = -20$ 附近分为两个根轨迹,然后如图所示向渐近线移动。

由于与发动机滞后 τ_e 有关的极点具有大约为 -2.0(代表滞后 $0.5\,s$)最大值,这一参数的所有其他值将具有一个较接近原点的极点。显然,发动机基本时间常数的任何变化,将不会明显改变图 3-16 所示出的根轨迹线。

影响系统稳定性的根轨迹是两个以大约 70 rad/s 跨越 $j\omega$ 轴的轨迹。这确定边界稳定性的回路增益。第三个根轨迹从 -100 极点开始,沿着 $-x$ 轴朝向负无穷大延伸,对系统响应特性或稳定性的影响很小。

在选择所需要的闭环增益,从而是选择闭环根在轨迹上的位置时,我们的目标是必须有很好阻尼的闭环特性。由于曲线上的 θ 角的余弦等于阻尼比,我们选择一个大约 45°的角。这代表阻尼比为 0.707,在输入改变一个步长之后,跟随的响应不过量。调速器带宽约 20 rad/s(约 3Hz),意味着对油门变化的响应相当快且特性良好。

重要的是要注意,忽略系统中某些较快的动态特性后,所得到的结果是比较乐观的(尤其是在考虑更高的频率时)。例如,如果向系统额外添加 10 ms 的线性滞后,根轨迹将按图 3-17 所示发生变化。注意,关键的根轨迹更加向右半平面弯曲,以比我们初始简化的调速器表达式中所给出的要低得多的频率穿过 y 轴。由于我们为回路增益挑选了一个阻尼良好的解,这两个闭环根无明显变化。

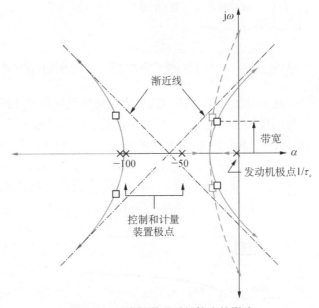

图 3-17　附加滞后对根轨迹的影响

使 s 平面内的闭环根处于所希望的位置,可从上面的有关回路增益的方程(3-9),确定相应的调速器增益 K_G 值。注意,回路增益随发动机增益 K_e 和发动机基本时间常数 τ_e 两者而变化。因此,按发动机转速的函数修改 K_G 值,以维持恒定的调速器性能将是必需的。乘数 P_1 为高度和向前速度的影响提供自然的增益补偿。

在图 3-6 所示的原理图中,调速器的输出是转速误差和进气温度的函数。转速误差特性线上 w_F/P_1 的斜率,是稳态工作点上调速器的有效增益。这表明,与所

要求的 w_F/P_1 比率高得多的高油门设定值相比，对于所要求的 w_F/P_1 比率相对低的低油门设定值而言，曲线的斜率较小。温度调制对发动机稳态工作线随进气总温的漂移予以补偿，以提供恒定的转速与油门设定值关系。

上面所描述的燃气发生器调速器基于 $w_F/P_1 = f(N, T_1)$ 控制模式。3.2.1 节所描述的另一种备选的 $w_F/P_3 = f(N, T_1)$ 控制模式，对调速器设计人员提出更大的挑战，因为事实上压气机出口压力 P_3 是发动机的一个变量，其动态特性对调速器稳定性有重大影响。P_3 的倍增过程把来自发动机的正反馈（打破平衡）提供给 FMU。

这一类型调速器的调速器框图如图 3-18 所示。现在，从发动机至燃油控制系统有两个输出，即转速和压气机出口压力，在进行任何动态分析时都必须予以计及。

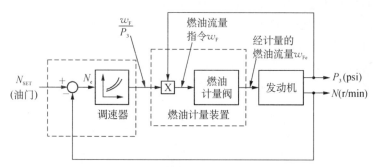

图 3-18   采用 w_F/P_3 控制模式的燃气发生器调速器控制回路

如同先前所述，这一反馈为正，意味着 P_3 增加将导致输往发动机的燃油流量增加。就分析而言，我们现在必须建立 P_3 与燃油流量之间的动态关系。

对于燃油流量的一个小步长变化，典型的转速和压气机出口压力的时间响应特性如图 3-19 所示。图中可见发动机转速响应最慢，并受发动机基本时间常数 τ_e 所控制。压气机出口压力 P_3 有一个 2 阶响应，通常，称为快速路径响应和慢速路径响应。

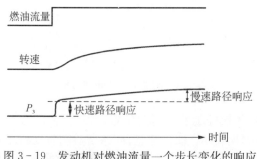

图 3-19   发动机对燃油流量一个步长变化的响应

最初，由于附加燃油添加到燃烧室，引起压力突然增大。这就是快速路径响应。随后，压力随转速进一步增加，并且空气流量随发动机加速而增加，以达到新的稳态状态(还应注意到,涡轮燃气温度或 TGT 响应也呈现快速路径/慢速路径响应形式。但是,当流经发动机的空气流量增加时,慢速路径引起温度降低)。

可由表示快速路径/慢速路径贡献之和的如下方程,形成小扰动 P_3 响应:

$$\Delta P_3 = \frac{\partial P_3}{\partial w_{\mathrm{Fe}}} \Delta w_{\mathrm{Fe}} + \frac{\partial P_3}{\partial N} \Delta N \qquad (3-14)$$

对于 FMU,我们必须使倍增器围绕工作条件实现线性化,因为现在 P_1 输入是一个发动机输出变量,并且与 P_1 情况一样,并非是一个由控制回路外面确定的常数。因此,我们可借助如下的方程定义至燃油计量阀的燃油流量指令:

$$\Delta w_{\mathrm{F}} = \frac{\partial w_{\mathrm{F}}}{\partial R} \Delta R + \frac{\partial w_{\mathrm{F}}}{\partial P_3} \Delta P_3 \qquad (3-15)$$

式中,R 是来自调速器的 w_{F}/P_3 比率。可由下列方程确定方程(3-15)中的偏导数值:

$$w_{\mathrm{F}} = R P_3 \qquad (3-16)$$

$$\frac{\partial w_{\mathrm{F}}}{\partial R} = P_{3\mathrm{O}} \qquad (3-17)$$

和

$$\frac{\partial w_{\mathrm{F}}}{\partial P_3} = R_{\mathrm{O}} \qquad (3-18)$$

$P_{3\mathrm{O}}$ 和 R_{O} 值分别是待考虑工作条件下的 P_3 和 R 名义值。现在,我们可以构建有关此系统的小信号框图,如图 3-20 所示。

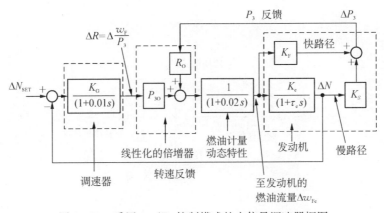

图 3-20 采用 w_{F}/P_3 控制模式的小信号调速器框图

与燃油计量硬件和发动机转速响应有关的动态特性,仍然与前面所描述的相同。为了分析此系统的动态性能,我们需要通过单独定义如下的 P_3 反馈回路来对上面的框图 3 - 20 进行简化：

$$\Delta P_3 = K_{\mathrm{F}} \Delta w_{\mathrm{Fe}} + \left(\frac{K_{\mathrm{e}}}{(1 + \tau_{\mathrm{e}} s)} \right) K_{\mathrm{s}} \Delta w_{\mathrm{Fe}} \qquad (3 - 19)$$

简化上述表达式(3 - 19)，并令 $K_{\mathrm{P}} = K_{\mathrm{F}} + K_{\mathrm{e}} K_{\mathrm{s}}$，得到

$$\frac{\Delta P_3}{\Delta w_{\mathrm{Fe}}} = \frac{K_{\mathrm{P}} [1 + (K_{\mathrm{F}}/K_{\mathrm{P}}) \tau_{\mathrm{e}} s]}{(1 + \tau_{\mathrm{e}} s)} \qquad (3 - 20)$$

图 3 - 21 表明小扰动的 P_3 反馈回路，由此图可以看出，如果乘积 $R_{\mathrm{O}} K_{\mathrm{P}}$ 大于 1.0，则此回路将是不稳定的，有一个根落在 s 平面的右半边。

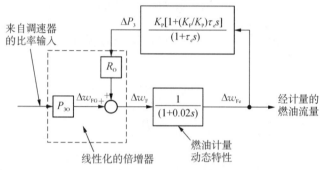

图 3 - 21　小扰动 P_3 反馈回路动态特性

无需对此回路进行详细分析，足以说明这一 P_3 内回路的影响使得发动机和计量的动态特性都减缓。图 3 - 22 给出该类型中某个典型调速器的根轨迹曲线，表明

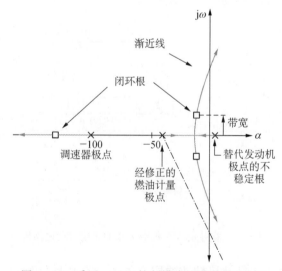

图 3 - 22　采用 w_{F}/P_3 控制模式的调速器根轨迹

调速器本身将如何变为稳定,前提是根增益对于根而言为足够大,足以穿越 y 轴进入左半平面。此外,由于燃油计量极点移动到右边,轨迹上的分离点将更接近原点。结果,可达到的回路增益(和调速器带宽)将小于先前讨论过的调速器。这一类型调速器好的一面在于,$\dot{P_3}$ 反馈为油门设定值和飞行状态提供增益补偿。

3.2.3.2 $\dot{N}$ 加速和减速限制

在上面的讨论中,通过在加速和减速限制值的限定范围内工作的降速调速器,确定供给发动机的燃油流量。已经将这些限制值按照主流工作状态的函数编制成预定程序。

随着数字式控制系统的发展,对加速和减速过程中采用其他控制燃油流量方法的可能性进行了研究。一种替代传统的 w_F/P_3 控制模式的方法,称为 $\dot{N}$ 加速技术,其已经为某些现代飞机推进系统所采用。基本想法是,按照发动机工作状态的函数,直接控制轴转速的实际变化率。这样一种 $\dot{N}$ 方法称为从数据技术,如图 3-23 图解说明所示。此时,$\dot{N}$ 控制器不是计算燃油流量限制值来控制加速而是按照主流工作状态计算限定的加速或减速率。同前面一样,使用选择逻辑门的方法来防止输送给 $\dot{N}$ 控制器的油门指令超出计算所得的 $\dot{N}$ 限制值。

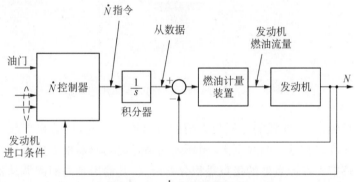

图 3-23 $\dot{N}$ 加速控制示例

在其最早的形式中,对于快速响应特性为非主要设计驱动因素的情况,单纯的速率限制被认为是合适的。但是,不管如何选择限制值,仍需保留如下要求,即加速时避免压气机喘振,而减速时避免燃烧室熄火。当 $\dot{N}/P_1$ 其需要测量发动机进口压力时,或者作为一种选择,在使用 $\dot{N}N/w_F$ 其需要来自发动机的以转子转速和燃油流量形式给出的反馈时,可按环境条件为 $\dot{N}$ 提供补偿。在任何一种情况下,图 3-7 和图 3-8 所给出的可用喘振裕度适用于在讨论的发动机。

如图 3-23 所示,来自 $\dot{N}$ 控制器的输出是积分器的输入,而积分器的输出则是输往传统减速式调速器的转速指令。

由于在转速控制外回路中有一个积分器,对于所有飞行状态,输往发动机的油门指令总是响应某个特定的发动机转速。换言之,将不存在转速下降,因为,对于任何有限转速误差,积分器输出将持续变化,直到油门转速设定值与实际发动机转速匹配为止。这种形式的调速器称为同步调速器。

如同先前一样,内回路调速器将有一个转速下降,但是,这样的调速器回路仅作为可使发动机转速跟随从数据的一种手段。

但是从响应特性和稳定性观点考虑,设置在转速控制外回路中的积分器要求某些动态补偿特性,为的是确保良好的油门响应特性和调速控制回路的稳定性。

图 3-24 中的根轨迹曲线示出,如何通过使用超前-滞后补偿来改进外回路调速器性能。

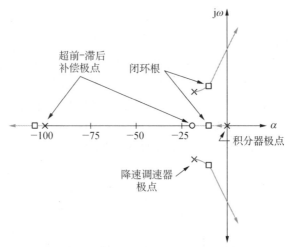

图 3-24　$\dot{N}$ 系统转速控制的根轨迹曲线

应该注意到,这一曲线的比例与先前的根轨迹图不同,目的在于改善原点附近根轨迹的清晰度。在这一曲线图上,闭环内回路降速调速器根变成外回路转速控制回路内的开环根。在原点处的极点是积分器极点,其输出是内回路调速器应跟随的从数据。在 -10 处的零点,连同在 -100 处的极点,表示超前-滞后项。

外回路转速控制回路的两个振荡根,沿着轨迹从降速调速器极点移动,以大约 40 rad/s 穿越 $j\omega$ 轴。其余两个闭环根位于负实轴上,第一个位于积分器极点和超前-滞后零点之间的轨迹上,第二个则位于超前-滞后极点与负无穷大之间的轨迹上。

外回路转速控制回路的性能受如下的两个根所控制,一个是接近原点的实根,其代表大约为 0.1 s 的时间常数,另一个是复数共轭根,其表示具有自然频率约为 20 rad/s 的中度阻尼二阶项。

有一些关于 $\dot{N}$ 控制的问题应该提出,并且应由燃油控制系统设计人员予以考虑。倘若发动机未能对从数据做出响应,内回路降速调速器将继续增加燃油流量,因而使问题恶化,并驱使压气机进入失速。因此常见的做法是,纳入某种形式的失速探测和恢复运算法则作为控制系统的一部分。

在发动机起动阶段,使用另一种控制方法,直到发动机达到稳态慢车转速运行也可能是合适的。

涉及猛推油门[①]的问题(其引起对 $\dot{N}$ 加速技术的考虑),可能涉及使用基于单一相关物理模型的补偿器。

从大功率设定值快速减小燃气涡轮发动机功率级的过程,在压气机和涡轮两者内都产生热量失衡。业已证实[3, 4],不仅由于压气机和涡轮的再平衡使稳态工作线朝向喘振方向移动,而且由于压气机各级的局部再平衡,也导致喘振线下移。

这一现象与叶片叶尖间隙变化以及进气空气与发动机金属件之间连续能量交换有关。图 3-25 给出能够说明这一过程的机械模拟装置。

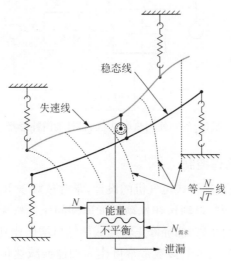

图 3-25 "储热器"概念的机械模拟

应明确地意识到能量具有质量,压气机喘振与稳态之间的关系会受到储热器内能量不平衡的影响,转子转速正比于发动机金属件热能含量,其被当作至储热器的输入,而来自控制器的转速需求视为能量输出。此外,由于机匣与周围空气之间,发动机外部和流经发动机的气流之间的热传导产生热量漏损流。

如果我们考虑转速需求的突然减少,由于使发动机减速需要一定的时间,流入量仍然较高,因此储热器将注满。这些过多的能量将下拉压气机喘振线,上拉稳态工作线,仅由于热量泄漏才达到真实稳态状态。与本身的瞬变相比,这一过程相当慢,因此将减小这一阶段的发动机加速势。

将储热器作为一个控制容积来考虑,可定义输入储热器的净能量流量如下:

$$\frac{dE}{dt} = k_p(N - N_d) - k_\lambda E \tag{3-21}$$

[①] 原文使用"hot re-slams"和"throttle bursts"两个同义词组来描述油门突然加大的操作,这里统一译为"猛推油门"。——译者

式中，E 是储热器内瞬时能量不平衡。在此式中，仅考虑 $N-N_d$ 的正值。通过将此与加速势的减小量建立关系，则有可能将受预定程序控制的燃油加速限制修订成如下形式：

$$w_{FD} = w_F - E \qquad (3-22)$$

由于 E 在热量平衡时总是减到零，仅在猛推油门过程中，这一形式的补偿器才适用。这种类型的补偿器的框图表达如图 3-26 所示。

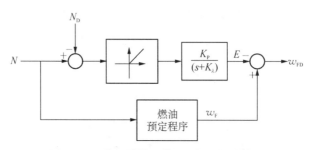

图 3-26　使用热均温[①]的猛推油门补偿器

3.2.4　压气机几何控制

如第 2 章所述，现代轴流式压气机的设计，常常依赖于 IGV 控制和（或）一级或多级低压级的 VSV 控制，以确保在发动机加速期间压气机无喘振运行。这些装置通常按照发动机无量纲参数（如经修正转速或压气机增压比）的函数制订预定程序。由于这些参数中的一个或多个参数常常可作为加速或减速预定程序控制功能的一部分而使用，可方便地适应这些同样的参数，以产生可变几何定子叶片位置的预定程序，可将其用作至静子叶片伺服作动器的指令信号，如图 3-27 原理简图所示。

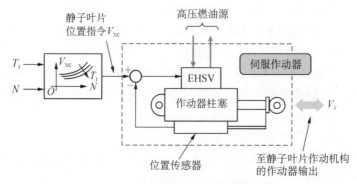

图 3-27　可变静子叶片控制原理图

---

① 英文为"hot soakage"，系指将物体置于高温环境下保持规定的时间，使其表面和内部温度都均匀达到环境温度的一种物理过程。——译注

　　由于这些可变几何静子叶片沿压气机的整个圆周分布,通常使用一种新颖的作动方法。这涉及一个围绕发动机机匣的作动环,其再与每个静子叶片的驱动连杆逐个相连,如图 3 - 28 概念图所示。

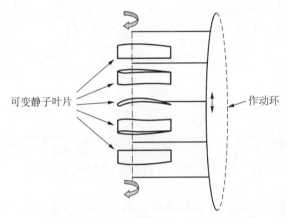

图 3 - 28　可变静子叶片作动机构概念图

3.2.5　涡轮燃气温度限制

　　在飞机推进系统中燃气涡轮发动机运行的重要特性是它们以接近其机械和气动热力学性能极限作长期运行这一事实。这是由于需要工作效率所致,要求以最高可能的燃气温度作热力学循环。这又成为主要的工程设计挑战,与涡轮设计和构造中所使用的材料和冷却技术有关。

　　航空燃气涡轮发动机这方面所涉及的问题在于,发动机热段寿命成为主要的使用驱动因素,因为其与发动机维修成本紧密相关,因此与总拥有成本密切相关。

　　为此给予了极大的关注,需要通过飞行机组不断地监控 TGT,或依靠某种形式的 TGT 自动限制功能,来控制发动机热段的使用限制。

　　采用 TGT 限制,在功率瞬变期间以及在稳态工作期间为发动机提供防护。在发动机加速过程中,用于提供 TGT 限制的一种常用技术,是修改大功率运行状态下的加速预定程序以遵循恒定 TGT 线。在图 3 - 29 中给出图解说明(重复了图 3 - 12,但修订了燃气发生器高转速下的加速预定程序),注意 TGT 限制线如何占据在调速器下降线之前,因而消除了燃油流量的尖锐峰值(未在此 TGT 限制特性图中示出)。

　　随着电子式发动机控制器的导入,实现 TGT 限制的更直接的方法已经成为常用模式。在下面的阐述中,将对某些问题和已经采用的设计概念予以说明。尽管目的在于限制高压涡轮进口温度 TIT,它是热力学循环的高温点,难于对其进行直接测量。因此,这一参数的估值通常使用热电偶进行推测,而热电偶对某些较低温度级进行燃气温度测量,例如低压涡轮进口温度 TIT 或排气温度 EGT。

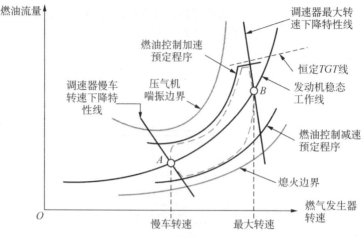

图 3 - 29　采用 *TGT* 限制预定程序的加速限制

　　图 3 - 30 表明在测量燃气涡轮发动机的 *TGT* 和（或）*EGT* 时,如何使用热电偶。通常,将若干个热电偶的热结点布置在热燃气流外围四周。冷结点处于仪表或控制装置内。由于在热结点和冷结点之间流动的电流,与热结点和冷结点之间的温差成比例。有必要测量冷结点的温度,以便可以精确地确定热结点的温度。

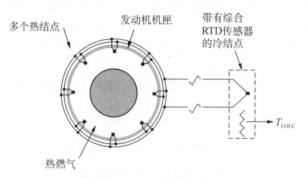

图 3 - 30　*TGT* 热电偶布局

　　事实上,与闭环控制系统中使用热电偶来测量 *TGT* 有关的问题在于,传感过程中涉及明显的时间滞后。热电偶设计越牢固,对温度变化的响应越慢。此外,使热电偶特性化的时间常数随工作状态而变化。这使得以任何可靠或恒定形式的补偿变得很困难。

　　为规避此问题,在许多军用发动机上使用光学高温计技术,依据涡轮叶片发出的远红外辐射直接测量涡轮叶片温度。但是,这一高科技方法费用昂贵,在大多数航空燃气涡轮发动机上未得到普遍使用。

3.2.6　超速限制

　　飞机运行时与燃气涡轮有关的最关键失效模式是转子爆破损坏,如果允许一个或多个压气机-涡轮转子超过其机械设计限制,就可能发生此种情况。

尽管在飞机设计时采取一切努力从结构上使此类事件包容在发动机短舱内,有关处于转子碎片潜在飞行路径上的飞机设备的设计假设,必须是假定这些碎片具有无穷大能量。因此,作为飞机设计进程的一部分必须采取措施,倘若这样一起事件发生,仍能确保飞机范围内所有关键系统继续发挥功能。

从预防的角度考虑,倘若超速情况形成,要求燃气涡轮发动机燃油系统通过切断输往发动机的燃油流量来提供超速保护。

有关此功能的功能完整性设计目标是,一台发动机超速的出现概率小于 1 次/10^9 飞行小时。由拥有的超速探测和燃油切断功能来实现此目标,这些措施在功能上与主转速调节系统相互独立。在某些发动机上,设置独立的极限调速器,以改善功能完整性。

在任何情况下,任何超速系统的解决方法都应确保潜在失效不能发生,并且确保一直不得检出征兆,以免因此而降低超速功能的完整性。

3.3 燃油系统设计和执行

这一节通过引证具体的示例,解决与燃气涡轮发动机燃油系统有关的设备设计和执行问题。

在大多数情况下,可以认为典型燃油控制器的功能方面,包含两个基本部分:

- 控制和计算部分;
- 燃油计量部分。

晶体管的问世带来大规模的晶体管集成和最后的单板微处理机,在此之前,燃油控制技术局限于液压机械范畴。这就导致形成复杂紧凑的伺服机构,能通盘考虑与飞机燃气涡轮发动机有关的苛刻环境,达到卓越的使用可靠性。在 20 世纪 50 年代,曾经试图在燃气涡轮发动机控制方面采用电子技术,但时间短暂并且未获成功。已经证实,使用环境对当时的真空管式电子技术而言过于严酷。

对于典型的燃油控制器的燃油计量部分,已经形成一种一致性设计方法,见图 3-31 顶层原理图所给出的综述。

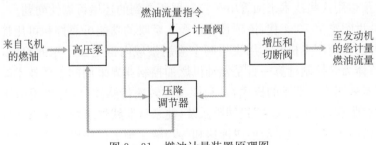

图 3-31　燃油计量装置原理图

　　该图给出当前使用最普遍的设计方法。高压(HP)泵是发动机驱动的正排量齿轮泵,其输出流量与传动转速成比例。为控制输往发动机的燃油流量,压降调节器维持流经燃油计量阀的恒定压降,方法是使过量燃油流量旁路返回到油泵进口。因此,流量阀位置,从而是流量范畴,与指令的燃油流量成比例。最终,当发动机停车时,增压和切断阀使燃油与燃烧室隔离,与阻止燃油输往发动机,直到起动阶段有足够的压力可供使用。

　　在过去,业已使用另一种带变排量泵的系统架构。但是,与当今常用的齿轮泵相比,它们对污染较为敏感。

　　有关燃油控制器中泵送燃油和燃油计量部分的更详细说明,参见第3.7.2节。

　　我们继续进行历史回顾,说明与燃油控制系统有关的技术已发生了何种变化,尤其是随着过去50年内电子技术的进步而发生的变化。

　　在评述后续的系统架构时,阐述燃油系统解决方法的演变,以便使读者对所涉及的设计难点有一些了解。应当注意,控制系统解决方案的成本,并不完全与发动机大小成比例,小发动机控制系统的设计与大发动机的相比,存在相当大的差异。也对过去几代燃油系统设计的背后原因作出解释,它们是由于技术快速发展并投入使用而带来的结果。

　　针对许多系统设计理念,阐述了燃油系统解决方案,涉及燃油系统的控制、泵送和计量诸方面。

　　最后讨论了与燃气涡轮发动机燃油系统在飞机上使用有关的合格审定问题。

3.3.1　燃油控制技术回顾

　　在过去的半个世纪,燃气涡轮发动机燃油控制系统的实施已发生明显的变化。

　　因为功能本身的关键性,早先的控制设计使用的是机械互联装置和机构,以提供发动机燃油控制功能。在20世纪50年代初期,曾尝试利用电子技术的明显优势来提供一些更复杂的燃油控制和管理功能,但遇到许许多多可靠性问题。这些是由于当时电子元器件(诸如热离子管和(或)真空管)不能够承受所涉及的苛刻环境所致。

　　这一暂时的制约促使一些杰出的流体力学技术应运而生,包括"应用流体力学",当时预想用这些技术来回答电子控制器所遇到的环境可靠性问题。

　　在20世纪整个70年代,该项技术以令人赞叹的功能可靠性和可用性显现其运作成功,并已在商用飞机和军用飞机两个应用领域内得到数十年的验证,受此因素的驱动,流体力学控制计算一直是发动机燃油控制业界采用的主要技术。这些流体力学控制器采用许多新颖的概念,其利用飞重转速传感器(由连接于高压转子的减速齿轮箱所驱动)、"胡桃夹子"式伺服系统(使来自非线性参数的输出线性化)、三维凸轮以及倍增机构,以提供与形成加速和(或)减速预定程序以及转速调节有关的必需计算。

　　这些装置使用高压燃油作为主动压力源。图3-32以简图形式给出这一方法的示例。

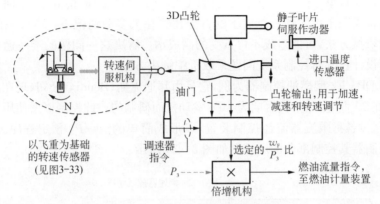

图 3 - 32　典型流体力学计算机构

　　在图中,在一维空间内由转速伺服机构调制 3D 凸轮,使来自飞重传感器的转速平方力信号转换为线性位移,在另一维空间内,由发动机进气温度伺服机构调制。

　　凸轮表面生成燃油流量比轮廓线,通过凸轮随动件变成至联动装置的输入,由此提供前面所要求的优先权选择。选定的燃油流量比输出进入倍增机构,由此产生燃油流量指令。倘若需要时,也可使用同一个 3D 凸轮,以借助凸轮表面外形产生 VSV 位置预定程序,其是转速和发动机进气温度的函数。

　　图 3 - 33 是对转速传感器伺服机构的更详细说明。如图所示,飞重装置在滑阀上产生速度平方力,其接通高压燃油至伺服柱塞的油口。胡桃夹子式的反馈布局,按照伺服输出位置的函数改变由滑阀所感受到的弹簧反馈刚度,结果是转速与柱塞位移之间的一种线性关系。

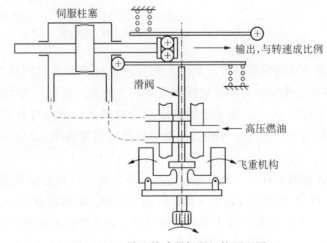

图 3 - 33　转速传感器伺服机构原理图

还有许多更新颖的流体机械燃油控制概念，已在过去的数十年内形成，其中有一概念值得在这里一提。对小型发动机(如小于 1000 HP)的挑战是，燃油控制系统的成本通常受限于占发动机总成本的百分比。在大多数情况下，3D 凸轮的复杂性和复杂的机械方法，可能造成不可接受的高成本。解决这一问题的唯一途径是考虑使用创新设计技术对控制系统问题采取折中解决方案。

现以 DP－F2 型燃油控制器为例，它是由邦迪克斯(Bendix)公司(现在的霍尼韦尔公司)在 20 世纪 50 年代后期为 PT6 发动机而研制的。此控制概念使用压气机出口压力，通过各种限流器流经控制装置，以形成简单的 w_F/P_3 预定程序。PD－F2 型燃油控制器其控制部分的原理图如图 3－34 所示。

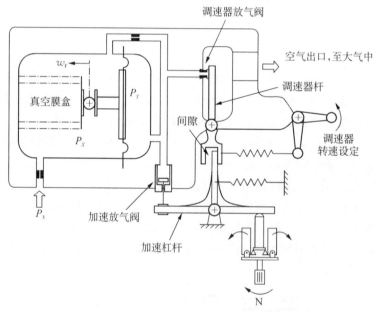

图 3－34　DP－F2 型气动式燃油控制概念

弄懂这一简单系统的最好方法是先忽略加速杠杆及其放气阀组件。在这一布局中，由设定的转速手柄张力弹簧迫使调速器放气阀处于关闭位置，P_X 和 P_Y 压力就等于压气机出口压力 P_3。所采用的真空膜盒其膜片两面具有有效面积差，导致燃油流量指令点与 P_3 成正比。因此，加速时的燃油流量遵循 $w_F/P_3＝$ 常数这一控制模式。

当发动机转速增大并且飞重传感器的力变得大到足以克服弹簧预载荷时，调速器放气阀打开，降低 P_Y 压力，直至发动机转速等于所设定的转速指令。

实际上，这一控制律有点过于简单。通过设定此常数以使得在所有状态下都不击穿压气机喘振边界，但在较高的燃气发生器转速下加速率变得非常迟缓。解决方法是提供一种两阶加速预定程序，采用较低等级设定值，以绕过喘振边界，接着是较高等级的设定值,以增大加速率超过喘振波动范围。在 DP - F2 型燃油控制器中,这是通过使用加速系统来实现的。此时,在飞重传感器和调速器杆之间设置一个加速杠杆,其本身带有张力弹簧。

当转速传感器形成的力足以克服加速杠杆的预载荷时,加速杠杆移动通过两杆之间的间隙。这样就使加速放气阀关闭,因此升级到针对更高发动机转速范围的加速预定程序。当转速趋近于设定转速时,调速器放气阀如以前一样打开,按指令的设定转速提供转速调节。

这一示例表明,如果可以验证对理想解决方案采取一些折中在使用中是可接受的,则采用简单新颖的方法是有可能的。在上面的示例中,控制"计算机"构成包括:简单的铝制壳体再加上一对金属膜盒和若干气压放气限流嘴。

这一设计的重要方面在于,燃油控制器的湿区(燃油)和干区(气压)之间的界面使用一根扭力管,因而消除了在两个区域之间设置动密封的需求。这样,消除了可能导致压气机热空气进入燃油控制器燃油区的潜在不安全失效模式。

晶体管的问世及其微型化,导致超大规模的集成电路(VLSI)技术和最终的单板式微处理器的应用。这又引起发动机控制器内电子器件以及整个航空航天工业的革命,并一直持续到今天。

燃气涡轮控制技术的最大成就是引入全权数字式电子控制(FADEC),它与飞机飞行操纵系统内的"电传"具有等效的作用。

以 FADEC 为基础的控制器内,所有复杂机构、3D 凸轮等所提供的计算,都可由软件予以执行。借助这种强有力的新方法,对可执行的控制运算法则的复杂性几乎不存在限制。

时至今日,几乎所有的现代燃气涡轮推进系统都采用 FADEC 来执行燃油控制计算功能。为了对这一说法作某些评述,用图 3 - 35 表明与电子技术在发动机燃油控制系统中应用有关的一些主要技术里程碑。如图所示,电子式控制器由 20 世纪 60 年代的有限权限调节装置,进化到 70 年代的全权控制器。军用发动机首先采用

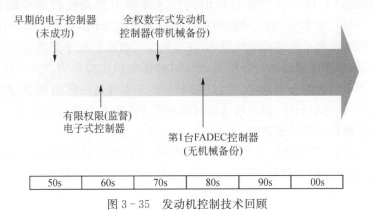

图 3 - 35 发动机控制技术回顾

了全权电子控制器。一个著名例子是 F-100 发动机,它使用数字式电子发动机控制(DEEC),提供对燃气发生器和加力燃烧室的全权限控制。DEEC 是一种单工(单通道)的以微处理机为基础的控制器,带有机械反馈系统,以适应电子控制系统的任何重大失效,并向驾驶员提供对发动机的继续控制(尽管处于性能降级模式)。

在商用领域,监督电子控制器的应用已成为一项普遍技术,由此可在有限权限范围内对基本流体力学燃油控制系统进行调节,以提供发动机超限防护,包括如下项目:

- TGT 限制;
- 涡轮螺旋桨发动机的扭矩限制;
- 燃烧室压力限制(在冷天运行期间)。

这些控制特性的目的在于使得与操作失察(偶尔,机组未能合适地管理发动机功率设定值)有关的维修损失减至最小。因此,监督电子控制器的目的主要是减小机组工作负荷,并且降低维修成本。

与此情况有关的一个问题是附加的购置成本,因为最普遍的设计方法是维持基本的流体力学控制器并增加电子控制器,前者使用 3D 凸轮、飞重调速器和复杂的伺服机构,后者将通过某些效应器(通常是步进马达或比例电磁阀),微调驾驶员的油门设定值。

对于小型发动机,按发动机总成本的百分比计算的燃油控制器的成本预算,对控制系统供应商而言是个挑战。这也许是上面所述 DP-F2 型气压式控制器成功和得以广泛使用的主要原因。

由汉密尔顿标准(Hamilton Standard)公司[现在的汉胜(Hamilton Sundstrand)公司]在 20 世纪 70 年代后期研制成功的一种创新的解决方法,在由英特尔(Intel)公司导入首台单板式微处理器之后,成为瞄准小型发动机市场的燃油控制系统。这包括一个单工(单通道)电子控制器,其调节简单的流体力学 FMU,在正常使用过程中提供全权控制,但在这些电子设备失效的情况下,其具有简单的机械备份能力。

在此阐述这种设计方法是有价值的。这种小型发动机燃油控制器原理如图 3-36 所示(在本书中,小发动机的定义为小于 5000 lbf 推力或 1500 SHP 的那些发动机)。这一控制系统的功能性概念,在于向发动机提供最小燃油流量预定程序,此时发动机的状态可通过油门杆位置(PLA)和压气机出口压力 P_3(可借助电子控制器"向上调节")的组合来确定。通过如下方法来实现这一压力调节,即由电子控制装置驱动一台扭矩马达,扭矩马达通过调制位于压降调节器控制线路上的可变电阻器,调节压降调节器的设定值。

当电子控制装置至扭矩马达的输入为零时,受控的限流器关闭,压降调节器提供一个固定的流经燃油计量阀的预定压差 ΔP。当电子控制装置处于在控制状态时,向扭矩马达发出指令,改变限流器流通面积,这样就向上调制压降调节器的设定值,并增大流至发动机的燃油流量。

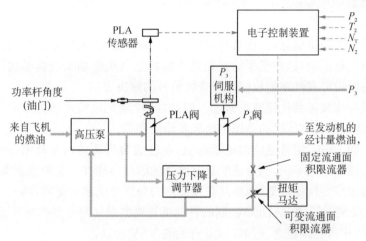

图 3-36　带人工备份的小型发动机数字式电子控制装置

由使用 3.2.4 节所述的 $\dot{N}$ 从数据技术的电子控制装置提供加速和减速限制值。在这一情况下,主流的 $\dot{N}$ 极限是燃气发生器转速、进气温度和压力的函数。

也可借助电子控制器,依据与油门位置成比例的燃气发生器转速提供同步转速调节。在涡轮风扇发动机中,这种同样的控制器可提供同步风扇转速调节,以及配对发动机之间的转速同步。

在人工备份模式下,将扭矩马达的电流设定为零,将压降调节器重新设定为其基本固定值。当油门节流阀开度(PLA)增大时,燃油流量增加,但最大值受 P_3 主流值所限,如果将 PLA 设定为其最大值,至发动机的燃油流量因此受 P_3 伺服驱动阀的位置所限,以使得

$$w_F = KP_3 \tag{3-23}$$

处于人工备份模式时,提供油门过行程,以允许驾驶员获得全功率。

直到 20 世纪 80 年代早期以后,才得以证明有足够的可靠性允许放弃机械备份,并开创真正的 FADEC 时代。

下面一节给出有关燃气发生器燃油控制系统的燃油泵送和计量部分的详细覆盖范围以及其与现代 FADEC 的接口。

3.3.2　燃油泵送和计量系统

如同本章开始时所提及的,为了提供有效的燃油喷嘴雾化性能以利于燃烧,必须具有高燃油压力。这些压力可以比普遍采用的进口总压高出 1000 psi。鉴于这一原因,通常采用正排量高压燃油泵作为主要的泵送燃油器件,用于输送燃油至燃气发生器燃烧室。

共有三种适应燃气涡轮推进系统高压燃油泵要求的主要泵送燃油技术:

● 变排量旋转斜盘柱塞泵;

- 变排量叶片泵;
- 定排量齿轮泵。

上述第一类泵送概念,已在某些较早的燃气涡轮发动机燃油系统设计中得到广泛采用。但已经证明,这种类型的泵显然不能容忍飞机燃油系统典型的污染等级,因此不良的服役可靠性驱使我们需要选择另外的解决方法。

变排量叶片泵可替代柱塞泵概念。但是,叶片泵失效模式颇为不利,因为叶片泵失效,可能意味着高压燃油立即中断和发动机停车。

在过去的 50 年,定排量的齿轮泵选项,业已成为优选的油泵技术,由于其能够容忍明显的燃油污染等级,而且证明具有满意的服役可靠性。这种类型泵的失效模式主要表现为压力性能降低,因此从在役使用的角度考虑多半是容许的。

图 3 - 37 展示了由 FADEC 控制的发动机其典型燃气发生器燃油系统的顶层原理图,示出高压齿轮泵概念、FMU 以及有关的 VSV 作动器。

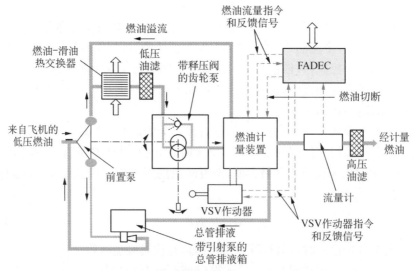

图 3 - 37　燃气发生器燃油泵送和计量系统总览

此外,图 3 - 37 还示出某些辅助功能,通常将它们纳入燃气发生器的燃油处置部分,包括:

- 燃油过滤,用于保护燃油燃烧喷嘴,以及燃油计量和作动伺服机构;
- 对发动机轴承和辅助齿轮箱润滑油进行冷却;
- 发动机停车后,排放出燃油燃烧总管内的剩余燃油,以防止燃油喷嘴积碳。

高压燃油泵部分包括一个离心式前置泵,其向该泵的齿轮级提供燃油,途经燃油-滑油冷却器热交换器和低压油滤。这一低压燃油滤通常带有旁路阀和油滤面临旁路指示器或压差(ΔP)电门(由 FADEC 予以监控)。为清晰起见,图中未予以示出。前置泵接收来自飞机的燃油,而规定的限制范围则与如下参数有关:相对于常见燃油蒸气压的压力、气液比和黏度。经由该级泵提升的压力通常的量级为 100 psi，这确保在泵的齿轮级入口处不会出现气穴。

高压齿轮泵带有一个整体式释压阀，以防止 FMU 过压。

FMU 计量输往发动机的正确燃油量，并使过量的燃油溢流返回到燃油-滑油冷却器的进口。FMU 还为系统工作所需要的任何伺服作动器提供高压燃油源。经计量的燃油流经质量流量计和其油路上的高压燃油滤，至燃油总管和燃烧喷嘴。发动机停车后，FMU 可使燃油总管内的剩余燃油排放到生态储油箱，在发动机重新起动后，利用引射泵（由高压泵级间压力提供主动流），再将这些燃油输送到前置泵进口。

在给出的示例中，FADEC 向 FMU 提供燃油流量指令和燃油切断信号。VSV 作动器也由 FADEC 控制。使用燃油流量计向航电系统和驾驶舱提供燃油流量信息，但在发动机燃油控制功能中，通常不使用此流量计。在这一示例中，燃油流量计与 FADEC 连接，由后者通过数字式数据总线，将燃油流量以及其他的燃油系统状态信息传送给飞机。

这里值得注意的是，存在一个与以齿轮泵为基础的燃油计量系统有关的重要问题，由图 3-38 的油泵性能曲线给予图解说明。如图所示，齿轮泵所泵送的燃油流量与泵的驱动转速成比例，而发动机高压轴通过减速齿轮箱提供所需的驱动转速。

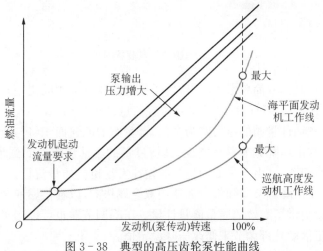

图 3-38　典型的高压齿轮泵性能曲线

输送压力增大时，在任何给定的转速下，流经齿面的泄漏导致流量降低，但基本的流量-转速曲线的斜率基本保持不变。如果将典型的发动机性能曲线迭加到泵性能曲线上，可以看到发动机起动流量要求确定泵的规格。因此，在发动机高速运行时，确实存在过量燃油流量，必须使这些燃油溢流返回到泵的进口。这一回流油流是主要的发热源，而在高空巡航状态下，泵高转速和相对低的燃油流量需求相结合，导致这一回流流量非常大。在商用运输类飞机上，这代表了 90% 以上的系统工作时间。

当今,众多新颖耐用的变排量高压燃油泵以及燃油计量泵概念,正在经受评定,试图消除这一功率损失和散热问题。

典型 FMU 的更详细原理如图 3-39 所示。参见此图,高压燃油首先流经冲洗流式油滤,再由此向控制系统内的任何伺服作动器提供清洁的高压燃油。

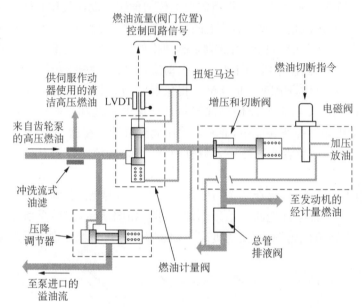

图 3-39 燃油计量装置原理图

所示的计量阀是一简单滑阀,其位置受使用高压燃油源的扭矩马达所控制。线性可变差动变压器(LVDT)提供计量阀位置信息,反馈至 FADEC。

保持流经燃油计量阀的压力降为常值,计量阀的流通面积将与流经阀门的体积流量成正比。这由压降调节器来实现,其使过量的燃油溢流返回到齿轮泵进口(流经燃油-滑油冷却器)。由于想要的是控制输往发动机的质量流量而不是体积流量,通常的做法是在压降调节器弹簧后面使用双金属垫圈,以补偿燃油密度随燃油温度的变化,因此就提供了有效的质量流量计量。压降调节器也可以用于补偿燃油类型的差异,方法是借助外部调节来修改压降设定值。

来自计量阀的燃油输出,流经增压和切断阀,在起动过程中,此阀保持关闭状态,直至已经建立某个最小燃油压力。在正常运行期间此阀保持全开状态。如果收油门到燃油切断位置,使燃油切断电磁阀激励,并且选择高压燃油至增压阀的右边。这就迫使阀门关闭,并切断至发动机的燃油。现在燃油总管排液阀能够打开,使燃烧室总管内的剩余燃油排放到生态储油箱。

超速切断系统可以使用相同的流体力学设备,但是为了功能完整性的原因,任何传感信号或电信号必须具有足够的冗余。

燃油流出 FMU 之后,这些经计量的燃油便输送至一个或多个燃油总管,总管则与燃烧室内多达 20～30 个喷嘴相连接。

　　燃烧室和喷嘴布局的设计和实现是一门高度专业化的技术,已经超出本书的论述范畴。使用尖端设计工具,包括计算流体动力学(CFD),在整个发动机运行范围内研究气流特性、喷嘴雾化状态、燃油油滴尺寸等,以确保燃油与空气的混合达到最佳,目标就是达到完全燃烧,又不存在可能导致氮氧化物生成的热点。

　　为适应从起动到最大功率的宽广流量范围,许多喷嘴设计具有两个出口:一个起动出口和一个主出口。图 3-40 给出起动和主流动特性,表明在满足预定喷嘴压力时,流量如何从起动流量特性切换到主流量特性。这种类型的燃油喷嘴,称为“双重喷嘴”。作为双出口喷嘴的一个替代形式是采用单独的起动喷嘴,由单独的起动供油总管供油。

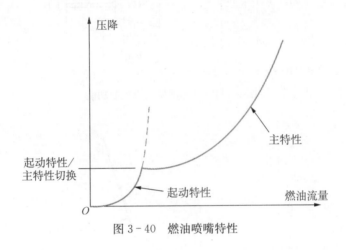

图 3-40　燃油喷嘴特性

　　与燃烧室和喷嘴设计有关的技术不断升级,为的是解决苛刻的发动机排污要求,对于每一代新发动机,此要求变得越加苛刻。

　　点火系统用于在发动机起动时为发动机点火。当飞越暴雨区域并存在熄火可能性时,也需要选择点火器。

3.4　控制系统设计中的误差估计概念

　　控制系统的最基本观念是需要测量发动机参数(通常是转子转速、温度和压力)。在典型的降速调速器中,将测得的转速与所希望的值进行比较。使用差值,连同测得的发动机其他参数,确定对燃油阀的指令,其将改变至系统的输入(燃油流量),为的是调整所测得的转速,趋向于相对所希望的值而达成有利的比较结果。作为许多传统流体力学燃油控制器的典型,一种简单的降速调速器的框图如图 3-41 所示。

　　在研究图 3-41 之前,要考虑的主要目标在这种情况下则是将发动机转速控制在可接受精度范围内。图 3-42 是典型发动机的稳态燃油流量与转子转速的关系曲线。此图表明,曲线的斜率随转子转速而变化。但是,在最大转速(100%N)下,

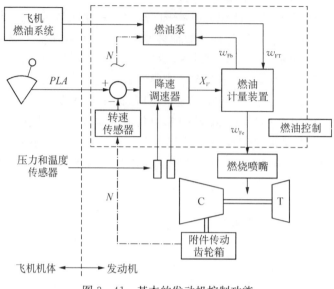

图 3-41　基本的发动机控制功能

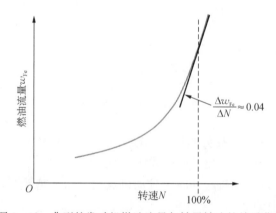

图 3-42　典型的发动机燃油流量与转子转速的关系曲线

转子转速变化1%,要求燃油流量变化4%。在对 TIT 随转速的变化率进行核查之前,似乎并不太难实现。但是,这一参数的计算表明,转子转速变化1%,伴随 TIT 变化50℉,按发动机可靠性标准,这实际上是非常大的变化。因此,所希望的是将发动机转子转速的变化控制在0.1%的范围内,最好是0.05%。

　　将这些要求分解到图 3-41 所示出的各个部件上,意味着所有部件对误差的贡献必须足够小,以至于可达到总的转子转速控制精度0.1%(或以下)。因此,起点必须是能够用以测量转子转速的精度等级。尽管在地面校正时,可以通过调节来消除与允差有关的许多误差,但进口状态的变化需要转速调节器的某些补偿,为的是维持所要求的 PLA 与发动机转速之间的关系。这一因素体现了温度和压力传感器的精度。

较老式的流体力学控制器要求所感受的所有参数和控制特性都由机械模拟方式(如凸轮、弹簧和伺服机构)来表示,以确认可能并确实影响精度的摩擦、惯性以及这些机构中所有其他方面。值得注意的是,在过去的 60 多年时间内,这些流体力学控制器无论如何能够很好地支持航空燃气涡轮发动机在性能和可靠性方面的要求。随着现代 FADEC 的应用,排除了上面所述的某些精度问题,可以很容易地使调速器与所纳入的 3 项控制器运算法则同步,以确保良好的响应特性和稳定性。

降速调速器的输出变成对燃油计量阀的位置需求,其位置与燃油流量成正比。由压降调节器按先前所述实现这一目的,压降调节器保持流经燃油计量阀的压降为常数,并使任何过量的燃油旁路返回燃油泵的进口。因此,燃油控制器中的燃油计量部分有其自己的频率响应和精度问题。

最后,将燃油流输送到燃油总管,并将经计量的燃油通过燃油喷嘴输送到发动机,由此确定发动机转速。燃油控制器通常安装在附件齿轮箱上,发动机驱动附件齿轮箱,为燃油泵和降速调速器机构提供机械转速输入。

在设计过程中的某些点,必须对将要用来实现设计的主要部件进行选择。在这一选择的过程中,必须对各部件的精度给予应有的注意。可取的做法是,依据这些基本数据,开展通常所称的误差估计,以使得:

(1) 能够进行系统校准;

(2) 可以确定整个系统的精度。

对系统误差及其起因的某些讨论,正是为了支持这一工作。

3.4.1 测量的不确定度

测量过程涉及某种类型的探头,它们将激励待测项的特定特性,并由这些激励可获得一次测量。作为另一选择,通过接受由对象产生的信号,有可能实现一次测量,而与是否需要一次测量无关。测量某一流体总压的探头是前一情况的示例,而接受远红外辐射由此推断出温度则是后一情况的示例。无论哪种情况,都必须假设所获得的测量值具有一定的误差。这一误差的一部分是固定的(通常称为固有误差),另一部分是随机的(通常称为精度误差)。固有误差表示一个已知的和可预料的对真实值的偏离,如图 3-43 所示。只要关系已知,通过对装置进行某种形式的校准,可以估计此差值,如果处置得当,对整个系统的精度无特别的影响。

测量精度的第二个分量,就本质而言属于随机误差,因此在任何设计中都必须确认。正常的做法是,假设这一测量误差分量

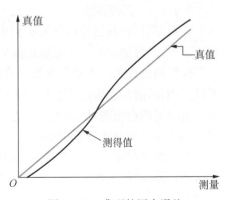

图 3-43 典型的固有误差

为正态高斯分布。如图 3-44 所示。一个标准偏差是对精度误差的正常度量。在试验时此值大致如下：

$$\sigma_{\mathrm{s}} \equiv \sqrt{\dfrac{\displaystyle\sum_{i=1}^{n}(x_i-\overline{x})^2}{n-1}} \qquad\qquad (3-24)$$

式中，x_i 为逐次测量值；$\overline{x}$ 为所有测量值的平均值；n 为总的测量次数。

测量值变化越大，任何单次测量的不确定度越大。可将这看作数字化系统内的离散误差，然而，也可看作是模拟系统中的噪声。

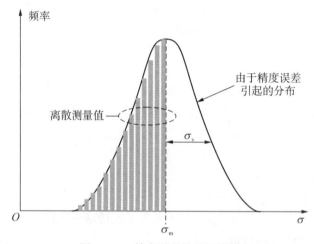

图 3-44　精度误差的随机特性

3.4.2　误差源

存在相当数量的测量误差源，在设计和（或）部件选择过程中，应予以考虑。下面各节将对此进行简短讨论。

3.4.2.1　几何误差

一般而言，控制系统设计人员力求将安装于发动机上的传感器数量减至最少。有鉴于此，凡可能时采用一维流动的假设。

这样的设计条件本身包含如下的实际情况，即流体各处存在变化，对此则忽略不计。例如，对发动机进气参数的单一压力测量必须忽略流动畸变，这在气流流经进气道时可能会出现，依据飞行状态的不同，也许会进一步大幅度变化。类似的情况在工业安装和船舶装置中也较普遍。

与一维流假设有关的误差类型通常是固有误差，因此能够对系统进行校准，消除这些误差，前提是在整个使用范围内，固有误差是已知的。情况当然并非总是如此，凡未完全对一维流的假设进行彻底验证，可能出现整个系统性能大幅度下降。凡固有误差随使用条件而变化时，情况尤为如此。

对于一维流假设,有一个重大的例外,就是 EGT 测量。对于以定常转速运行并且通过控制 EGT 来控制发动机功率的单轴涡轮螺旋桨飞机,情况尤其如此。在此情况下,安装了带有多达 16～32 个热电偶的电缆束,由此获得围绕环形排气面积四周的平均温度(见图 3-30 中的示例)。

3.4.2.2 瞬态误差

控制器设计人员要特别考虑的重要误差源是瞬态误差或时间相关误差。图 3-45 是对问题特性的一种描述。在此图中,存在若干受关注的重要现象。所谓的测量真值具有小而明显的波动,这显然是固有的物理现象。例如,这可能与压气机输出时的高频压力波动有关。在此同时,在进行中会有很大的瞬时漂移,这也是受关注的主要测量。

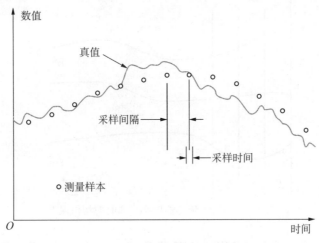

图 3-45　瞬态测量误差示例

在此情况下,理所当然地将高频波动视为噪声,必须由控制器将其从待处理的最终信号中滤除。

图中所示出的测量值,是按固定采样率获得的,很显然,整个测量技术强制采用的滤波等级带来了额外的滞后,以至于不可能跟踪所示的大规模瞬变。

这种广义的陈述突出了为应对系统的噪声而需要的充分信号调制。但是,在跨越的频率范围内,瞬态和稳态调节两者的控制精度仍然必须是可接受的。

3.4.2.3 采样误差

现代控制器受数字式微处理机控制,处理器将所有的信号转变为数字格式。数字处理器是串行设备,而这一特性引发这种处理器特有的误差。通过模/数转换器,实现信号向数字表示形式的转换。这一装置在若干方面对总误差有所贡献。

A/D(模/数)转换器的转换精度,由能够解析模拟信号的二进位数所规定。数学上将此定义为 $1/2^n$,此处,n 定义以比特表示的 A/D 转换器分辨率。表 3-1 表明,A/D 转换器固有误差如何随位元数而变化。

表 3‑1 A/D 转换误差

位元数	转换误差±%
8	0.3906
10	0.2904
12	0.0031
16	0.0015

由于单控制器通常配备单 A/D 转换器,它必须单独轮询每个传感器。这将导致如图 3‑46 所示的相位误差。

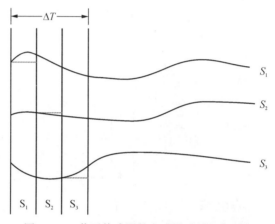

图 3‑46 若干传感器数字采样时的相位误差

此图示出按顺序进行轮询的 3 个传感器(S_1,S_2 和 S_3)。程序开始时,A/D 转换器"钳制"S_1,并完成其转换。在此期间,由 S_1,S_2 和 S_3 代表的物理参数继续随时间移动。接着完成 S_2 的转换,然后完成 S_3 的转换。总共用时为 ΔT,其又被分为 3 个等分。按图所示,存在信号随时间的侧移,在整个控制回路范围内所含的计算中,必须将其忽略。

数字环境下第 3 个可能的误差源称为"混叠"。与"混叠"有关的香农(Shannon)理论规定,采样率必须为 $2\pi f$,其中 f 是受关注信号所含的最高频率。

由于在发动机 FADEC 技术中,普遍的做法是在 20 ms 时间窗口内对所有传感器的信号进行采样,其表现为大于 $20f$,因此,在俘获信息时存在很大的误差幅度。

3.4.2.4 误差估计

先前的讨论揭示了存在与测量有关的误差这一事实。可进一步说明,这在一定程度上与测量不确定度极其相似,控制回路内的每一元素将产生一个含误差的结果。因此,设计人员必须确认在测量、计算和执行的整个闭环过程中误差的传播和积累。这得到艾伯内西(Abernethy)等人的确认[5],并且可用下面的式(3‑25)和式

(3-26)来表示:

$$S = \pm \sqrt{s_1^2 + s_2^2 + s_3^2 + \cdots + s_n^2} \tag{3-25}$$

和

$$B = \pm \sqrt{b_1^2 + b_2^2 + b_3^2 + \cdots + b_n^2} \tag{3-26}$$

式中,s 为每一贡献因素中的精度误差(随机误差);b 为每一贡献因素中的固有误差;S 为系统回路总精度误差;B 为系统总固有误差。

基于这些简单的表达式,可为任一推荐的设计编制一个如表 3-2 所示的误差估计图表。由此表可以看出,在稳态误差和瞬态误差之间存在一种差异。这样的差异无疑强调,在瞬态期间如果控制计算(输往发动机燃油量的计量精度)涉及温度测量则控制精度下降,因为存在与温度测量有关的瞬态误差。对于转速保持定常,功率受 EGT 测量值直接控制的那些单轴涡轮螺旋桨发动机尤其如此。

表 3-2　控制回路误差估计

部件	误差,以绝对值的百分比表示			
	稳态		瞬态	
	b	s	b	s
PLA 需求信号	2	0.01	2	0.01
转速传感器	忽略不计	0.01	忽略不计	0.01
压力传感器	0.01	0.1	0.01	0.1
温度传感器	忽略不计	0.5	忽略不计	5.0
燃油阀位置	1.0	0.1	10	0.1
已输送的燃油流量	忽略不计	0.01	忽略不计	0.01
RMS 总计	2.25	0.52	2.25	5.0

有关误差预算和测量的做法的论述,请参见文献[6,7]。

3.5　关于安装、合格鉴定和合格审定的考虑

3.5.1　燃油处置设备

高压燃油泵组件安装在辅助齿轮箱的驱动平台上,平台向泵的泵油元件提供合适的转速范围。这通常大幅度降低发动机轴转速,还包括用于许多机体系统和发动机系统的功率提取(参见第 8 章)。

图 3-47 示出典型的附件齿轮箱安装布局。为了图解说明许多高涵道比涡轮风扇发动机所使用的重要设计方法,除了发动机的燃气发生器段之外,此图还示出低压转子(带阴影线),它由风扇、多级低压压气机和多级低压涡轮所组成。在每一情况下,塔形轴将发动机高压轴的轴功率传递至齿轮箱。

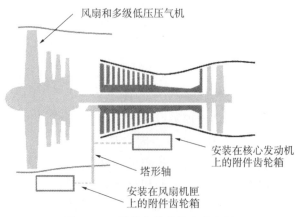

图 3-47　附件齿轮箱的安装布局

　　与安装在核心发动机上的同等器件相比,安装在风扇上的附件似乎处于更加有利的温度环境。但是,对于安装在核心发动机上的硬件内的泵送和计量部件,燃油流经将确保可以维持足够低的材料使用温度,以至于能够使用铝质壳体来容纳燃油处置设备。

　　当然,在特高速军用飞机上的情况例外,此时为了能够承受最严酷的局部温度环境,钢或钛合金材料可能是必需的。

　　FMU 可能有其自己的安装座,或作为备选的方法,它可安装在高压燃油泵上(某些制造商提供综合燃油泵和计量装置组件)。在许多应用场合,驱动 FMU 内的滑阀(即既可由泵驱动而转动,也可通过单独的附件齿轮箱安装座传动而转动),以使阀摩擦减至最小,因而改进伺服精度。这是燃油计量任务的一个重要方面,因为涉及"调节比"。高空飞行,最大燃油流量可能比海平面的低 3～4 倍。假定说,为了在高空飞行时具有±1％的燃油流量精度,为此设备必须具有满刻度±0.25％的全量程精度。在考虑所涉及的严酷使用环境时,这样的要求极其苛刻。这是当前设备的典型,以在发动机整个运行范围内提供量级为±2％～±3％的燃油预定程序精度。

　　有关泵送和计量设备的合格鉴定要求是极其苛刻的,并要求在宽广的使用条件范围内演示验证功能能力,诸如:
- 高振动水平期间的功能完整性;
- 高温试验,包括在火焰试验期间演示验证结构完整性;
- 燃油污染试验;
- 最不利燃油进口条件(包括压力和温度极限和直至 0.45 的汽/液比)下验证泵的性能。

　　现在虽已作废的军用规范 MIL-E-5007D,仍然为军用和商用飞机燃油控制系统供应商所使用,以制订正规的合格鉴定和合格审定要求。

与燃油处置设备有关的失效模式,就运行安全性而言通常并不严重。随着时间的推移,它们往往表现出性能降级。即使使用了复杂凸轮和燃油油压伺服机构的复杂流体力学计算装置,也已证明大多失效模式属于可容忍的,其通常限于预定程序漂移和设定值不能调节,而不是任何关键功能丧失。

但是有一种失效模式需要燃油系统予以考虑,也就是可能导致非包容性转子爆破的机械超速失效。这一失效模式被认为属于灾难性的,并且作为合格审定要求的一部分,必须演示验证这一事件的出现概率小于 $1/10^9$ fh。

3.5.2 全权数字式发动机控制(FADEC)

即使采用现代固态微处理机,FADEC 控制器在航空燃气涡轮发动机上的安装仍然极其困难,因为涉及不利的工作环境。因此,FADEC 结构设计的主要任务是使内部电子器件处于尽可能良好的环境,以具有使用可靠性、功能完整性和安全性。

图 3-48 给出一种 FADEC 设计方案图,使电子器件包容在该装置的两个在物理上相互隔离的区段内。压力传感器也包容在该装置内,以利用其内部相对良好的环境优势。尽管示出 4 个传感器的空间,3 个传感器(例如 P_2,P_3 和 P_5)也许已足够。在所示出的方案图中,与每条控制通道有关的电子器件,包容在两个大电路板上,用足够的定位件牢固地固定在壳体上,以确保不出现可能由当地环境激发的低频振动模式。

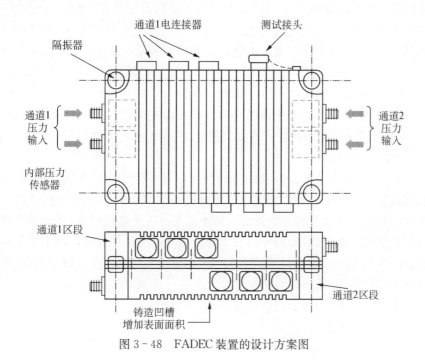

图 3-48 FADEC 装置的设计方案图

为每条通道设置 3 个专用电连接器,作为向此装置提供传感器信号、数据总线和电源的通路。电连接器后面的滤波区能防止诱导电流和电磁干扰(EMI)噪声进入或扰乱控制器的电子器件。

测试接头可方便地进行软件下载,并可在交付前对该装置进行功能检查。

3.5.2.1 振动和温度

为避免由于振动而降低可靠性,通常将 FADEC 安装在隔振器上,以提供超过约 100 Hz 的良好振动衰减。安装设计时必须小心,防止由于刚性导管连接器(供安装在 FADEC 装置内部的压力传感器使用)或电缆束(可能因金属丝编织层而变得极其刚硬)而使隔振器"短路"(见下一小节)。

在商用涡轮风扇发动机上,FADEC 通常安装在风扇机匣上,此处环境温度限制在−40~+250°F之间。在巡航阶段,其代表 90%以上的使用寿命,温度环境在 0~+100°F之间,对电子设备而言是相当有利的。在给出的示例中,壳体上设置大量的凹槽(应尽可能使它们近乎垂直地安装),以改进对流冷却效率。

由于军用发动机不像商用涡轮风扇发动机那样使用大尺寸的风扇,它们的 FADEC 通常安装在发动机的核心段上。在这种情况下,为使 FADEC 内的工作温度保持在合理的水平范围内,必需利用燃油进行冷却。

3.5.2.2 闪电和高强度辐射频率防护

闪电事件,可能在金属结构和电缆束内诱发大电流瞬变。同样,来自大功率雷达发射机的高强度辐射频率(HIRF),可能将电能导入电缆束,因此,通过电子设备的电连接器进入此设备,能够扰乱敏感的电子电路或使其不工作。FADEC 的工作环境尤其是一项挑战,因为在当前的现代复合材料发动机短舱中,无铝合金结构包围,不具备固有的"法拉第屏蔽笼"防护。为了适应这类环境,FADEC 的电缆束必须配备金属屏蔽层,仔细地黏接在电缆束每一端的电连接器保护壳上。FADEC 壳体的制造,还必须使所设计的法兰界面具有良好表面光洁度和紧螺栓间距,以防止甚高频 EMI 进入。壳体必须固定在发动机机匣上,应注意不得包含隔振器。

3.5.2.3 结构完整性

FADEC 必须满足安装在发动机上的设备应具有的结构完整性,这包括电子设备的防爆试验。倘若 FADEC 出现内部爆炸时,必须保持结构完整性。这样,确保这类事件的影响不能波及装置的外面。可按如下方法来进行试验:使壳体内部封闭空间内充满易燃气体,然后使用专门安装的火花塞点燃这些气体。对于安装在核心发动机上的 FADEC,还必须验证设计符合标准的火焰试验,在暴露于 2 000 °F火焰达某个规定时间时,要求保持结构完整性。在进行此试验时,对于某个铝合金壳体,如要取得成功的结果,用燃油进行冷却是必不可少的。

3.6 本章结语评述

本章所阐述的控制概念,代表所有燃气涡轮发动机的核心机在产生推力和轴功率两种应用中能安全和有效运行的基本要求。燃气涡轮推进系统的基本构成模块称为燃气发生器。在上面所述的瞬态运行期间,对这种机械装置采取合适的控制和防护,推力和功率的"外回路"控制可能是安全和有效的。

第4章和第5章涉及在燃气发生器控制的限制范围内如何设计和实现"外回路"。

参 考 文 献

[1] Saravanamuttoo H I H, Rogers G F C, Cohen H. Gas Turbine Theory [M]. 5th edn, Pearson Education Ltd, 2001.

[2] Langton R. Stability and Control of Aircraft Systems [M]. John Wiley & Sons, Ltd, UK, 2006.

[3] Maccallam N L R. The performance of turbojet engines during the thermal soak transient [C]. Proceedings of the Institution of Mechanical Engineers, 184 (Part III-G), 1969.

[4] Maccallam N R L Thermal Influences on Gas Turbine Transients. Effects of Changes in Compressor Characteristics [J]. ASME 79 - GT - 143, 1979.

[5] Abernethy R B, Thompson J W. Handbook, Uncertainty in Gas Turbine Measurements [M]. Arnold Engineering Development Center, Arnold Air Force Center, Tennessee, TR - 73 - 5, 1973.

[6] Saravanamuttoo H I H. Recommended Practices for Measurement of Gas Path Pressures and Temperatures for performance Assessment of Aircraft Turbines and Components [M]. Propulsion and Energetics Panel of NATO, AGARD AR 245, 1990.

[7] Dudgeon E H. Guide to the Measurement of Transient Performance of Aircraft Turbine Engines and Components [M]. Propulsion and Energetics Panel of NATO, AGARD AR 320, 1994.

4   推力发动机控制和加力系统

本章针对由发动机燃气发生器提供的燃气能量直接产生推力的发动机,阐述与燃气涡轮推进系统的推力管理和控制有关的问题。应用场合包括商用推进系统和军用推进系统。

本章所含内容还从控制系统的角度,阐述在商用和军用推进系统中都得到应用的如下两种主要的增大推力技术:

- 采用加力燃烧方式增大推力;
- 采用喷水加力。

应当承认,任何燃气涡轮推进系统的使用推力效率和能力,都会受到发动机进气和排气系统的设计和实现的强烈影响。考虑在超声速飞机上应用时尤为关键,此时发动机进气系统成为主要性能保障,并且在某些使用飞行条件下,与燃气涡轮发动机本身相比,进气系统可能为飞机贡献更大的推力。

在第 6 章中将阐述这些问题,其涉及发动机进气、燃气涡轮发动机排气系统的反推力和矢量推力诸方面的内容。

4.1   推力发动机概念

涡轮喷气发动机代表最简单形式的产生推力的发动机。如第 2 章所述,来自燃气发生器的高能燃气,通过喷管和排气喷口排出产生推力。在任何给定的使用条件下,所形成的推力中大部分与进入发动机的空气与从喷管喷口排气之间的动量变化成比例。因此,排气速度越高所产生的推力越大。这一情况的不利方面是排气速度越高,所产生的噪声越大。

当前,用于商用推力发动机设计的最普遍方法是采用涡轮风扇发动机。此时,来自燃气发生器的燃气能量中的大部分消耗于多级低压(LP)涡轮,由此驱动涵道风扇。风扇以相对低的速度驱动大质量的空气,而不是像涡轮喷气发动机那样以大速度驱动小质量的空气和燃气。因为风扇排气围绕在核心发动机高速排气流周围,结果是发动机非常安静。

图 4-1 对于两种常用设计方法,给出风扇、涡轮和压气机布局的示例。

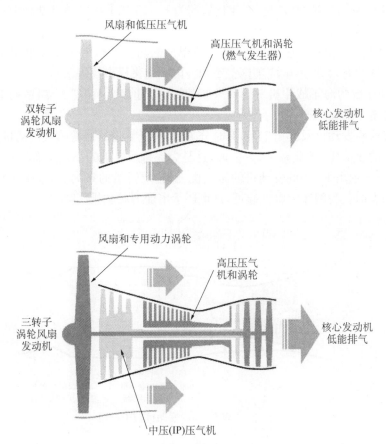

图 4-1　大型商用涡轮风扇发动机概念

　　双转子发动机示例是当今众多商用发动机的典型,如 PW JT-9D 和 PW4000
系列发动机。此种类型的发动机,风扇与低压压气机处于同一低压转子上。三转子
布局由 RR 公司于 20 世纪 60 年代在其 RB-211 发动机上首次采用。这一传统延
续到当前 RR 公司的遄达(Trent)系列发动机上。在这一设计中,风扇由其自己的
动力涡轮驱动,因此能以接近最佳转速运行。但是在双转子布局中,风扇转速是按
低压(LP)压气机要求作某些折中考虑的。尽管三转子发动机也许具有更佳的空气
动力特性,但是所增加的中压(IP)转子增加了这一设计方法的复杂性。

　　在喷气式支线飞机上使用的许多小型商用燃气涡轮发动机不采用低压压气机,
而采用单转子燃气发生器连同动力涡轮来驱动涵道风扇。

　　军事应用需要考虑许多重要问题,高涵道比涡轮风扇是不可接受的。尤其是典
型的商用涡轮风扇发动机所呈现的巨大迎风面积,不适合高速战斗机的空气动力要
求和隐身要求。因此,军用发动机业界已研发出一系列低涵道比发动机,其较适合
于军用战斗机任务。近几年已演化出两种最成功的发动机,它们是 PW F-100 及
其衍生型,以及 GE F-404 发动机系列。

F-100 发动机是 20 世纪 60 年代后期为 F-15 和 F-16 战斗机研制的轻重量带加力低涵道比涡轮喷气发动机[①]。GE F-110 发动机是后研制的作为备选的动力装置,为的是参与 20 世纪 70 和 80 年代所形成的与 F-15 和 F-16 机队有关的庞大采购市场的有效竞争(响应美国空军和外国军用飞机市场需求)。

F-404 成为海军战斗机 F-18 "大黄蜂" 和 "超级大黄蜂" 的支柱,而 F-18 超级大黄蜂至今仍在生产。

所有这些发动机及其衍生型,有时分类为 "超低涵道比涡轮喷气发动机[②]",采用了相当低的涵道比(通常为 0.7~0.9),这是为保持所要求的小迎风面积所必需的。

图 4-2 示出 F-100 发动机的压气机、涡轮及转子的布局,与许多现代军用动力装置相类似。为阐述完整性起见,这里还示出加力段和排气喷口。

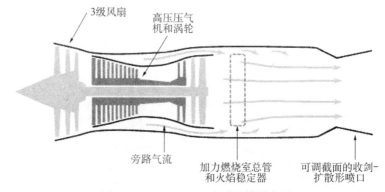

图 4-2　PW F-100 发动机转子布局

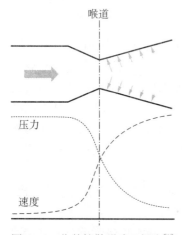

图 4-3　收敛扩散形喷口概念[1]

如 F-100 发动机布局图所示,当今大多数先进的军用发动机采用收敛扩散形(CD)喷口设计,以提供附加推力增量。采用这类布局,排气流经扩散段进一步加速后作用在喷口壁上的压力会提供附加的推力。如图 4-3 所示。在军用燃气涡轮发动机中所使用的 CD 技术,是火箭发动机推进系统的衍生成果,而在火箭发动机上首先使用这种类型的推进喷口。

有关这一加力技术的详细讨论见下面 4.3 节所述。

4.2　推力管理和控制

如同第 2 章中所讨论的,在发动机试车车间外

① 原文为"low-bypass turbojet"。——译注
② 原文为"leaky turbojets"。——译注

面直接测量发动机推力是不切实际的。因此,实际上采用的是推断式推力测量技术,便于飞行机组控制和管理发动机推力。

如同先前所讨论的,当今使用下列 3 个参数作为相对于主流工作状态对发动机推力进行测量和控制的一种手段:

(1) 发动机压力比(EPR);

(2) 综合发动机压力比($IEPR$);

(3) 经修正的风扇转速 $N_1/\sqrt{T_2}$。

第一项技术(用于 PW 发动机上)使用燃气发生器压力比,通常是 P_5/P_2,此处 P_5 是喷管压力(对于双转子发动机为 P_6),P_2 是压气机进口压力。此参数是对流经发动机核心段气流的度量。

第二项技术由 RR 公司在其高涵道比涡轮风扇发动机上首次使用,以代数学方式组合核心发动机 EPR 与风扇压力比。可以证明,这一方法可能更能够代表发动机推力,因为发动机推力的大部分源自于风扇。

GE 公司使用第三项推力测量技术,事实上,其依据是流经风扇的空气流量是发动机总空气流量的度量,它正比于经修正的风扇转速 $N_1/\sqrt{T_2}$。

值得关注的是在某些 PW 发动机上,如果 EPR 变得不可使用时,可使用经修正的风扇转速作为推力管理的备份参数。

在许多应用场合,对于某些预先确定的进气温度,发动机海平面静推力通常为平稳的额定值。由于流经发动机的流量(从而是推力)与进气总压成正比,与进气绝对总温的平方根成反比,燃气涡轮发动机所产生的推力,在整个使用飞行包线范围内变化相当大。

图 4-4 表明在海平面静态条件下发动机推力平稳额定值对于逐渐下降的进气温度如何要求降低最大油门设定值。图中还示出推力直减率效应,它是如下因素组

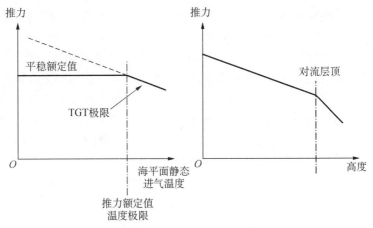

图 4-4 发动机推力平稳额定值与高度直减率效应

合的结果：推力随高度增大而损失，同时温度随高度升高而降低导致增大推力。在 36 000 ft 对流层顶以上，直减率增大，因为大于此高度后温度保持常数（假设按标准大气）。

当进气总压和总温两者随马赫数按如下绝热流方程而增加，飞机飞行速度的影响进一步修改直减率效应：

$$T_T = T_S \left[1 + \left(\frac{\gamma - 1}{2} \right) Ma^2 \right] \qquad (4-1)$$

$$P_T = P_S \left[1 + \left(\frac{\gamma - 1}{2} \right) Ma^{2\gamma/(\gamma-1)} \right] \qquad (4-2)$$

式(4-1)和式(4-2)中的下标 T 和 S，分别表示总值和静态值。γ 是比热比，对于空气通常为 1.4。

在现实中可使用恢复系数，并对额外的进气涵道压力损失规定容差。

当今在役的商用飞机使用众多的推力设定值。下面将这些推力设定值连同对其用途的说明列出如下。

起飞推力。 这一设定值定义最大额定推力，通常由限定的涡轮燃气温度(TGT)状态所定义。在此条件下的允许工作时间通常限于约 5 min。

最大连续推力。 此额定值确定如下：发动机在起飞状态(已经超过 V_1 速度)下失效而其余发动机(一发或多发)必须能够支持继续起飞和爬升。按照标题所示，发动机能以此推力设定值连续运行。

最大爬升推力。 由飞机爬升性能要求确定这一选用设定值，并且可能是在发动机维修目标(优先考虑 TGT 使用限制)与飞机使用性能之间的权衡结果。

飞行慢车推力。 根据提供及时加速到由复飞机动所启用的最大推力这一需求，制订这一推力设定值。其通常超过最大燃气发生器转速的 70%，以至于在响应油门设定值突然增大时，能大大减小出现发动机喘振或失速的可能性。

地面慢车。 地面慢车设定值是在地面起动和滑行过程所使用的最小燃气发生器转速，并代表发动机的最小使用推力。

理想的是，发动机推力应是油门位置(通常称为功率杆角度(PLA))的线性函数，以在同一油门位置提供所要求的推力额定值而与可以使用的飞行状态无关。

在导入电子式发动机控制器之前，要求飞行机组按照起飞后以及爬升到高空的整个过程中发动机进气状态的变化，通过调节油门设定值，以维持必需的推力额定值。这一过程大大增加飞行机组的工作负荷，因此，可能偶尔会出现超过推力额定值或 TGT 限制值的超限情况而对发动机构成损害。

在现代燃油控制系统中，基于现时的飞行和发动机进气状态，使用查表法自动计算上述每一额定值的推力设定值。因此，通过燃油控制系统管理与任一所需额定值相对应的油门设定值，该系统调节燃气发生器调速器的设定点，直到获得正确的额定值，由此消除了飞行机组的额外工作负荷，使他们能够集中精力驾驶飞机。

图 4-5 给出这一概念的框图,图中 PLA 代表所需最大推力(起飞)的百分比。飞行机组使用由测得的发动机进气参数所定义的主流飞行状态,产生与 PLA 设定值相对应的单位推力额定值。所示的概念是 EPR 和风扇转速两种推力管理控制模式的典型代表。

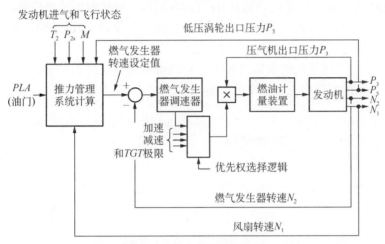

图 4-5 推力管理系统框图

应注意测得的发动机进气压力通常是静压而不是总压。因此需要马赫数信息按主流飞行状态来计算等效的总压。

上面有关推力管理和控制的讨论几乎仅仅与商用发动机有关,此时发动机的可靠性、维修性和拥有成本成为使用程序中的主要驱动因数。

军用飞机发动机,尤其是战斗机用的那些发动机则有完全不同的使用环境,此时可用性能是主要驱动因素。这些发动机在使用中经历巨大次数的油门循环,因此,比相应的商用发动机承受高得多的机械应力和热应力,这对发动机的寿命产生后续影响。在服役中应测量高循环数和低循环数,并用于确定发动机维修要求。

操纵军用飞机的驾驶员,预期在最大 PLA 下产生最大可用推力,对于非加力发动机而言,将此称为"军用推力设定值"。当然,可用推力将按照主流飞行状态而变化。如要附加推力则必须采用加力技术,这将在下一节中予以阐述。

4.3 推力增大

在军用飞机上加力的优势是明显的,因为较高的推力转化为更高的性能。对于商用飞机而言,加力是希望在高进气温度条件下运行时,维持单位推力额定值而将可用推力限制在由 TGT 限制值所确定的范围内(见图 4-4)。

可采用两种主要技术增大可用推力:喷水加力和加力燃烧(也称为复燃加力)。下面各小节将对这两种技术予以阐述。

4.3.1 喷水加力

在飞机起飞性能中可用推力是关键参数。由于流经发动机的空气质量流量也许是对发动机推力的最重要贡献因素,空气温度高,将导致空气密度降低,引起可用推力降低。通过向发动机进口喷射水与酒精(通常是甲醇)的混合液可使这一推力损失恢复高达30%。增加的酒精具有防冻剂特性,并提供附加的燃料源。

在这一点上,应该提到喷水加力也适用于轴功率发动机,因为喷水加力的结果增加了燃气涡轮发生器的可用燃气功率输出。

图4-6定性地给出喷水加力对喷气发动机可用起飞推力的影响,以及对涡轮螺旋桨发动机的可用起飞轴功率的影响。

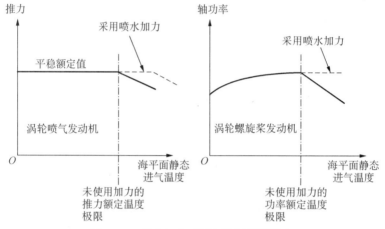

图4-6 喷水加力对额定限制值的影响

对于轴流式压气机发动机,使喷入的水直接进入燃烧室更为合适,因为可提供更均匀的分布,并可使用更大量的冷却剂。采用这一技术,相对于流经压气机段的质量流量,流经涡轮段的质量流量增大。因此流经涡轮的压降减小,导致喷管压力增加,从而使推力增加。

图4-7给出高压(HP)式喷水加力系统的原理图。由空气涡轮驱动泵产生高压的水与酒精混合液,并供至带切断阀的水控制装置,在压气机出口压力达到某个预定值之前此装置一直保持关闭。当阀门打开时,一个微动电门感受阀门位置变化,并且将信息传递给燃油系统,使其重新设定由燃油控制的燃气发生器调速器,以提供补充的燃油流量,因此提供更大的推力。在这种类型的系统中,可使用每个燃油燃烧喷嘴内的专用通道来喷射水。位于喷水控制装置内的单向阀可防止燃油或热燃气从燃烧室反向回流。

喷水加力作为一种增加推力的方法,普遍用于早期很多的喷气发动机。例如,早期的某些B-52飞机的发动机带有喷水加力系统,采用向压气机进口和燃烧室两处喷水。

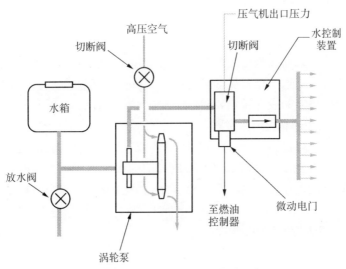

图 4-7 喷水加力系统原理简图

喷水加力系统相对较重,因此带来很大的使用损失。当今在役发动机中已很少使用这一类型的增大推力(或功率)的装置。

4.3.2 加力燃烧

由于燃气涡轮发动机的排气中含有一定量的未参与燃烧的氧气,显然能够使加入喷管内的附加燃油燃烧,为的是增加现有燃气的温度和速度,从而增加发动机推力。

由于在整个推力方程中动量变化率这一项与排气速度有关,我们可以通过增加燃气排气温度来增大这一项,这样就增加了喷口出口平面出现的相关声速。

如果排气温度加倍,也就是从 $1\,800\,°R$ 升高到 $3\,600\,°R$(兰氏温标),这接近在实际中可能出现的温度,此时推力则按照绝对温度比的平方根成比例增加。按这一评估,对于上述示例,推力的增量为

$$\Delta_{\text{thrust}} = \sqrt{\frac{3\,600}{1\,800}} = 1.414 \qquad (4-3)$$

这表示通过加力燃烧使推力比最大"干推力[①]"运行状态增加约 41%。在此基础上,通常认为加力燃烧可使推力比典型涡轮喷气发动机的基本干推力增大多达 50%。

在军用飞机上,加力燃烧的优点在于提供较高的推力能力,而无需增大发动机尺寸(这会在重量和发动机迎风面积方面有相关的增加)。带有多区域加力燃烧的

---

① 原文为"dry thrust",系指未使用加力时的发动机推力。——译注

涵道发动机甚至可以获得更高的推力增量。但是,由于喷管材料不可能承受所产生的极其高的温度,这一不可能性构成对这一加力方法的使用限制。

与空中加油一起考虑时,加力燃烧室已经成为主要的军事力量增长点。它可使战斗机以最大武器载荷从相对短的机场跑道上起飞,随后爬升到与空中加油机的会合高度。战斗机可从这一点以满油箱燃油继续执行其任务。

关于加力燃烧室的设计特点,将在下面各小节予以阐述。

4.3.2.1　喷油环和火焰稳定器

燃油通过喷油环输出,喷油环由一个单环或多个同心环构成,位于低压涡轮的下游。再往下游需要设置火焰稳定器形成局部的湍流涡流,可以建立稳定的火焰。这一附加的硬件设置在喷管内,以干态(非加力)运行模式工作时,确实会引起一些小的性能损失。

4.3.2.2　改进的喷管设计

为容纳在加力燃烧时出现的增大的燃气流量和更高的温度,喷管直径将有所增大。还需要设置冷却衬层以保护喷管免受高排气温度(可能高达 $3\,600°R(2\,000\,K)$)的影响。此燃烧室布置成使最高的燃气温度沿着喷管轴向分布,从而使一部分较"冷"的低压涡轮燃气沿着喷管壁流动。

喷管内衬层的另一个功能是防止"啸叫",这是由燃烧过程所引起的涉及高频压力波动的现象,它可能产生过量的噪声和振动,甚至达到加力燃烧室部件可能出现物理损坏的程度。此种防啸叫衬层包含数千个小孔吸收并衰减热能,从而使这些波动减至最小。

4.3.2.3　可调截面喷口

所有的带加力的发动机都要求可变截面排气喷口,以容纳所增大的燃气流量,而不至于增大喷管压力,否则由此可能导致高压压气机失速。为说明这一点,需考虑喷管压力增大带来的影响。现在,流经涡轮段的压降,连同输送到压气机的扭矩一起减少。燃气发生器燃气控制器现在响应燃油流量的增大,为的是保持高压转子转速,从而保持流经发动机的空气质量流量。因此,高压压气机工作点沿着一条等速线朝向失速边界移动(在第 2 章中已阐述过这一点)。

早期的许多带加力的发动机使用双位喷口以适应此要求。但是,当今大多数发动机采用可调截面喷口设计,以使得在加力燃烧过程中可有一个推力调制的范围。

4.3.2.4　加力燃烧室点火系统

喷管内的排气温度并不总是高到足以确保点燃加力燃烧室内的燃油,尤其是在高空更是如此,因此需要某种形式的点火系统。使用若干种不同方法可达到点燃加力燃烧室燃油的目的。"热射流点火"法是使用附加的燃油油液,通过其中某个燃烧喷嘴喷入主燃烧室。这产生一个燃油燃烧的火焰带,穿过发动机的涡轮段去点燃喷管内加力燃烧室的燃油。

一种备选的方法是"火舌"或"催化式"点火器,设置在喷油环和火焰稳定器近旁,使用其自己的先导燃油流和电火花触发。一旦火舌点火装置启动,在加力燃烧室工作期间会一直连续工作。某些发动机上也使用连续电火花点火,以类似于火舌装置功能的方式发挥功能。图4-8给出简化的加力燃烧室布局,图解说明上面所讨论的各要点。

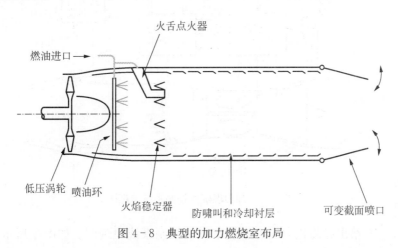

图4-8　典型的加力燃烧室布局

4.3.2.5　加力燃烧室的控制

典型的加力燃烧室燃油控制系统由专用燃油泵、燃油控制和计量装置以及可调截面喷口作动装置所组成。燃油泵既可采用正排量泵,也可采用离心泵,因为将燃油喷入喷管所需要的最大输油压力比用于主燃油控制器的要低得多。

移动油门杆(PLA)超过最大干推力位置后,即启用加力燃烧室。这一移动动作向加力燃烧室燃油控制系统传递信号,在设定与主流飞行状态相对应的正确点火燃油流量之前,尽可能快地使位于喷管内的燃油总管加满燃油。如果燃气发生器转速(从而决定流经发动机的空气流量)低于某个预定的最低值,则连锁装置禁止选用加力燃烧室。如果驾驶员将油门从飞行慢车猛推到最大加力,发动机将因此而在燃气发生器加速限制器的控制下开始加速,直到发动机转子转速加速到足以满足连锁要求,则允许选用加力燃烧室。

一旦加力燃烧室已经点火,增加燃油流量直到其与主流的 PLA 设定值匹配。在图4-9所给出的示例中,按照油门杆角度的函数以及流经发动机的空气流量来确定加力燃烧室的燃油流量。按照压气机增压比 P_3/P_2 和燃气发生器转速 $N_1/\sqrt{T_2}$ 的函数来计算空气流量。

同时改变排气喷口截面积,以保持 P_3 和喷管压力 P_5 之间的恒定压力比,从而确保对于所有的加力燃烧室油门设定值,压气机工作点都基本维持恒定。为实现此要求,将测得的压力比与预先确定的名义值相比较,利用产生的误差来驱动喷口作动器的伺服阀。然后,以与压力比误差成比例的速率使作动器移动,直到得到所需要的压力比。

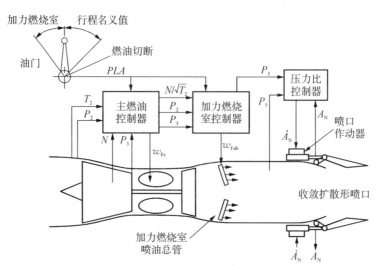

图 4-9 加力燃烧室控制系统原理图

图 4-10 给出经简化的加力燃烧室燃油控制系统原理图。如图中所示,空气-涡轮驱动的离心式燃油泵向控制系统的燃油计量段提供经增压的燃油。由来自主燃油控制器的高压燃油驱动的切断阀一直保持在关闭位置,直到业已满足油门位置和最小发动机转速状态并且启用加力燃烧室。

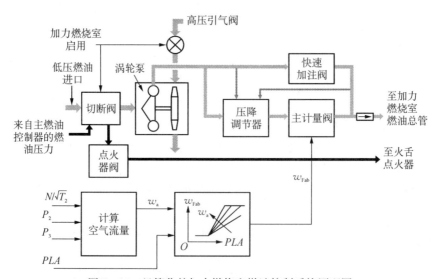

图 4-10 经简化的加力燃烧室燃油控制系统原理图

一旦选用了加力燃烧室,燃油控制系统的首要任务就是尽可能快地使燃油总管加满燃油。通常,在快速加注阀关闭并且主计量阀接替之前,快速加注阀可使来自涡轮泵的最大燃油流量,在 1~2 s 内输送到加力燃烧室燃油总管。压力调节阀相应地节流离心泵的输出流量,由此维持流经主计量阀的压降。计量阀的位置因此与加力燃烧室燃油流量成比例。

传送至计量阀的燃油流量指令,是空气流量和油门杆位置(PLA)的函数。在发动机的整个使用包线范围内,这种布局为加力燃烧室提供了良好的操纵特性。

收油门到正常(干推力)工作范围,即取消对加力燃烧室的选用。然后燃油切断阀和空气切断阀都关闭,燃油总管压力释放之后,简单的弹簧-加载阀打开,使燃油总管内的剩余燃油排放到机外。如不这样,残留在总管内的任何燃油可能引起积碳。

由于加力燃烧室燃油控制系统基本上是按预定程序发挥功能的形式,不存在需要解决闭环稳定性控制的问题。此外,喷口作动器的带宽比燃油控制系统的要高得多。该系统的闭环动态特性通常不构成性能驱动因素。

上面给出的示例与实际所用相比也许过于简化。但是从系统的角度来看,所阐述的原理仍然是适用和适当的。

与上述示例有关的值得注意的重要一点在于,纯涡轮喷气发动机的加力燃烧室控制则非常简单,因为流经涡轮段的壅堵气流将有效地阻止喷管范围内气压瞬变,避免影响涡轮段上游的空气动力学特性。对于更现代化的有外涵道气流围绕发动机高压段流动的军用发动机而言,这一结论不再切合实际。必须在燃油控制系统范围内加以考虑,以确保喷管内的压力扰动,在沿外涵道向上游传播时,不会严重影响发动机高压压气机的性能。通常通过如下方法来实现,即调节发动机风扇和(或)低压压气机段内的静子导向叶片,控制流经外涵道的空气流量。

4.3.2.6 可调截面喷口作动技术

可调截面喷口通常包含多块互锁调节片,形成一个环形喷口,并由外调节罩罩住。在喷口周围设置若干个线性作动器,用于按加力燃烧室控制系统的指令改变喷口截面面积。这些作动器由绝热垫提供防护,免受来自加力燃烧室管道的极端高温。使用液压和气压两种伺服作动器来为喷口调节片定位。液压能源既可来自专用高压泵提供的发动机滑油,也可以来自燃油控制器系统所提供的高压燃油(即燃油油压)。使用此种方法,为确保不出现过高的燃油温度和尔后的积碳,必须有连续燃油流经作动器。图4-11是PW-119发动机上所使用的燃油压力作动的喷口伺服作动器的照片,该发动机为F-22

图4-11 PW F-119发动机喷口作动器(经派克宇航公司同意)

"猛禽"飞机提供动力。

另一种液压作动的喷口作动器用于 RR 公司的 RB - 199 发动机上,此发动机为"狂风"战斗机提供动力。这里,气压驱动的喷口作动器使用高压引气驱动一台空气马达。空气马达通过柔性驱动器驱动多个滚珠丝杠作动器,它们位于喷口周围(与许多反推力作动系统相类似)。该方法为这组作动器提供固有的同步。

参 考 文 献

[1] Rolls-Royce. The Jet Engine [M]. Rolls-Royce Ltd,Part 9. 1969.

5 轴功率推进控制系统

本章阐述涡轮螺旋桨和涡轮轴发动机的控制,对此类发动机而言,燃气发生器用于产生供涡轮螺旋桨飞机和直升机使用的轴功率。辅助动力装置(APU)也属于这一范畴,此时轴功率用于驱动发电机和压气机。

一种方法是将燃气发生器轴通过减速齿轮箱直接与负载相连接,如第1章中简要描述的RR公司的达特发动机。这一类型的发动机有时称为单轴发动机。许多APU都使用这一类型的设计。

另一种直接提取机械功率方法,则是使用单独的涡轮(称为"自由涡轮",或"动力涡轮")吸收燃气发生器的燃气马力。这一备选方法,也许是当前在涡轮螺旋桨飞机中最普遍使用的方法,并且是直升机燃气涡轮推进系统中所使用的唯一一种布局。

在所有的涡轮螺旋桨飞机上,可变桨距螺旋桨使用恒速装置(CSU)来控制螺旋桨转速(通常在1200~2000 r/min范围内)。

图5-1给出涡轮螺旋桨推进系统的一般概念。在单轴和自由涡轮这两种形式的涡轮螺旋桨发动机中,设置两个控制杆:功率杆和变距手柄,它们分别与燃油控制器和CSU连接。

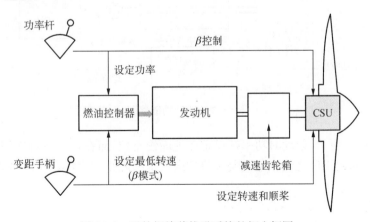

图 5-1 涡轮螺旋桨推进系统的概念框图

在正常飞行期间,功率杆通过调节输往发动机的燃油流量来确定输往螺旋桨的功率,而变距手柄确定所要求的螺旋桨转速。CSU 改变螺旋桨桨距以维持所要求的螺旋桨转速。将功率杆收到慢车设定值以下,驾驶员可以按所谓的"β控制模式"直接控制螺旋桨的桨距。在地面上使用这一模式,以在接地之后和在地面运行期间产生反向拉力。因为在"β控制模式"下,CSU 不再控制螺旋桨转速,此时利用变距手柄的位置,在燃油控制器范围内设定"降速调速器",以确保在采用增大的负桨距角时有足够的功率输送到螺旋桨。

为了用图解更详细地说明上面所述的控制概念,图 5-2 给出不同的功率杆和变距手柄的设定值。图 5-3 给出典型的 CSU 功能框图,表明功率杆和变距手柄输入如何为 CSU 工作模式作出贡献。

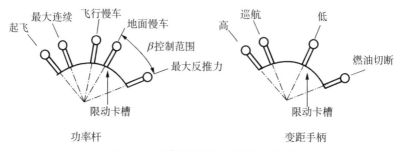

图 5-2　功率杆和变距手柄的设定值

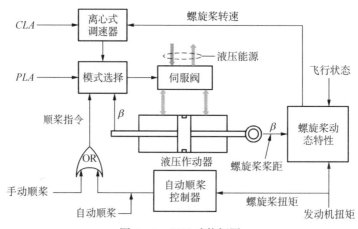

图 5-3　CSU 功能框图

如图 5-2 所示,起动时功率杆设定在地面慢车位,而在正常飞行期间则设定在飞行慢车位和起飞位之间。地面慢车位的限位卡槽阻止功率杆意外地移动而进入 β 控制范围。

通常有 3 个变距手柄设定值位置,即 HIGH(高)、CRUISE(巡航)和 LOW(低)。功率杆设定在或接近于飞行慢车位进行滑行期间,使用 LOW(低)(通常为

60%～75% r/min)转速设定值。螺旋桨转速按飞行状态设定。CRUISE(巡航)转速设定值通常是 95%～97% r/min。在起飞和着陆期间,使用 HIGH(高)转速设定值(通常为 100% r/min)。

如图 5-3 所示,CSU 的主要功能在于将螺旋桨转速控制在由变距手柄输入,即变距手柄角度 CLA 所确定的恒定值。为实现此要求,CSU 使液压作动器定位,而作动器的输出正比于螺旋桨桨距角 β。当桨距增大到某个更高桨距的位置时,螺旋桨将趋于减速(对于某个给定的发动机输送的扭矩和飞行状态)。离心式调速器感觉由所要求的 CLA 引起的任何转速降低,从而导致伺服阀移动,而这反过来又移动液压作动器来减小螺旋桨桨距,以使螺旋桨转速恢复到其名义设定值。如果功率杆角度(PLA)减小到地面慢车设定值以下,桨距作动系统的控制回复到对螺旋桨桨距的直接控制。在这一 β 控制模式下,进一步收功率杆提供增大的负桨距角,从而得到来自螺旋桨的更高负拉力。

由 CSU 所提供的第三种控制模式是顺桨模式。螺旋桨顺桨是将螺旋桨桨距角移动到最小阻力位置,如果起飞过程中出现发动机失效,这一点就变得尤为重要。有鉴于此,当今许多涡轮螺旋桨发动机都包含一个负螺旋桨扭矩传感器,只要在发动机突然丧失功率之后出现负螺旋桨扭矩,就会自动指令螺旋桨进行顺桨。驾驶员能够启用螺旋桨自动顺桨功能,也可选择人工操作螺旋桨顺桨。

由专用齿轮泵(未示出)向 CSU 提供液压能源,使用的工作介质是来自发动机润滑系统的滑油。

使用小扰动线性化技术(与燃气发生器调速器响应中所涉及的相同)和稳定性分析(与先前在第 3 章中所涉及的相同),可完成 CSU 的动态特性分析。为了使回路增益变化时控制系统闭环根的移动形象化,可绘制出根轨迹图。图 5-4 的原理图示出在这一分析中所涉及的因素。在转速调节模式下,离心式传感器产生一个正

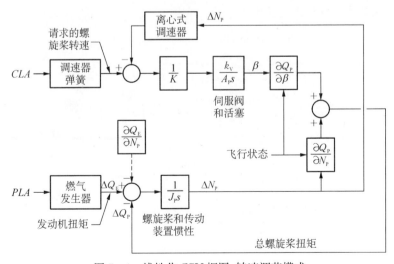

图 5-4 线性化 CSU 框图:转速调节模式

比于螺旋桨转速平方的力,将其与由 PLA 位置所确定的调速器弹簧力相比较。结合机构的弹簧刚度,力的差值将确定液压伺服滑阀的位移,从而确定流入(或流出)β作动器伺服活塞的滑油流量。螺旋桨桨距将继续变化,直到由离心式传感器所产生的力与由 CLA 所设定的调速器弹簧力相匹配。

由于伺服阀和活塞具有一个综合功能,在稳态下则要求在 CLA 转速请求值与实际螺旋桨转速之间的误差必须是零。因此,不存在转速降低,并且转速调节功能是同步的。

在图 5-4 的下半区域,将发动机燃气发生器段产生的燃气扭矩与净螺旋桨扭矩进行比较,将两者的差值用于克服螺旋桨以及其相关传动装置的实际惯性,实现加速(或减速)。这一过程的综合输出确定螺旋桨转速。

与该系统线性分析有关的难题在于对扭矩偏导数的确定,它取决于螺旋桨转速、桨距角和主流飞行状态。为了确定最佳增益值,必须在整个使用条件范围内进行分析。在某个点上,推进系统的全范围模型变得更有成本效率,并且对于来自待研究工作点的较大扰动是有效的。

值得注意的是在燃气发生器和螺旋桨及传动装置之间几乎没有动态耦合,因为螺旋桨转速(从而是动力涡轮转速)在任何给定工作状态下保持相当恒定。由于引起燃气扭矩随动力涡轮转速而变化的耦合项小而稳定,因此,就初始稳定性分析而言,忽略其影响则是适宜的。

涡轮轴(直升机)推进系统在功能上与涡轮喷气、涡轮风扇或涡轮螺旋桨发动机根本不同,后 3 种发动机提供推力(拉力)使飞机在空气中移动,随后得到的前进速度和姿态使机翼产生升力。在涡轮轴发动机的应用场合,发动机驱动直升机旋翼(有时称为"旋转机翼"),直接产生升力。

许多直升机推进系统采用一台以上的发动机,如图 5-5 的原理图所示,该图给出典型的双发动机直升机旋翼传动系统。

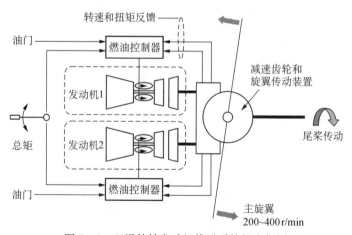

图 5-5　双涡轮轴发动机推进系统概念框图

在此示例中,双燃气涡轮发生器向两个自由涡轮提供燃气马力,由自由涡轮的输出驱动一个组合齿轮箱和旋翼传动装置。在该直升机中,旋翼系统设计成以恒定转速工作,通常为 $200\sim400\,r/min$。

通过一台调速器实现旋翼转速控制,此调速器调制燃气发生器燃油控制器,从油门设定值确定的上限,下至发动机慢车转速;或在某些发动机上,下至最小燃油流量极限。

在多涡轮轴发动机的应用场合,重要的是燃气发生器应均等地共享负载。为实现此要求,某些直升机采用扭矩平衡布局:将来自每一动力涡轮的扭矩反馈至燃油控制器,利用任何差值来修改燃油流量或燃油发生器调速器转速。这一控制功能通常是慢响应(低带宽)微调系统,为的是避免与主控制系统产生动态耦合。

旋翼系统所需的功率,主要由总距设定值确定。在某些直升机上,可利用总距为旋翼负载变化提供某些预感,因而使突然机动之后的任何欠速和超速偏离减至最小。

直升机传动的一个特点在于需要适应自旋状态。飞行中在总距突然减小之后,形成的下降诱导气流流过旋翼将产生一个加速扭矩而作用在旋翼上。如果传动扭矩进入负值,传动系统内的离合器使旋翼与发动机分开,同时,调速器使动力涡轮保持名义调速值。

基于显示发动机动力涡轮和旋翼两者转速的驾驶舱仪表,将这种状态称为"离合式指针"状态。尽管这两种转速通常相同(计及齿轮减速比),但在这一状态下指示器指针彼此分开。

在拆分指针状态下,总距的增加将使旋翼转速减小。当其值下降到主流发动机转速时离合器重新啮合,传动系统将回复到其正常形态。

下面各小节,阐述与涡轮螺旋桨和涡轮轴推进系统有关的控制特性。

5.1 涡轮螺旋桨推进系统的应用

5.1.1 单轴发动机

如同第 1 章中的简要叙述,由螺旋桨 CSU 调节单轴发动机的转速,CSU 调制螺旋桨桨距,吸收的燃气发生器的任何轴功率大于驱动压气机所需。随着燃油流量的增加,燃气发生器内的压力和温度将升高,而转速维持不变。对于这种类型的发动机,油门瞬态期间燃油流量管理与第 3 章所述的传统加速和减速限制技术略有差异,此时按照燃气发生器转速和其他参数的函数关系,限制燃气发生器燃油流量。当前,使用最广泛的在役单轴涡轮螺旋桨发动机是霍尼韦尔的 TPE331 发动机,其功能原理如图 5-6 所示。

如图 5-6 所示,发动机包括 2 级离心式压气机,由 3 级涡轮驱动。在约为 $42\,000\,r/min$ 的最大转速下,发动机输出大约 $900\,SHP$。齿轮箱将发动机转速减至 $2\,000\,r/mim$ 用于螺旋桨。

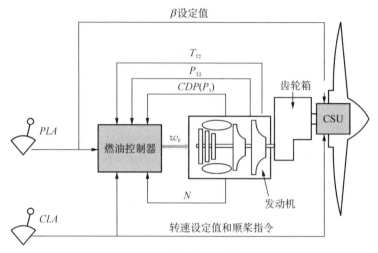

图 5-6 TPE331 单轴涡轮螺旋桨发动机原理图

燃油控制器按照 PLA、压气机出口压力 CDP 和压气机进口压力 P_{T2} 和温度 T_{T2} 的函数关系,调制输往发动机的燃油流量。

单独的 CLA 向螺旋桨处的 CSU 提供一个转速设定点。变距手柄还向 CSU 提供手动顺桨指令。

为了更详细地以图解形式说明这一具体的单轴发动机的控制概念,简图 5-7 示出当前伍德瓦德调速器(Woodward Governor)公司的简化型燃油控制器。

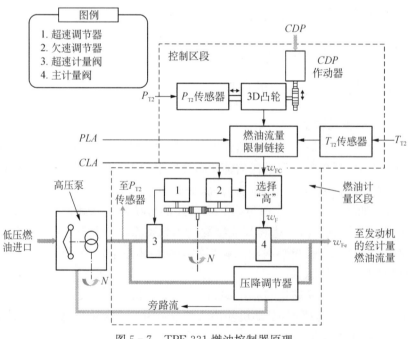

图 5-7 TPE 331 燃油控制器原理

高压(HP)燃油泵采用传统设计,包含一个离心式前置泵和一高压齿轮级。此外,包括在高压泵内但图中未示出的是释压阀、带旁路的燃油滤和防冰阀,后者使来自燃油/滑油热交换器的暖燃油流向燃油泵。

燃油控制器的控制区段包含一个 3D 凸轮,由发动机进口总压传感器驱动沿轴向移动并由 CDP 作动器驱动而旋转。凸轮随动件与油门输入的 PLA 及进口总温相组合,以确定主流飞行和发动机功率状态下所允许的燃油流量。

"选择高"链接布局可在 β 模式工作期间使欠速调速器 2 维持最低发动机转速。在正常飞行期间,此欠速调速器不投入使用。

由控制区段链接使主计量阀 4 定位,并且借助燃油旁路压力调节器使流经计量阀的压降保持常数。

因此,主计量阀的定位与经计量的燃油流量成比例。经计量的燃油通过油路中的增压和切断阀(未示出)流入发动机燃烧喷嘴。独立的超速调速器 1 控制其自有的与主计量阀串联设置的专用计量阀 3。在正常运行期间,当主计量阀控制燃油流量时,超速调节器计量阀将大开度打开。如果出现超速,超速计量阀接替主计量阀而实行控制,因此防止出现任何危险的发动机超速。

单轴发动机的支持者更喜欢对功率杆变化的快速功率响应特性。由于 CSU 使燃气发生器的转速保持不变,当内部压力和温度变化时,功率输出出现快速变化。在采用自由涡轮的发动机上,功率设定值的变化在达到所要求的功率之前必须等待燃气发生器转速达到其新的稳定值。

5.1.2 自由涡轮式涡轮螺旋桨发动机

如同本书多处所提到的那样,过去的 50 年内最成功的燃气涡轮发动机之一或许就是加拿大 PW 公司生产的 PT-6 自由涡轮发动机,其使用于许多不同的涡轮螺旋桨和涡轮轴发动机的飞机。尽管该发动机是自由涡轮发动机技术的杰出范例,其所用燃油控制系统仍然是依据 20 世纪 60 年代技术的成熟设计(如同前一节所涉及的 TPE331 发动机一样)。因此,在这里纳入一个较现代的自由涡轮式涡轮螺旋桨发动机作为一个示例而展开讨论,应该是比较合适的。

最新近的自由涡轮式涡轮螺旋桨发动机之一,是 PW100 系列发动机(也是由加拿大 PW 公司制造的),已经形成一个满足广泛功率要求的系列。PW150A 是最新近的系列,是为庞巴迪飞机公司的冲 8Q-400(Dash 8Q-400)飞机而研制的动力,发展为大约 5000SHP,该机在 2000 年已投入使用。PW100 系列被认为有望发展到大约 7000SHP,这差不多是比 PT-6 更强大的数量级。

在图 5-8 和图 5-9 中,分别以功能图和照片的形式描述 PW150A 发动机,前者示出转子和气流布局。该发动机在物理布局上较为常规(见图 5-8),进气口位于减速齿轮箱的前下方。带有 2 级自由涡轮,位于燃气发生器的后部,至减速齿轮箱和螺旋桨的驱动轴必须从燃气发生器转子的中心穿过。

在此发动机上,包括螺旋桨控制装置(PCU)和相关传感器(位于螺旋桨桨毂内)

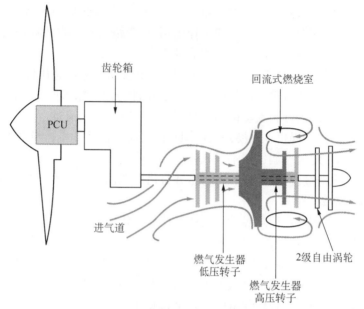

图 5 - 8　PW150 涡轮螺旋桨发动机布局

图 5 - 9　PW150A 发动机(经加拿大 PW 公司同意)

以及远距安装的螺旋桨电子控制器(PEC)的电子-液压-机械布局,替代了常规的全液压-机械 CSU。下面将对螺旋桨控制系统作更详细的阐述。

　　PW150A 发动机具有一个双转子燃气发生器,带有 3 级轴流式低压压气机,由单级涡轮驱动。高压转子包含单级离心式压气机,也由单级涡轮所驱动。回流式燃烧室有助于使发动机长度保持最短。

　　在该发动机上,未采用可变几何压气机静子叶片。但是有 2 个压气机放气阀如下:

- 级间放气阀(IBV),位于低压压气机上,在站位 2.2 处;
- 控制放气阀(HBV),位于高压压气机上,在站位 2.7 处。

在发动机起动期间,并且为防止在低功率瞬态期间出现失速,IBV 保持打开。

此阀先于巡航功率达到而完全关闭。HBV 的功能是在油门快速移动过程中改善喘振裕度。

燃油控制系统包含现代的全权数字式电子控制（FADEC），其与燃油计量装置（FMU）接口。后者包括一个常规的高压泵，而此泵又包含泵的前置级，向泵的正排量齿轮级供油。简化的 FUM 原理图如图 5-10 所示（为清楚起见，省略了位于泵两级之间的燃油/滑油热交换器）。此原理图也示出双永磁交流发电机（PMA），其为 FADEC 提供专用电源。PMA 与高压燃油泵由辅助齿轮箱同一个安装座所驱动。因此示出 PMA。

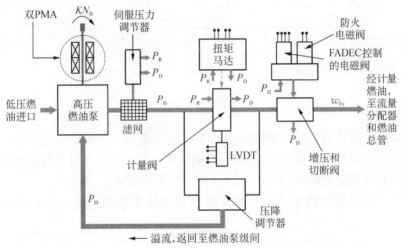

图 5-10　PW150A 发动机燃油计量装置原理图
（经加拿大 PW 公司同意）

如图 5-10 所示，来自扭矩马达和相关线性可变差动变压器（LVDT）的反馈信号，可使 FADEC 控制燃油计量阀的位置。由于流经计量阀的压降被控制为一个恒定的设定值（含温度偏置元件），计量阀的位置因此与经计量的燃油流量成比例。扭矩马达和 LVDT 都具有双绕组线圈，并且都通过各自的电连接器与 FADEC 相连接，提供所要求的功能完整性。

FADEC 通过变距手柄扇形轮上的电门或探测到超速状态之后，选择切断燃油供给。驾驶舱内的防火手柄不通过 FADEC 而驱动独立的电磁阀。

在这一发动机上，FMU 还将超过发动机燃油需求量的溢流用作为主动流而提供给机体，驱动燃油供油和转输引射泵。在该原理图上未示出主动流阀。

图 5-11 中示出 PW150A FADEC 的基本原理，其使用主通道/备份通道的双通道架构，带有安装在内部的压力传感器，用以测量当地的环境压力 P_0。还由固定在远处的压力传感器，向 FADEC 提供 P_3（CDP），以便优化性能。

每一控制通道接收两个传感器组的数据，而每一通道的运行软件相同。每一通

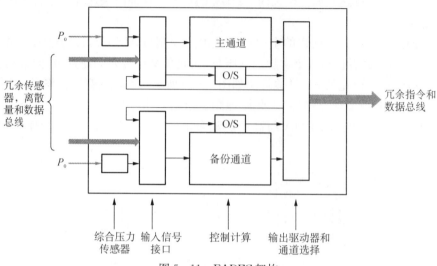

图 5 - 11　FADEC 架构

道的健康状态可供通道切换逻辑使用,由其确定哪条通道应处于在控状态。所有输出作动装置的电气级具有双绕组线圈,以确保单一失效容错。每条通道内还设置一条独立的超速探测电路,其拥有自己专用的 N_G 转速输入。

图 5 - 12 以简图的形式示出整个燃油和螺旋桨控制系统。此系统包含一个

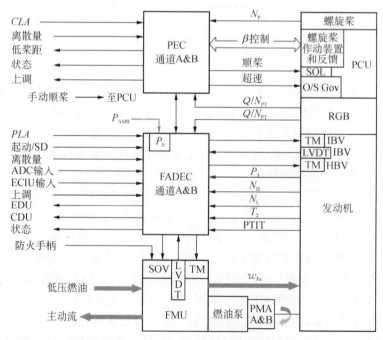

图 5 - 12　发动机燃油和螺旋桨控制系统原理图
(经加拿大 PW 公司同意)

PEC,这也是一个以微处理机为基础的双通装置。除了提供 CSU 概念通常具有的基本桨距控制和转速调节功能外,PEC 还具有很多的安全性功能,通过一条独立的电子电路将其纳入。

这些安全性功能是:

- 自动顺桨(当启用时),基于预先确定的负扭矩门限值;
- 自动螺旋桨欠速控制;
- 自动起飞功率控制,向相对一侧发动机发出上调指令。

使用单独的液压超速调速器(在正桨距状态时)和通过 FADEC(以逆桨距运行时),提供螺旋桨超速保护。

在这一发动机上,由 PEC 提供的重要功能是螺旋桨同步。对于冲 8Q-400 飞机,Q 表示"安静",这一涡轮螺旋桨飞机的主要卖点就在于座舱低噪声。螺旋桨同步器使两具螺旋桨的转速和角度保持同步,为的是提供最佳座舱噪声的鲜明特色。为了简化图 5-12 原理图,为清晰起见省略了很多传感器和功能。这些包括 FADEC 对点火系统的控制以及对润滑系统金属屑探测器的监控,对滑油压力和温度的监控。有关 PEC 和 FADEC 的电源细节,分别示于图 5-13,并且为降低图的复杂程度,已对图 5-12 作了省略。

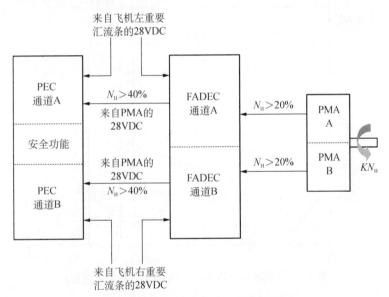

图 5-13 FADEC 和 PEC 的电源架构
(经加拿大 PW 公司同意)

5.1.2.1 功率额定系统

PW150A 发动机的控制系统,包含综合功率额定系统,它大大降低了驾驶员的工作负荷,使机组可以集中精力驾驶飞机。共有两种方法设定功率额定值,阐述如下。

（1）将变距手柄角度（CLA）设定到某个特定的螺旋桨转速设定位。按如下方法选择默认发动机额定值：

- 将 CLA 设定为 1020 r/min，自动设定正常起飞功率（NTOP）；
- 将 CLA 设定为 900 r/min，自动设定最大爬升（MCL）功率；
- 将 CLA 设定为 850 r/min，自动设定最大巡航（MCR）功率。

（2）通过选择 MCL 或 MCR 的按钮，它将超控默认用于 MCL 和 MCR 的 CLA 位置额定值。因此在 900 r/min 和 850 r/min 两种螺旋桨转速下，可达到爬升和巡航功率额定值。

（3）通过选择最大起飞功率 MTOP 的按钮，它将超控默认用于 NTOP 的 CLA 位置额定值。使 PLA 在额定卡槽位，在 1020 r/min 螺旋桨转速下，驾驶员可选用的最大起飞功率可供使用。

图 5-14 示出 PLA 如何与各种功率额定值相关。如图所示，前推功率杆角使 PLA 进入超行程区域，应急功率设定值可供使用，它提供直至 125% MTOP 的功率。但是，这一功率杆设定值仅准备在极端的情况下使用。

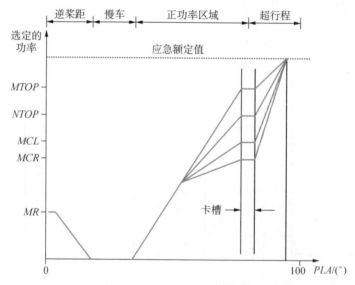

图 5-14　功率额定值图解（经加拿大普惠公司同意）

PW150A 发动机 FADEC 控制系统制订燃油预定程序，以使输出功率是 PLA 的线性函数。当 PLA 处于 80° 卡槽位时，机组可以选择不同的功率额定值，并将自动达到而无需调节 PLA。

5.1.2.2　PW150A 发动机 FADEC 燃油控制

FADEC 包含一套复杂的燃油控制系统，它按 PLA 的函数关系，并结合包括如下的主流工作状态提供闭环功率控制：

- *PLA* 和 *CLA* 输入；
- 发动机额定值和发动机环境控制系统(ECS)引气选择；
- 发动机进气状态；
- 指示空速(来自飞机大气数据计算机 ADC)；
- 如果适用，由远距安装的 PEC 进行上调。

使用大气数据信息(通过所包含的航空无线电设备或通过 ARINC 429 总线)，连同 FADEC 和发动机传感器一起，用以确定飞机的飞机状态。FADEC 和发动机传感器优先于 ADC 输入，但指示空速除外，其仅可使用来自 ADC 的信息。

FADEC 燃油控制逻辑涉及如下 3 个配套的控制回路：

(1) 外回路，提供功率的闭环控制；

(2) 中间回路，提供燃气发生器转速的闭环控制；

(3) 内回路，提供燃油流量的闭环控制。

在选定的或接近选定的额定值下，外回路针对 PLA 设定值提供对发动机轴马力的闭环控制。

中间回路利用与 N_L 限制值、$\dot{W}_F$ 限制值、N_H 加速和减速限制值有关的回路参数，来控制燃气发生器转速 N_H。

内回路控制燃油流量，从而控制 FMU 内的计量阀的位置。此回路包含专用的发动机起动预定程序，它包括动力涡轮进口温度(PTIT)监控，其在地面起动期间而不是在空中起动期间会中断起动过程。在此控制回路内还提供燃油流量和燃油率限制。

上面的示例验证如何能够将复杂的控制算法方便地纳入现代 FADEC 内，FADEC 具有巨大的计算能力。然而，按"A"级关键标准来设计和合格鉴定复杂软件是一个极其昂贵的过程。要交付这样一件产品，使其在投入服役时达到可接受成熟度是极为困难的。

现代电子设备中，在性能和故障记录技术方面也出现重大改进。这涉及将性能和健康状态信息，包括详细的故障代码，下载到机场维修工作区数据采集设备以及更复杂的脱机分析工具。

有关预测和健康监控(PHM)的详细阐述请见第 10 章，这已经成为商界和军界两者的主要问题，因为意味着从根本上改变了维修、后勤保障和运行成本管理的方法。

对于精明的读者而言，参考文献[1]不失为一份描述 PW-100 系列发动机的极好资料。

5.2 涡轮轴发动机的应用

为旋翼航空器(直升机)提供动力的发动机称为涡轮轴发动机。在所有的涡轮轴发动机中,基本上使用了自由涡轮发动机布局作为吸收来自燃气发生器功率的方法。

直升机旋翼设计成在整个空气动力学负载范围内以恒定转速工作。驾驶员通过设定总距来确定旋翼的功率,而燃油控制系统修改供给燃油发生器的燃油量,为的是使旋翼维持其名义运行转速。

使用动力涡轮调速系统来控制旋翼转速的任务尤为困难。主旋翼巨大的惯性产生相当低的共振频率模式,这会严重影响直升机的乘坐品质。这类共振也会在动力涡轮调速器的稳定性方面起到重要作用,而此调速器则是涡轮轴发动机控制系统的核心。

旋翼转速的控制(调速)过程中,燃油控制系统通过如下的两种常用的控制方法来调制提供给动力涡轮的燃气马力:

- 重新设定燃气涡轮发生器调速器;或
- 直接调制输往燃气发生器的燃油流量。

这两项技术都属于当今涡轮轴推进系统中的常见做法,有关这两项技术优点以及存在的问题,将在下面予以讨论。

首先考虑动力涡轮和旋翼传动的动力特性,它是由来自燃气发生器的燃气能量输出驱动的机械负载。按最简化的方式,用图 5 - 15 原理图来描绘旋翼传动系统,图中旋翼(尾桨和主桨)惯性合并在一起作为单一惯性,称为动力涡轮惯性,并由单个刚度项来代表传动齿轮箱。

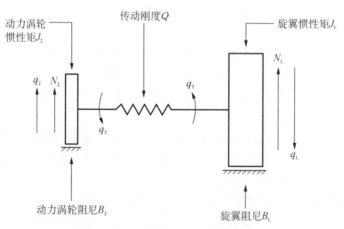

图 5 - 15　经简化的直升机传动

存在两个阻尼项:旋翼阻尼项,以每单位转速下扭矩变化量的形式反映作用在旋翼上的空气动力阻力。第 2 个阻尼项代表发动机每单位转速所输送的燃气扭矩的变化量,它是燃气发生器工作状态的函数。

即使以这一简化的形式表示,动态特性还是有一定程度的复杂性。为了将这一项阻尼应用于对动力涡轮转速调节器的分析,当我们形成与所施加的燃气扭矩有关的传递函数(从燃气发生器到动力涡轮转速)时,这将会变得很清楚。

在分析旋翼传动动态特性之前,首先回顾表 5 - 1 所列每一项的单位制(即传统的美制和国际单位制两种)。

表 5 - 1　旋翼传动参数

参数	变量	美制/英制单位	国际单位制(SI)单位
动力涡轮燃气扭矩	q_2	ft · lb	N · m
动力涡轮转速	N_2	rad/s	rad/s
旋翼转速	N_L	rad/s	rad/s
传动扭矩	q_T	ft · lb	N · m
旋翼负载扭矩	q_L	ft · lb	N · m
传动刚度	Q	ft · lb/rad	N · m/rad
涡轮阻尼	B_2	ft · lb/rad/s	N · m/rad/s
旋翼阻尼	B_L	ft · lb/rad/s	N · m/rad/s
涡轮惯性矩	J_2	ft · lb/rad/s^2	kg · m^2
旋翼惯性矩	J_L	ft · lb/rad/s^2	kg · m^2

有关上述系统的扭矩平衡和运动方程如下:

$$q_T = 轴扭转 \times Q = \frac{1}{s}(N_2 - N_L) \tag{5-1}$$

$$q_2 - q_T - B_2 N_2 = J_2 s N_2 \tag{5-2}$$

和

$$q_T - q_L - B_L N_L = J_L s N_L \tag{5-3}$$

(式中符号的定义见表 5 - 1)。

为了阐明形成与燃气扭矩和动力涡轮转速有关的传递函数这一任务,可构建一个框图,如图 5 - 16 所示。由此图可以使用小扰动技术(与在 3.2.3 节中进行燃气

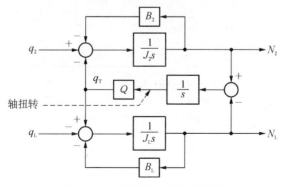

图 5 - 16　直升机功率传动框图

发生器调速分析时所用的技术相同),形成从涡轮扭矩到涡轮转速的传递函数。这样做时,假设对于待研究工作状态,旋翼载荷扭矩保持不变,则可忽略此扭矩。

将传递函数简化为如下形式:

$$\frac{\Delta N_2}{\Delta q_2} = \frac{K_{\mathrm{L}}(s^2/\omega_{\mathrm{L}}^2 + (2\zeta_{\mathrm{L}}/\omega_{\mathrm{L}})s + 1)}{(1+\tau_{\mathrm{L}})(s^2/\omega_n^2 + (2\zeta_n/\omega_n)s + 1)} \tag{5-4}$$

式中,$K_{\mathrm{L}} = 1/(B_2 + B_{\mathrm{L}})$ 为载荷增益;$\omega_{\mathrm{L}} = \sqrt{Q/J_{\mathrm{L}}}$ 为旋翼共振频率;$\zeta_{\mathrm{L}} = B_{\mathrm{L}}\omega_{\mathrm{L}}/2Q$ 为阻尼比;$\tau_{\mathrm{L}} = K_{\mathrm{L}}(J_2 + J_{\mathrm{L}})$ 为负载时间常数;$\omega_n = \sqrt{\dfrac{Q(J_2 + J_{\mathrm{L}})}{J_2 J_{\mathrm{L}}}}$ 为组合共振频率;$\zeta_n = (B_{\mathrm{L}} + B_2)\omega_n/2Q$。

现在可利用上面的负载传递函数来分析动力涡轮调速器的响应特性和稳定性,其必须产生至燃气涡轮发生器的输入,使动力涡轮(从而是直升机旋翼)维持恒定转速。

现在将燃气发生器看做由动力涡轮构成的燃气扭矩发生器。扭矩响应特性与CDP 的响应特性具有类似形式,其内对总扭矩具有快速路径贡献和慢速路径贡献。快速路径扭矩响应特性是燃油流量变化的结果,而慢速路径扭矩响应特性是跟随燃气发生器转速变化到新的稳定状态的结果。图 5-17 示出从燃油流量到燃气扭矩的小信号框图,以及如何将此特性简化到与主发动机滞后串联的一个增益和一个先导项。如同前面所述,为清楚起见已经忽略了与燃烧过程有关的微弱滞后,但是在进行任何精密分析时应将其纳入。

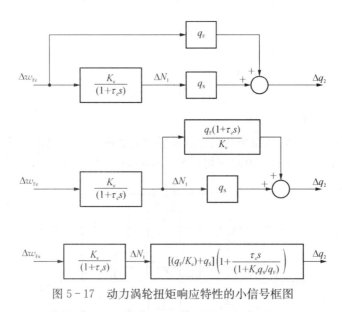

图 5-17　动力涡轮扭矩响应特性的小信号框图

在分析中,可将图 5-17 中的先导项,简化为 $K_{\mathrm{q}}(1+\tau_{\mathrm{q}}s)$,此处 $K_{\mathrm{q}} = (q_{\mathrm{F}}/K_{\mathrm{e}}) + q_{\mathrm{S}}$,而 $\tau_{\mathrm{q}} = \tau_{\mathrm{e}}/(1+K_{\mathrm{e}}q_{\mathrm{S}}/q_{\mathrm{F}})$。

图 5-18 给出一个完整的框图,针对围绕某个选定的工作状态的小扰动,描述

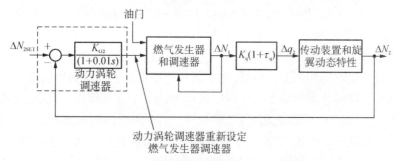

图 5-18　动力涡轮调速器小信号框图:调速器重新设定模式

了动力涡轮调速的 N_1 调速器重新设置概念。参见此图,由带有 10 ms 小线性滞后的简单增益代表动力涡轮调速器。此装置重新设定燃气发生器调速器,为的是保持某个恒定的动力涡轮转速。油门至燃气发生器调速器的输入,代表推进系统的最大可用功率。在直升机上油门通常是一个旋转手柄,它是总距杆的一个组成部分。

在对动力涡轮调速器性能的考查中,可以使用在本章前面为分析该系统而形成的燃气发生器调速器闭环根。如果从稳定性观点出发对此闭环系统进行定性检查,可以绘出一幅根轨迹图(见图 5-19),表明当回路增益增大时,动力涡轮调速器的闭环根如何移动。

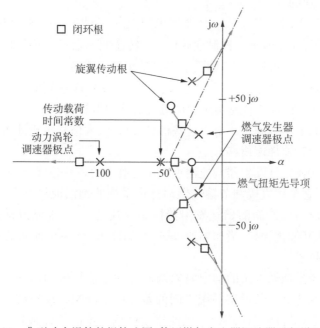

图 5-19　典型动力涡轮的根轨迹图(使用燃气发生器调速器重新设置概念)

---

① 对照图 3-22 和图 3-24 以及下面的文字解释,图 5-19 中横坐标上的时间常数应该是-50,原图误写为 50。——译注

如图 5-19 所示,传动动态特性由位于 45～50 rad/s 区域内的一对复共轭极点和零点,以及沿负实轴上－50 处的负载时间常数来表示。对于具有较高阻尼旋翼共振的摆动根,假设阻尼比在 0.2～0.4 范围内。这些数字仅作为示例,随着具体发动机的不同变化可能相当大。但是,由根轨迹图所得到的结论仍然适用。

燃气发生器调速器由位于 20 rad/s 区域内的 2 个复共轭极点代表,具有良好的阻尼特性($\zeta = 0.7$)。为简化起见,已将位于－150 附近的附加实根忽略,因为其影响非常小。与燃气发生器转速变化所产生的燃气扭矩有关的相位超前项,假设处于实轴上－25 处。最后,假设动力涡轮调速器具有 10 ms 线性滞后,由－100 处的极点予以代表。

如同根轨迹图所示,来自复共轭旋翼传动极点的轨迹是确定调速器回路增益时的限制因素。闭环响应特性将不可避免地包含一个接近于旋翼共振频率的摆动分量。采用当今的电子控制技术,可使用陷波滤波器来消除主旋翼共振极点,由此缓解此情况,并改善可得到的响应特性和飞行平顺性。

当今在役的许多动力涡轮调速器采用降速调速器设计,对于使用液压-机械技术而言相对容易实现。在所给出的示例中,由带有复共轭极点的传动共振系统来限制大于 10.0 的回路增益,当回路增益增大时,其快速移动穿越 $j\omega$ 轴。但是,在整个负载范围内能达到的稳态转速降低通常很小,是可接受的(通常小于动力涡轮(从而是旋翼)名义转速的 5%)。

对于最大的小信号带宽,w_F/P_1 控制模式比另一种 w_F/P_3 模式优先选用,因为对于给定的阻尼比,带有这一控制模式的 N_1 转速调速器可能比较快。由于典型旋翼航空器的飞行高度范围受限,因而前者也是相当合适的。

采用燃气发生器调速器重新设定方法,N_2 调速器能达到的带宽的量级为 2～3 Hz。但是应该注意,旋翼转速响应特性对大负载的偏移,将由与燃气发生器有关的加速和减速限制值予以确定。对于这些机动飞行,仅大信号分析才可以确定特定的动力涡轮(旋翼)转速性能偏移。

作为上面所述燃气发生器调速器重新设定概念的一种替代方法,则是动力涡轮调速控制模式,它采用直接调节输往燃油计量系统的燃油流量指令。此时,动力涡轮调速器指令成为可选择的燃气发生器控制模式之一,其控制发动机燃油流量指令,前提是承认其他优先权,诸如加速、减速和温度限制(参见前面的图 3-10,其中列出这一控制技术)。

使用燃油流量微调方法的动力涡轮调速器的小信号框图如图 5-20 所示。燃油流量微调和调速器重新设定系统之间的差异在于,FMU 动态特性和主发动机时间常数现在处于系统的正向路径。燃油流量微调系统的等效根轨迹图如图 5-21 所示,先前系统的 N_1 调速器极点业已被靠近于原点(即在－1.0 处)的发动机起始时间常数极点和在－50 处的代表燃油计量动态特性的附加极点所替代。这种替代的影响是实现闭环根在大约－5.0 处(代表时间常数 0.2 s),其成为动力涡轮调速器

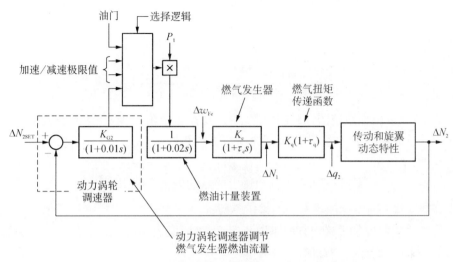

图 5-20 动力涡轮调速器小信号框图:燃油流量微调模式

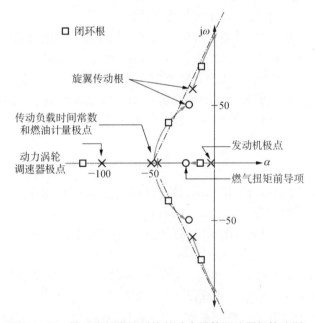

图 5-21 燃油流量微调系统的动力涡轮调速器根轨迹图

的主导响应特性。

但是有利的是,采用此方法可得到良好的回路增益,因为当频率接近旋翼共振频率时,这一闭环根提供衰减。

在使用根轨迹技术计算回路增益时必须牢记,与传统布局相比,开环传递函数的形式方面有所变化。例如,如下传递函数

$$\frac{K_{\mathrm{L}}(1+\tau_1 s)}{(1+\tau_2 s)\left[s^2/\omega^2+(2\zeta/\omega)s+1\right]}$$

的根轨迹形式为

$$\frac{\omega^2 K_{\mathrm{LT}_1}/T_2(s+1/T_1)}{T_2(s+1/T_2)\left[s^2+(2\zeta\omega)s+1\right]}$$

这意味着,由根轨迹图计算的回路增益,现在包括附加项,在达到正确的 K_{L} 值时必须计及此附加项。换言之,将回路增益 K_{L} 定义为

$$K_{\mathrm{L}}=\frac{(\text{从极点到轨迹上的点的矢量长度积})}{(\text{从零点到轨迹上的点的矢量长度积})}C_{\mathrm{F}} \tag{5-5}$$

式中,C_{F} 是与上面所述的项有关的修正系数。

按所希望的根位置确定真回路增益后,可以根据绕回路一周各有贡献系统部件的增益,来确定调速器增益值。

总的来说,与燃油流量微调概念相比,调速器重新设定概念可提供更好的小信号带宽,即使两个系统的降速效应相当好也是如此。上面的两种动力涡轮调速概念,被广泛地用于当今在役的涡轮轴发动机系统。

在上面的分析中,我们已使用特征方程和根轨迹技术来显现调速器回路增益如何影响系统的稳定性裕度,解决了涡轮轴发动机动力涡轮调速器的稳定性问题。

应该记住,为了获得整个动力涡轮调速系统的频率响应(即动力涡轮转速如何响应调速器转速设定值的变化),我们需要在闭环传递函数的正向路径中包括分子项。换言之,对于小扰动,动力涡轮调速器的闭环传递函数如下:

$$\frac{\Delta N_2}{\Delta N_{2\mathrm{SET}}}=\frac{\text{正向路径分子项}}{\text{闭环根}} \tag{5-6}$$

在此示例中,分子项是与传动动态特性和燃气扭矩前导项有关的二阶系统。闭环根是通过上述根轨迹分析所形成的那些根。对于动力涡轮调速器的调速器重新设定形式,图 5-22 的频率域图示出与式(5-5)所定义的闭环响应特性有关的极点和零点。

可以针对特定频率($\mathrm{j}\omega$ 轴上的点)定义该系统的频率响应,此时振幅比是从零点到轨迹线上某点的矢量模的乘积除以从极点到同一点的矢量模的乘积(牢记计及与上面所述根轨迹形式有关的修正系数 C_{F})。同样,相位角是零点矢量角度之和减去极点矢量角度之和。由上面图 5-22 上的点 $P_{\mathrm{j}\omega}$ 和相关的矢量对此作了图解说明。

但是,在直升机运行时,最受系统设计人员关注的系统动态响应,是在旋翼空气动力载荷有大的变化(尤其是总距的突然变化)后,动力涡轮调速器维持恒定旋翼转速的能力。上面所作的所有分析,都基于围绕名义工作状态的小扰动。尽管在确定最佳调速器增益,以便确定良好响应特性和稳定性方面起到作用,但其并未解决系统对大负载偏移的响应特性问题。

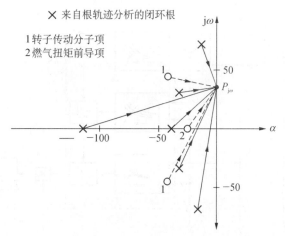

图 5 - 22　调速器重新设定模式的闭环传递函数极点和零点

为了确定系统如何响应在总距方面的大偏离,我们需要形成一个全范围系统模型,它包含所有相关发动机和控制系统非线性特性,例如包括燃气发生器加速极限值,以及发动机响应特性随使用功率级的变化。

发动机制造商具有其发动机的所有权模型,这通常由与压气机、涡轮和燃烧室设计有关的空气动力学和热力学详细数据而形成,已历经几代人的研究和试验。

燃油控制系统业界有时使用以较简单方法建立起来的全范围发动机模型,提供一种用于确定初步燃油控制设计构思的有效工具。该方法避免发动机制造商需要与控制系统供应商共享所有权设计信息。图 5 - 23 是这种全范围非线性模型的示例,针对的是单转子燃气涡轮发生器驱动的自由涡轮和直升机旋翼传动。

图 5 - 23(a)示出燃油控制系统,它包括动力涡轮调速器、燃气发生器控制器和燃油计量系统动态特性。注意,动力涡轮调速器依据总距指令示出一个任选的预想输入。这按照预想的即将来临的气动载荷动载荷变化,瞬间重新设定燃油发生器调速器,为的是将大载荷偏移之后出现的最终旋翼转速下降减至最小。加速和减速限制包括在内,以提供现实的燃油流量响应。燃油计量系统的动态特性由一个简单时间常数予以表示,对于初始响应特性评定这通常是足够的。

图 5 - 23(b)示出燃气发生器的非线性模型,它包括燃气发生器涡轮和动力涡轮静扭矩响应特性作为使用功率等级的函数,以至于在发动机整个功率范围内获得一种有代表性动态特性。为清晰起见,所示出的发动机模型对于给定的一组发动机进气条件是有效的。但是,借助使用经修正的参数(特性曲线内的转速、压力和温度),通过将特定的 δ 和 θ 值插入发动机模型中,此模型可适用于任何预先确定的飞行状态。

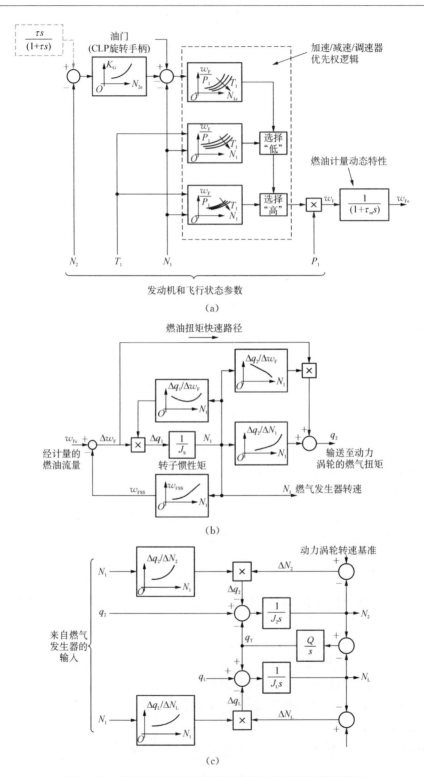

图 5 - 23 燃气涡轮驱动的直升机传动的全范围非线性模型

　　图 5-23(c)是等效于图 5-16 的大信号。此时,包括旋翼和动力涡轮阻尼的变化(作为功率等级函数)。旋翼扭矩 q_L 是飞行状态和主流总距设定值的函数。因此,可对动力涡轮调速器的各个增益和形态,检查整个系统对总距方面大偏移的响应特性,提供在最大需求使用状态下旋翼转速响应特性的实际指示。

　　直升机瞬态特性的一个重要性能参数,是在总距(从而是对动力涡轮和传动系统的扭矩需求)出现大变化之后的旋翼转速响应特性。这在军用飞机上尤为重要,此时,直升机可能需要处于敌方视野,但是,能够即刻突然出现在目视范围内,以在敌方响应之前观察情况并作出反应。图 5-24 表明,针对 3 种不同的动力涡轮调速器增益设定值,对于典型"跳跃起飞"机动在总距方面增大 80% 所作出的定性反应。

　　如图 5-24 所示,最低增益呈现很大的瞬态欠速,同时最终稳态转速相对所要求的名义旋翼转速存在很大的降速。高增益响应特性表明与瞬态开始时所表现的旋翼传动共振相关的高频分量。这表示稳定性裕度不足,并且运行平顺性品质有相当大的退化。

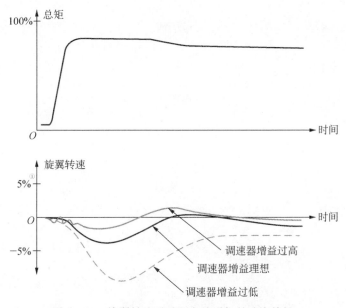

图 5-24　旋翼转速对总距突然增加的响应特性

　　正如本章中的大段讨论所示,与推力发动机相比,与涡轮螺旋桨和涡轮轴发动机的燃气发生器有关的控制问题范围广泛。但是,在两者的情况下,围绕第 3 章所述的核心燃气发生器控制,来实现对推力和轴功率的控制。

① 原文为−5%。——译注

参 考 文 献

[1] Hoskins E, Kenny DP, McCormick I, et al. The PW100 engine: 20 years of gas turbine engine technology evolution [C]. RTO ATV Symposium, Toulouse, France, May 1998, Pratt & Whitney Canada Inc, 1998.

6 发动机进气系统、排气系统和短舱系统

本章考虑与燃气涡轮发动机在飞机上的安装有关的推进系统问题。在许多军用飞机中,隐身可能是一个重要的设计驱动因素,通常将发动机"埋置"在机身或机翼内。在商用飞机应用中,最重要的设计驱动因素也许是使用成本,因此易达性和低维修费用是重要的。对于商用飞机而言,典型的做法是,将推进系统安装在短舱内,而短舱又通过吊挂而安装在机翼或机身上。

本章将从系统的角度考虑下列与发动机安装有关的主题。
- 亚声速飞机的发动机进气道;
- 超声速飞机的进气道系统,包括协和号飞机的进气控制系统(AICS)示例;
- 短舱整流罩防冰;
- 推力矢量和推力反向系统,包括用于垂直-短距起落(V/STOL)飞机的升力-推进发动机。

6.1 亚声速发动机进气道

本节将发动机进气道[①]作为一系统来处理。发动机进气道是飞机的一部分,尽管其不包含发动机,其仍然对发动机性能构成(或可能构成)深度的影响。此外,在许多超声速飞机上所用可变几何进气道的位置,是(部分是)由发动机的气流要求和总体性能所规定。下面第6.2节涉及进气道这方面的问题。

传统的亚声速商用飞机的发动机进气道并不像看上去那么简单。虽然它们看上去仅仅是非常短的管道(有时称为"皮托管"式进气道),但两者之间具有很多细微差异,必须对其加以处理,以确保在所有飞行条件下都能够平稳地工作。

军用飞机根据飞机设计及其任务,可能需要特别考虑。例如,对于隐身性能是关键的军用飞机,可能必须将发动机的进气道布置成发动机的正面不能为敌方雷达从下面或在飞机前面直接可见。在许多情况下,军用飞机发动机都埋置在机身内或机翼根部,以提供更佳的空气动力解决方法,尤其对于超声速飞机更是如此。

---

① 原文用 air inlet 和 air intake 两个词来表示,统一译为进气道。——译注

在超声速飞行状态,进气道在整个推进系统中起到压缩和膨胀的多项作用。这意味着要求进气系统为全系统效率最大化做出贡献。这通常采用可变几何,随后按某种形式进行控制。

6.1.1 基本原理

发动机进气道的用途在于提供一条将外界大气导入发动机进口的管道。理想的是该管道应尽可能地平坦和成直线,为的是使至风扇或压气机进口端面的气流均匀分布,湍流度最小。此外,在压气机进口端面处气体轴向流速的量级为 $500\,\mathrm{ft/s}$(大约为马赫数 0.5)。这意味着,在马赫数小于 0.5($Ma < 0.5$)的飞行速度下,进气道将支持加速流动。但是,当飞行 $Ma > 0.5$ 时,进气道将起到扩压器的作用。此外,飞机在飞行过程中可能达到的各种姿态,意味着必须要求进气道使气流转动通过一个与飞机迎角大致相当的角度。图 6-1 示出现代涡轮风扇发动机亚声速进气系统的主要特性。

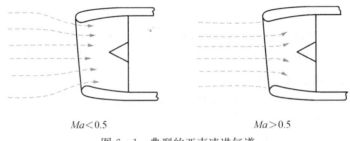

$Ma < 0.5$　　　　　　　　$Ma > 0.5$

图 6-1　典型的亚声速进气道

从图 6-1 中可以看到,在低速($Ma < 0.5$)时发动机必须从较大面积吸入空气,并使气流加速,以与发动机进口端面轴流速度相匹配。

进气道的形状必须使得位于或接近进气口处的横截面最小。这样形成了一个亚声速文氏管,在低亚声速时为自由气流。在较高的速度下,向发动机供气所需要的自由流面积小于进气道喉道面积。因此,进气道起到一个扩压器的作用,以减缓气体流速而与发动机要求相匹配。超出发动机所需的过量空气沿整流罩四周溢出,这将增加飞机的总阻力。这是飞机设计人员要考虑的一个问题,必须在各飞行速度下的飞机阻力和发动机性能之间寻求最佳折中,并按此设定进气道的喉道面积。

某些发动机的进气道设计,在短舱周围设置弹簧加载的"吹入"(或"吸入")式辅助进气门,当发动机以高转速运行而飞机以相对低的速度飞行(例如在起飞和爬升过程中)时提供附加进气面积。这种布局可使飞机设计人员将上面所述的折中处理简化,并为巡航状态提供一个较为优化的进气道。

在某些姿态下,诸如在起飞和爬升过程中出现的那些姿态,进气道相对自由气流的方位可能构成一个很大的角度,如图 6-2 所示。

在图 6-2 所示的状态下,在进气道唇口底部内侧存在气流分离的可能性。所幸的是气流仍然处于加速模式,因此分离的可能性非常小。但是这将增加湍流,这正是进气道喉道面积的主要设计状态。

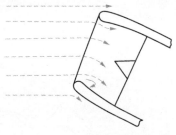

图 6-2　爬升过程中的进气性能

在大侧风状态下起飞过程中抬前轮之前以及飞行期间进入侧滑时,也会出现类似情况。

积冰和冰层脱落进入发动机的可能性,也是飞机推进系统设计人员需要考虑的一个主要问题。为应对此问题,通常安装波纹状整流罩外唇口,并且带有某种形式的防冰措施。关于整流罩防冰系统,将在 6.3 节中予以阐述。

6.1.2　涡轮螺旋桨发动机进气道构型

上面的阐述只是发动机进气道设计概念的导论。因为进气道系统实际上是飞机(在舰船推进系统应用中为船体)的一部分,因而存在大量的其他可能构型。下面将阐述与涡轮螺旋桨发动机有关的进气道。

涡轮螺旋桨发动机驱动装置通过螺旋桨驱动飞机飞行。在最普遍的应用场合,典型的螺旋桨以大约 2000 r/min 工作,吸收大约 1000~2000 HP。对于这一马力范围,涡轮的气动热力学设计使涡轮转速定于 20 000~30 000 r/min。这一转速方面的失配,需要有一个减速比量级为 10∶1 的齿轮箱。对于前置式螺旋桨,这一布局要求进气道从螺旋桨前面获得空气,并将空气导入处于齿轮箱的下游的压气机。

对于行星齿轮箱,最常采用的构型是一个环形管道,在齿轮箱周围作流线型减阻处理,其提供尽可能平稳的流场。图 6-3 是这一构型的原理图。相比之下,配置副轴的齿轮箱往往与发动机中心线偏置设置。这种布局促使进气口通常设置在齿轮箱的下面。这种布局形式如图 6-4 所示。

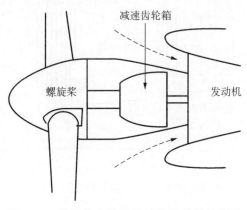

图 6-3　带行星齿轮箱传动装置的涡轮螺旋
桨发动机进气系统

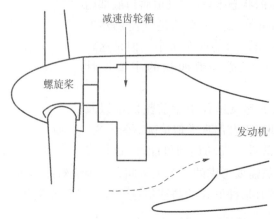

图 6-4　带偏置减速齿轮箱传动装置的涡轮螺旋桨
发动机进气系统

　　最后,看看在第 1 章中曾经提及的应用甚广的加拿大 PW 公司的 PT-6 发动机,其采用逆向进气。此布局由发动机热端通过减速齿轮箱来驱动螺旋桨。空气通过围绕发动机的管道导入,并通过设置在后部的环形或径向进气口进入发动机。这一布局的前部,是位于发动机下部的构形进气口。但是,为避免与结冰有关的问题,进气口尺寸放大,一部分空气向后引射,而仅有一部分空气进入发动机。与水滴和/或冰晶有关的较大动量的物质,不能转 90°弯而进入发动机。因此,它们随过量的空气被向后抛出,如图 6-5 所示。

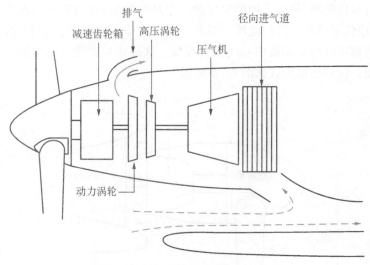

图 6-5　PT-6 发动机进气系统布局

6.1.3 进气道滤网系统

对于空气中常常夹带固态粒子的特定应用场合,需要设置进气滤网。这些应用场合包括直升机在沙尘环境下运行,配备燃气轮机的海军舰船,还有配备涡轮轴发动机推进系统的气垫船(尽管并不常见)。

通常使用两种类型的分离器,即所谓的屏障式滤网和惯性分离器。依据使用情况,也就是环境空气中存在的粒子尺寸和密集程度,可采用这些过滤装置中的一种或两者兼用。

屏障式滤网由多孔型纤维材料构成,能够俘获大于规定尺寸的粒子。网膜可以是玻璃纤维或经处理的纸,并可以折叠,以增加俘获和阻挡粒子的可用表面面积,同时保持迎风面积不变。

从粒子俘获效率的角度来确定屏障式滤网的规格,常用额定值建议如下:对于 $2\,\mu m$ 大小的粒子,俘获效率的量级为 95%,对于 $10\,\mu m$ 量级的粒子,俘获效率的量级为 99.5%。普遍认为,如果滤网俘获更多粒子,这样的滤网往往可达到更高的效率,但是,效率的改善以增加压降为代价。

对于设计良好的屏障式滤网,流经滤网的压降量级,在其使用寿命的初期为 $1\,\mathrm{in}\,H_2O$。滤网的网膜应可以清洗和重复使用,或者在压降增大时报废并替换新的过滤网膜。通常,当压降超过 $2.5\sim3\,\mathrm{in}\,H_2O$ 时应拆卸滤网,进行保养。

惯性分离器是一排导向叶片或回旋形叶片,其用途是向进气气流施加角动量。这一作用迫使夹带的任何粒子沿径向向外甩出,使干净的空气进入压气机进口。

惯性分离器的分离效率由粒子的质量和强加于气流的回旋量所确定。这些过滤器对于小于 $10\,\mu m$ 的粒子肯定无效。即使对这一尺寸的粒子,其效率很少超过95%。它们的使用通常限于清除大尺寸的粒子,诸如砂粒(在沙漠地带运行)或水滴,此时能够使水滴汇合,以至于能够使水滴聚集并借助重力排放到机外。

6.2 超声速发动机进气道

对于燃气涡轮发动机的所有亚声速运行,就气流而言,进气道很好地与发动机匹配。可能存在伴随各种程度的扰动而产生的或大或小的压降。但是,发动机在任何功率等级下都能够以相当高的效率抽吸所需的空气量,以便运行。

但是在接近声速时,由于进气道唇口开始形成激波,皮托管式进气道效率变得低下。在超声速时,这一正激波变得如此严重,以至于皮托管式进气道明显无效。由于激波下游的压力下降且激波本身热量散逸,飞行速度损失大多难以恢复。

尽管这一设计理念效率降低,但大多数早期超声速军用飞机的进气道仍采用固定几何形状。为补偿进气道固有的低效率,则提供附加需求推力(通常通过加力)。F-100 超级佩刀则是许多早期超声速战斗机所使用的简单皮托管式进气方法的一个经典示例。

通用动力飞机公司从 20 世纪 70 年代开始生产的 F-16"战隼",是使用固定几何形状的皮托管式进气道的超声速战斗机的较新近示例（进气道设置在机头下方），如图 6-6 所示。对可供选择的另一种进气道设计的权衡研究表明，可变几何进气道的性能优势，尚不足以补偿附加重量以及与其具体实施有关的复杂性。还应认识到，在马赫数达到和超过约 1.3 之前，复杂的可变几何进气道的优势并不显著，仅任务马赫数要求大大高于此值的飞机，收益才大于附加重量和具体实施成本带来的不利。

美国空军照片
高级驾驶员朱利安纳·肖瓦尔特

发动机进气道

美国空军照片
中士技师迈克尔·霍尔兹沃思

图 6-6　示出进气道构型的 F-16 战隼

（美国空军照片，经高级驾驶员朱利安纳·肖瓦尔特同意，美国空军照片，经中士技师
迈克尔·霍尔兹沃思同意）

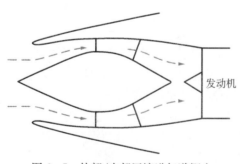

发动机

图 6-7　外部/内部压缩进气道概念

在 20 世纪 60 年代研制的另一种可供选用的方法，用于改善超声速飞行时进气道效率，这就是用于超声速飞机（如英国的"闪电"和俄罗斯许多"米格"机）的外部/内部压缩进气道。这种方法如图 6-7 所示，也是一种固定几何进气道。但是，当空气在达到进气道喉部之前减速时，沿着进气道产生许多弱激波或"斜"激波，因此改善压力恢复，从而改善进气道在超声速时的工作效率。

6.2.1　斜激波

为了了解激波的形成原理，考虑一个简单的楔形体在空气中移动，如图 6-8 所示。

由流体力学基本知识可知,弹丸的头部存在一个驻点,此处相对于在移动的物体,流动停止。我们还进一步知道,压力波在空气中以声速传播。因此,在亚声速的情况下,弹丸呈现一个向上游传播的压差。弹丸前面的空气有时间作出反应,并创立流线,将使气流围绕弹丸以平稳和连续的方式分离。

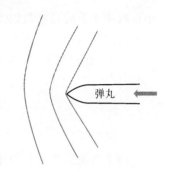

图 6-8 弹丸在空气中飞行

达到声速(以及大于声速的所有速度状况)时,弹丸以大大超过压力波向上游传播的速度行进。由于上游的马赫数(按相对值计算)大于 1,并且在弹丸的前缘必须是"零",压力波不能沟通压差,在弹丸前面某处必定出现激波或不连续流动。在行进的轴线上,这一激波将垂直于行进方向。在离轴的点上,激波将偏离垂直方向弯曲,并将构成一道斜激波,刚好在脱离弹丸的点上,斜激波变得非常小。当速度增大时,激波本身将附着于此弹丸的前缘。将构成某个角度的激波锥,而此激波角与行进速度有关。

现在已知,在跨越正激波(即垂直于气流方向的激波)时,在滞止状态下正激波将产生突变,并且知道,正激波下游的流动总是亚声速[1]。例如,马赫数 2 时的正激波将产生下列状态:

$$\frac{P_{T_2}}{P_{T_1}} = 0.721$$

$$Ma_2 = 0.577$$

式中,P_{T_1} 为正激波上游的空气总压;P_{T_2} 为正激波下游的空气总压;Ma_2 为正激波下游的马赫数。

换言之,单一正激波将使下游流动降为亚声速状态($Ma_2 = 0.577$),并伴有很大的压力损失。

现在让我们考虑使用斜激波来改善气流压力恢复的可能性。气流在凹角处将以某个角度转弯,在此情况下将出现斜激波,如图 6-9 所示。

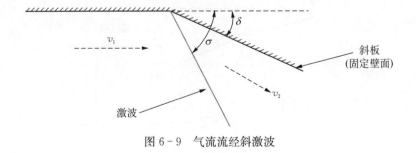

图 6-9 气流流经斜激波

在图 6-9 中所示出的条件下,激波将驻留,相对上游速度成 σ 角。此 σ 角的大小将取决于上游马赫数以及由固定壁面的斜板与自由气流所构成的夹角 δ。

再次使用上游马赫数 2.0,并设定斜板角为 $10°$,斜激波将驻留,相对上游状态成 $40°$ 角。在此情况下,下游状态如下:

$$\frac{P_{T_2}}{P_{T_1}} = 0.981$$

$$Ma_2 = 1.58$$

由于气流仍然是超声速,可方便地重复此程序,使用第 2 块斜板,形成第 2 道斜激波。第 2 道斜激波下游状态如下:

$$\frac{P_{T_2}}{P_{T_1}} = 0.986$$

$$Ma_2 = 1.26$$

如果现在安排最后的垂直于气流的激波,气流将以亚声速流出激波系统,伴随的最终流动状态如下:

$$\frac{P_{T_2}}{P_{T_1}} = 0.987$$

$$Ma_2 = 0.807$$

上述多激波过程,跨越 3 道激波,将整个总压比调节到 0.955,与此相比,单道正激波的则为 0.721。因此,在最终正激波之前形成许多斜激波,这种超声速进气道设计,与单道正激波进气道相比,将达到大大改善进气道压力恢复的目的。

6.2.2 斜激波/正激波组合的压力恢复系统

由上面的示例可以清楚地看到,与单纯的皮托管式进气道相比,在正激波之前,设置多道斜激波的进气道将会是效率高得多的进气道设计。

现在让我们考虑如何利用这些斜激波系统来为超声速飞行的喷气发动机提供这种更有效的进气道系统。图 6 - 10 所给出的构型正是这样一种方法,图中示出两

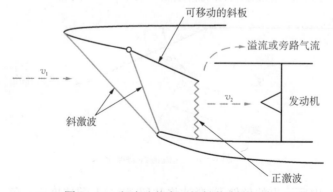

图 6 - 10 超声速状态下的斜激波进气道

道斜激波附着在进气道整流罩下唇口,随后是名义喉道面积下游的一道正激波。当发动机气流需求尚未与进气流匹配时,过量的气流溢流或旁路流过发动机周围。在许多军用飞机上,引射此过量气流沿机翼上表面流过。

涉及 3 道斜激波和一道正激波的较为复杂的系统如图 6 - 11 所示。在此情况下,前面一道斜激波不附着在下唇口上,而第 2 道和第 3 道斜激波则附着。有时,将这样的系统称为混合压缩型进气道。进气道布局设置 2 类铰接头,即斜板铰和喉道铰,两者都受控并定位,为的是得到最佳进气道性能。由附着在进气道前缘的一道弱斜激波开始压缩。通过弱斜激波到最小面积或喉道断面,继续进行压缩,此后是一道正激波,将气流速度降至亚声速状态。

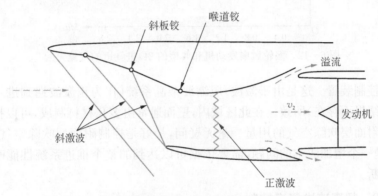

图 6 - 11 带三道斜激波和一道正激波的混合压缩型进气道

由此,气流进一步扩压到亚声速,其与发动机压气机进口截面所要求的相匹配。这一布局有若干方面值得探讨。

正激波的位置由其下游进气道内的反压所控制。如果此压力不正确,激波将移动。反压太高将迫使正激波进一步向上游移动,直至其达到喉部,此后,其将移出喉部,就是说进气道"未启动"。反压太低,将使正激波向发动机方向移动。这一状态意味着穿越正激波时压力恢复的损失太大,进气道整体效率将降低。

斜激波的方位完全是激波上游当地马赫数和壁面形状所强加的偏转角(当然,它是由可移动斜板形成的角度所确定)的函数。最后,当地马赫数是由飞机飞行马赫数和流经进气道的气流共同确定。在某些工作点,流经进气道的气流与发动机匹配良好,但是对于飞行状态的所有其他点,这一情况并不存在,超过发动机需求的任何过量空气,必须以某种方式溢流或旁路。图 6 - 12 是对典型的二维进气道的图解说明。

在图中所给出的示例中,控制激波系统的进气道流量与发动机所要求的流量之间的匹配点出现在马赫数 2.5 附件。在 $Ma=1.0$ 和 $Ma=2.5$ 之间的工作点上,必须使多达 35% 的气流旁路。

最后,在喉道及其下游区域(即正激波位置的区域)内,需要采取某种形式的附

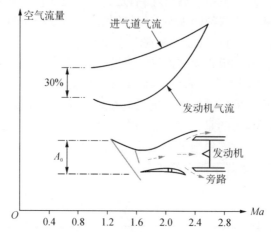

图 6 - 12　涡轮风扇发动机和典型的 2D 进气道的气流失配

面层吹除控制装置。这是由于激波/压缩波杂乱系统(作为正激波遇到进气道壁面附面层的结果而存在)所致。在此区域内,壁面通常由多孔材料制成,可以控制也可以不控制附面层吹除空气的用量。毫无疑问,最好是控制附面层吹除空气的用量。但是,这是一个增加成本的问题,需要依据可以达到的整个推进系统性能改善程度来予以判断。

6.2.3　超声速进气道控制

上面所述表明,复杂的多维控制系统是所希望的,借此,通过飞机飞行状态所产生的当地流动状态的测量值来控制进气道几何形状,并且围绕在激波系统所达到的压力恢复与发动机气流要求之间寻求匹配进行优化。从飞机设计人员的观点出发,系统的顶层综合框图如图 6 - 13 所示。

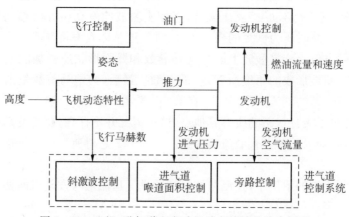

图 6 - 13　飞机、进气道和发动机动态特性的综合框图

有关进气道控制系统的要素(斜激波控制、进气道喉道面积控制以及旁路控制),将在下面各节逐一予以阐述。

6.2.3.1 斜激波控制

通过斜板角、进气道喉道面积和旁路门位置的同步定位,控制激波系统设定的角度。参见图 6-11,有助于直观了解这一几何控制系统。

进气道斜板角预定程序通常是当地马赫数 Ma_L(通过测量靠近斜板处的静压和总压即可导出)的函数。作动器通常是液压作动筒或电液旋转作动器。进气道斜板角控制的框图如图 6-14 所示,图中表明如何在开环形式下按当地马赫数 Ma_L 的函数来控制斜板角 θ。

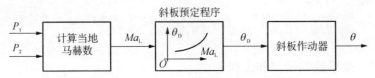

图 6-14   进气道斜板角系统框图[1]

Ma_L—当地马赫数;θ—斜板角;θ_D—斜板角需求值

6.2.3.2 喉道面积控制

进气道喉道面积也是按开环通过预定程序(是当地马赫数 Ma_L 的函数)实现控制。附面层吹除系统通常与进气道喉道面积控制有关。在此区域内,进气道壁面有许多小孔,并通过仅有两个位置的排放口来控制附面层空气吸除:关闭位用于亚声速飞行,而打开位用于超声速飞行。用于喉道面积 A 控制的系统原理如图 6-15 所示。

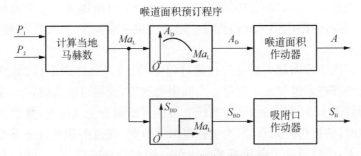

图 6-15   喉道面积控制系统框图

Ma_L—当地马赫数;A—喉道面积;A_D—喉道面积需求值;S_B—吸除排放口形式;S_{BD}—吸除排放口形式需求值

6.2.3.3 旁路流动控制

最后,按闭环依据压力测量(由其推断出正激波在喉道区域的位置)来控制旁路

---

[1] 原图无这些符号注解,系译者为方便阅读而加。下面图 6-15 和图 6-16 中相同。——译注

门。通过这样的控制确定所希望的正激波位置,并将其与测得的位置进行比较,并进行相应的调节。系统框图如图 6-16 所示。

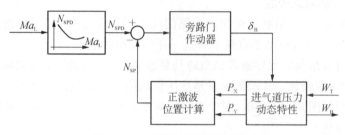

图 6-16　旁路门控制系统框图

Ma_L—当地马赫数;N_{SP}—正激波位置;N_{SPD}—正激波位置需求值;
δ_B—旁路门开度;W_T—喉道空气流量;W_B 旁路空气流量

6.2.4　全系统的研制和工作

前面的阐述表明,进气道系统的控制是部分开环,也就是需要大量的研制试验来改进所涉及的预定程序,并在所有飞行状态下使进气道状态与发动机需求相匹配。

在发动机起动过程中,进气道在亚声速区域内工作。在此状态下,进气道斜板和喉道面积尽可能宽地敞开,旁路门向内折叠,以使得至发动机的亚声速流动的可用流通面积最大化。换言之,在这一飞行区域,发动机经由旁路门面积吸入外部气流。

在起飞状态下,发动机油门处于最大,在此时间段气流需求量处于其最高值。但是飞行仍然是亚声速。在这样的状态下斜板收起,以使得进气道喉道面积处于某个最大值。同样,旁路门仍然向内折叠。随着飞机速度加大,冲压恢复效果增大,旁路门逐渐关闭。

在从亚声速飞行向超声速飞行过渡过程中,激波系统逐渐形成,并且在任何情况下都是由外部进入进气道。这是一个高阻力状态,应尽可能快地完成过渡。

在马赫数为 1.3～1.4 时,激波系统有可能开始附着于飞机上,并逐渐移动到进气道内。此时,斜板将开始移动,为了控制激波位置,喉道面积将处于某个位置。在此飞行状态下,旁路流处于或接近其最大值。旁路门将完全打开,以控制正激波的位置。马赫数大于 1.5 之后,通常认为飞行区域是正常的,几何控制应按以前已定义的预定程序执行。

在研制阶段,应着重强调在快速机动飞行(俯冲、横滚、偏航等)状态下的进气道性能,在此过程中,预期发动机将需要应对高畸变的进气流状态。倘若在这些机动飞行过程中,发动机由于气流畸变过大而失速,应使其控制器快速移动到低油门状态,以避免发动机受损。此功能作为一项保护措施而嵌入发动机控制器中,并且应完全独立于飞机/进气道控制系统。这一举措将完全抑制进气道控制,因为发动机气流需求量将被突然切断。因此可以预料,进气道压力将急剧升高,并且整个激波系统将退出进气道。已经知道这样的结果将损坏进气道系统,并且常常在流动设计细节花费相当大的精力,借此来弱化或消除这样的压力脉动。在发动机仅部分失速(旋转失速)的情况下,压力脉动较小,但更加规律化。在这些状态下,激波系统(尤其是正激波)的稳定性受到破坏,导致称为"进气道蜂鸣"的状态。这些状态处于各系统控制的范围之外,并且属于飞机设计人员应考虑的职权范围。

最后值得注意的飞行状态是发动机空中停车。在这些情况下,进气道斜板和喉道面积都移动到它们的最小位置,而旁路门完全打开。这一布局将激波移动到预期使飞机阻力减至最小的"最佳位置"。

6.2.5　协和号进气道控制系统(AICS)示例

超声速进气道设计的最佳范例也许就是协和号超声速运输机。如图 6-17 所示,该飞机装有 4 台发动机,分为两个独立的组件,位于每测机翼的下后方。每台发动机具有自己的 2 维进气道,类似于上面所涉及的概念。

图 6-17　协和号超声速运输机(经空中客车工业公司同意)

就商业上的生存能力而言,要求整个推进系统在 50 000~60 000 ft 高空,$Ma2.0$ 的巡航飞行状态下以极高的效率工作。在 60 000 ft 高度下降起点状态,进气道贡献大部分推进系统推力,并形成令人叹服的全压缩比(包括进气道、发动机低压(LP)和高压(HP)压气机),大约是 80:1。

6.2.5.1　进气道概述

协和号 AICS 为双气流外部压缩设计,此时进入进气道的气流被分为两股,即主气流和辅助气流。主气流通过低压压气机进入发动机,而辅助气流通过发动机周围的辅助气流门(SAD)流过排气管和主喷口顶部,通过辅助排气口排出动力装置。图 6-18 示出进气道的基本布局。

如图 6-18 所示,进气道为二维斜板式,带有受两个可移动斜板控制的可变面

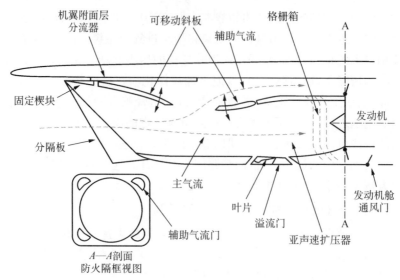

图 6-18 协和号进气道布局(经 BAE 系统同意)

积喉道。SR-71 所使用的另一种超声速进气道概念包括可变中心体(即激波锥),也将其称为轴对称进气道。这种形式的进气道,实际上在大马赫数时比二维型进气道更有效。但是它对平均中等迎角或侧滑角很敏感,使这种形式的进气道不适合于商用飞机。

协和号进气道对于可能是由超声速飞行时空气动力扰动所引起的最不利程度的侧滑相当不敏感。经过对项目飞行试验阶段所确定的进气道整流罩所做的细微的修改,已达到高度完美。包含在研制型 AICS 控制器内的侧滑修正运算法则被认为是不必要的,并已经从生产型设计中删除。

分隔板位于两台发动机之间,为的是给出一定程度的气流无关性,并防止一台发动机出现激波冲出事件而影响其相邻发动机。

上面每一对发动机采用一种常用的固定式几何分流器布局,其功能是限制机翼附面层的吸入。对于在非常高的当地马赫数下进气道内附面层增厚的问题,已通过在进气道地板(图中未示出)上提供一系列孔予以处置。已经确认,这种措施仅在每一对发动机的内侧进气道上是必需的。

借助扭力管和杆将可前后移动的斜板链接在一起。4 个滚珠丝杠作动器,以一致方式进行工作,使斜板定位,而带余度的液压马达提供旋转动力。

主气流通过进气道喉道进入亚声速扩压器,以大约 $Ma0.5$ 的速度输送空气到压气机进口。

辅助气流从可变斜板上方流到辅助空气门(SAD),直接到上部门,并通过格栅箱到下部门。由此,辅助气流流经发动机舱和排气管上方,然后通过可变面积排气口排出。SAD 也由滚珠丝杠驱动,由位于进气道下部的液压马达驱动的柔性驱动机构带动这些滚珠丝杠。

位于进气道底部的溢流门连同斜板系统一起工作，以在超声速巡航期间控制正激波的位置，为的是适应进气道状态和发动机质量流量需求的变化。当飞机以低于$Ma0.7$飞行时，在由发动机需求空气流量所形成的空气动力的作用下，位于溢流门内的自由浮动叶片打开，以向发动机提供补充空气流量。超过这个Ma数值，叶片将保持完全关闭。此溢流门由液压作动器利用带余度的液压能源来作动。

6.2.5.2 基本工作

进气道系统的基本功能要求如下：

- 确保气流以$Ma0.5$的速度到达发动机低压压气机进口；
- 调节进气道进气面积，满足发动机所需求的空气流量，理想的是无溢流；
- 维持进气道激波系统处于"临界"状态，以便取得最大进气道效率。

可将进气道的工作范围集中于三个主要工作区域：亚声速区域，从静止到$Ma\ 0.7$；跨声速区域，从$Ma0.7\sim Ma1.3$；超声速区域，从$Ma1.3\sim Ma2.0$。对于其中的每一区域，进气道工作的主要方面将在下面小标题为"亚声速区域"、"跨声速区域"和"超声速区域"各小节予以描述。

亚声速区域

在起飞和低速飞行期间，斜板抬起到最大进气面积的位置，而溢流门关闭。此外，辅助叶片将打开，以提供更大的发动机进气道进气面积。随着飞机速度的增大，该叶片将朝向关闭位置移动，速度达到大约$Ma\ 0.9$时，此叶片则完全关闭。

在$Ma0.3$以下无需辅助气流，SAD保持关闭，以防止发动机排气经由进气道喉道而进入进气道。大于此速度，SAD打开，连续增加辅助空气流量。

大于$Ma0.55$，发动机排气喷口的扩散段按飞行Ma数的函数开始打开，为的是有效地纳入增加的辅助空气流量。这样，就控制了发动机排气流发散，并限制排气流扩张。这一辅助气流排放特性是二维进气道设计中唯一采用的，并且提供最小阻力，并还为推进系统推力提供少量贡献。

大多数带有二维进气道的军用超声速飞机，将辅助气流沿着进气道边排放至大气，或排放至机翼上方。与此方法有关的阻力，尽管对军事任务而言无关紧要，但对协和号而言是不可接受的，因为其必须以超声速巡航状态飞行$2\sim 3h$。

跨声速区域

飞机加速超过$Ma1.0$之后，激波系统开始形成。达到$Ma1.3$附近，此系统完全形成，同时第4道斜激波附着于进气道下唇口（见图6-19，此图示出当速度大于$Ma1.3$时完整的进气道激波系统）。

在跨声速加速过程中，按低压压气机转速（$N_1\ r/min$）的函数控制进气道斜板，以确保正确的进气道质量流量与发动机质量流量需求量相匹配。随着N_1减速，斜板将逐渐向下移动，如果有必要，溢流门将打开。

超声速区域

当飞机加速到设计巡航速度时，第2、3和4道激波汇合于进气道下唇口。现在

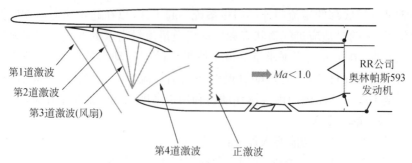

图 6-19　协和号进气道激波系统(经 BAE 系统同意)

对进气道进行控制,以维持正激波处于最佳"临界"位置,而不管飞机速度、环境条件或发动机空气质量流量需求量如何变化。

使用相对于自由气流总压的斜板自由空间静压作为程序规定参数,间接测量压力恢复,可以达到此目的。

控制系统原理如图 6-20 所示,此图说明所采用的基本控制策略。

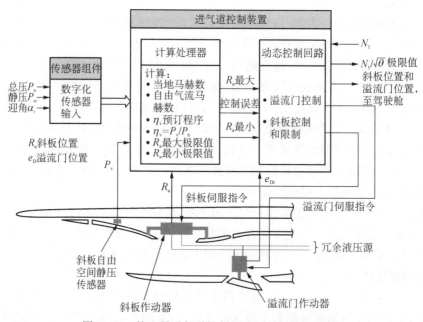

图 6-20　协和号进气道控制原理图(经 BAE 同意)

如图 6-20 所示,来自动静压和迎角传感器的飞机空气数据被数字化,传送到进气道控制装置(AICU)。在 AICU 内,由运算处理器这一部分负责计算当地马赫数和自由气流马赫数以及所要求的 η_v 预定程序,以便优化进气道的工作。将计算所得的与测得的 η_v 进行比较,以获得一个控制误差,将此误差作为动态特性控制回路那部分的输入,以便控制斜板和溢流门作动器。还按主要迎角和飞行状态的函数,计算斜板的最大和最小限制值。

对于控制误差的任何有限值,斜板都将会以一个与误差值成比例的速率继续移动(即整体控制作用)。如果斜板达到常用的最大斜板角 δ_2(最大),在达到所需要的 η_v 之前,溢流门将打开,以满足要求并使控制误差为零。反之,如果已达到最小斜板角,则必须降低发动机转速 N_1,因此降低质量流量需求,以满足 η_v 要求,并维持正激波处于最佳(临界)位置。

除了上面已阐述的整体控制作用外,将 N_1 的变化率(即 $\dot{N}_1$)用作相位超前项,为的是有效地适应发动机转速的快速变化。

这一闭环控制系统布局,连带 $\dot{N}_1$ 相位超前项,提供一套非常鲁棒的系统,允许相对自由地操纵发动机,给予从飞行慢车到最大连续猛推油门的能力;反之亦然。在超声速巡航状态下,系统也发挥出 94%~97% 之间的进气道性能效率,这确实为协和号的营运生存能力做出了贡献。

在巡航阶段结束时,当油门收起并且发动机质量流量减少时,斜板向下到其最大限制位。溢流门也将打开,快速放出任何过量气流。

当飞行 Ma 数减小时,溢流门将关闭,让斜板来控制进气道。当马赫数已减少到 1.3 以下时,斜板将完全抬起,完成了其在飞行中的使命。

6.2.5.3 动力装置推力分配

有意义的是,应了解如何将全动力装置所产生的推力按两个使用极端进行分配,即低速飞行/亚声速状态和超声速巡航状态。图 6-21 给出图解说明。按图所示,在这两个状态之间,由动力装置主要部件所贡献的推力存在相当大的差异。

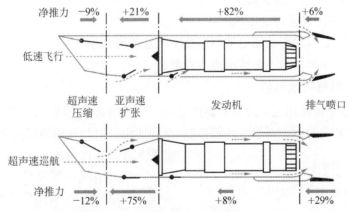

图 6-21 协和号动力装置的推力分配(经 BAE 系统同意)

先考虑低速/亚声速状态。此时,推力分配正如所预期的那样,发动机的贡献超过总推力的 80%。在此飞行状态下,进气道产生净正推力 12%,是由进气道扩压段内出现的压力恢复所致。排气喷口也产生 6% 的正推力。

在超声速巡航状态下,此图发生了戏剧性的变化。在巡航阶段,进气道产生大部分推力,而发动机本身的贡献仅占8%。排气喷口现在贡献差不多30%净推力。注意进气道超声速压缩段的贡献为负值,因此阻力项和总的净推力在每一情况下都增加到100%。

还应注意到,尽管在巡航时发动机仅对整个动力装置推力做出较小贡献,但是如果没有发动机,系统四分五裂,各种进气和排气部件的贡献恰恰成了零推力。

上面的示例图解说明了超声速飞机中进气(和排气)系统设计的重要性。

6.3   进气道防冰

必须对发动机进气道提供防护,以免结冰。在会形成结冰的环境条件下运行时可能出现此现象,在进气道整流罩,或者在风扇和(或)压气机进口导向叶片或静子上结冰。在中空到低空穿云飞行时,超冷水滴将在滞止部位(即此处气流驻留)与飞机部件(诸如进气道整流罩前缘或第1或第2级压气机静子叶片前缘)相接触,可能形成积冰并聚集。在理想的结冰条件下,可能非常快地出现积冰,有可能引起气流限制和(或)畸变,导致很大的性能损失,甚至发动机停车。冰层也有可能脱落,导致压气机吞冰而使发动机受损。

飞机机翼前缘也有同样的问题,此时冰的聚集严重影响机翼的空气动力性能,带来潜在的灾难性后果。

因此,要求防冰系统能够有效地防止在这些关键性滞止区域结冰,以确保在会结冰(出现在飞机结构或发动机结构上)的飞行条件下安全地运行。显然,这样的防冰系统必须是可靠的。易于维护,并涉及最小的重量损失。

当前对于发动机防冰,通常使用两种方法:

(1) 使用来自压气机的热空气。

(2) 对特定区域进行电加热。

在某些飞机上,同时使用电加热和热空气这两种防冰技术。但是以往在涡轮螺旋桨发动机上,电加热技术的使用更为普遍。

6.3.1   引气防冰系统

引气防冰系统使用来自级位较高的某级压气机的高温空气,通常与由其他引气系统需求(诸如座舱压力调节和环境控制)共同使用。引气气源的形成和控制,将在第8.2节予以阐述。

高温引气由管道导入进气道整流罩、进气整流锥(或在涡轮螺旋桨发动机飞机上为螺旋桨整流罩),并流经风扇和压气机进口导向叶片内的内部通道。在某些飞机上,第1级压气机静子也接收引气,用于防冰。引气排放到发动机进气道内,以确保连续气流流经防冰管道(见图6-22)。

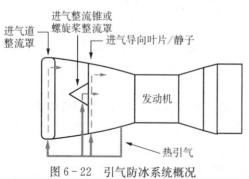

图6-22   引气防冰系统概况

6.3.2 电防冰系统

电防冰系统在涡轮螺旋桨飞机上得到普遍使用,以防止冰聚集在螺旋桨前缘以及进气道整流罩和螺旋桨整流罩上。在当今现代复合材料短舱中,电加热线圈夹层在碳纤维铺层内。通常使用两条独立的电路,以提供连续和可选用的加热。

选择了防冰时,可使用不同的工作循环(即接通时间和断开时间的比值)使可选用的加热元件激励。通常两个防冰等级可供使用,以便对中度和重度结冰提供相应的防护。

6.4 排气系统

在第 2 章中,我们对涡轮喷气发动机的简单喷管推进喷口的原理作了概述,说明发动机所产生的推力,为何是喷口出口平面压力和作用于喷口面积上的当地环境压力之间的相对压力与流经发动机气流的冲量变化率的组合。

第 4 章涉及加力燃烧室控制,并说明为了在喷口压力随加力燃烧室燃油流量而变化时维持一个恒定的压气机工作点,使排气喷口面积与加力推力设定值相匹配为何成为关键。

在本节中,我们将涉及排气系统另外一些概念,及其对燃气涡轮推力发动机推进系统带来的性能优点,这些概念包括:

- 反推力系统;
- 推力矢量系统,包括垂直-短距起落(V/STOL)。

6.4.1 反推力系统

反推力成为当今所有现代喷气推进商用飞机的标准特性,并且也在军用飞机上得到普遍使用。如同第 5 章中所述,涡轮螺旋桨发动机使用负螺旋桨桨距,在着陆时提供反向拉力,而对于高下降率成为一项关键战术要求的某些军用飞机,可在飞行中提供反向拉力。

这里所阐述的反推力系统,着眼于产生推力的燃气涡轮发动机,即涡轮喷气发动机和涡轮风扇发动机。

在商用飞机上,早期的以喷气式发动机为动力的飞机,除使用传统机轮刹车系统外,还需要有另外的缩短着陆距离的能力。这项需求因喷气式飞机典型的较高着陆速度所致,并且对于持续安全营运而言,现有的跑道长度常常显得不够。

提供推力反向的方法是使发动机排气流方向实现反向并利用发动机自身的动力产生一个减速力。尽管使发动机推力完全反向被认为是不切实际的,但是使排气流转向约 45°角,可使约 50% 最大正推力实现反向。因此,典型的以喷气式发动机为动力的商用飞机其着陆距离可以缩短约 28%～25%,同时降低了机轮刹车使用的严酷度,并附带节省了刹车的维修成本。对于在湿跑道、道面结冰的跑道或积雪的跑道上着陆,使用反推力装置也比仅使用刹车要有效和安全得多。

现将当今在役的最常见的两种反推力装置的设计型式阐述如下。

● 蛤壳门式设计概念,用于涡轮喷气和混合流排气的内外涵发动机上,如图 6-23 原理图所示。

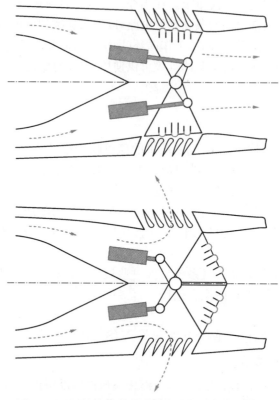

图 6-23　涡轮喷气发动机的蛤壳门式反推力装置

● 带热气流扰流器①的冷气流反推力装置,用于高涵道比涡轮风扇发动机,并涉及风扇排气流和核心发动机排气流的偏转方向。图 6-24 给出此种反推力装置的概念。

　　后面一种反推力装置设计基于如下事实,即高涵道比涡轮风扇发动机所提供的发动机推力中大部分来自风扇,而不是来自核心发动机,因此仅"扰乱"风扇②排气来消除任何正推力分量已经足够。但是在某些飞机上,使用更加有效的核心发动机气流偏转布局,即通过格栅叶片使核心发动机排气向前,提供一定的反向推力。这一分量通常只占总反推力的 10%,因此,对附加重量和复杂性的权衡,并不能证明这样做是合理的。

---

① 此处原文为"hot stream spoiler(热气流扰流器)",图中对应标注的原文为"core thrust spoiler(核心发动机推力扰流器)",实为同一个部件。——译注
② 原文为"core(核心)",与所述原理不符,疑是"fan(风扇)"之误。——译者

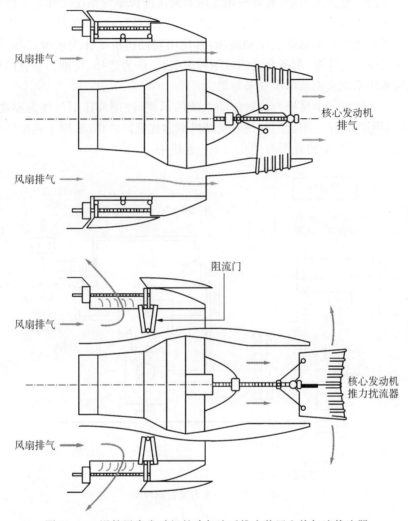

图 6-24 涡轮风扇发动机的冷气流反推力装置和热气流扰流器

反推力装置的作动和控制

反推力系统的功能完整性是关键所在,因为在空中(尤其是在高速飞行时)意外打开反推力装置可能导致灾难性后果。因此,必须提供一系列的安全联锁,以确保系统一直保持在收起位置,直至着陆规程中驾驶员选择使用反推力装置。通常在选择和作动系统范围内,提出下列安全保护措施:

● 在油门杆已经收到慢车卡槽位之前禁止打开反推力装置;
● 如果探测到作动系统故障,例如作动系统的能源失效,则机械锁定装置阻止反推力装置工作。
● 一旦开始打开反推力系统,在作动机构处于或接近完全打开位置之前,不可能前推油门杆。

在当今的反推力系统中,通常使用气压和液压能源驱使系统工作。在使用气压能源的情况下,由发动机引气提供高压气源。在采用液压能源的情况下,由专用的滑油压力源向各种作动器提供驱动能源,其使用发动机滑油作为液源,同时使用专用的发动机驱动齿轮泵(配备合适的过压释压阀)。作为选择,反推力装置的作动器可由飞机液压系统或由高压引气来驱动。

图 6-25 给出一个反推力装置作动系统的示例,使用高压引气作为驱动能源。此原理图表明风扇排气阻流门和核心发动机推力扰流器的作动,用于典型的高涵道比涡轮风扇发动机,应将此图与图 6-24 一起使用。

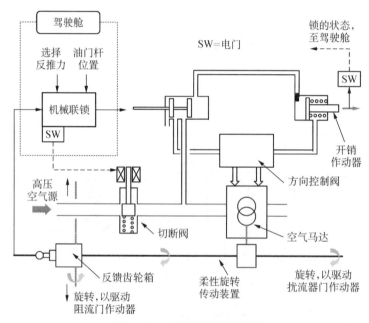

图 6-25　反推力装置原理图

如图 6-25 所示,高压空气流经切断阀,驾驶员通过选择推力反向来作动此切断阀。空气经由此切断阀,供给空气马达和滑阀。后者由油门联杆定位,确定空气马达的旋转方向。这同一个滑阀,将空气引向上锁或开锁阀,再由空气马达通过柔性旋转传动装置作动滚珠丝杠,可打开核心发动机推力扰流器和阻流门。

柔性传动回路上的反馈齿轮箱向机械连锁装置提供机械输入,阻止驾驶员增大发动机推力,直至推力反向机构接近完全打开位置。

如果存在气源失效、上锁或开锁阀保持在锁住位置,反推力系统功能将遭禁止。

6.4.2　推力矢量概念

除了推力反向概念外,还有另外两个关于推力矢量的概念,这也是当今普遍使用的技术,即:

● 使用喷气推力的飞机,提供垂直起飞和着陆(VTOL)的能力;

● 使用空中推力矢量的飞机,增强机动性和敏捷性。

VTOL 首次公众演示是 20 世纪 50 年代中期在范保罗航展上,由一架外号为"飞行床架"的试验机,表演其使用喷气动力起飞、机动和着陆的能力。

不久之后,由布里斯托尔发动机公司研制成功飞马升力/推进发动机(后来由 RR 公司获得)。该发动机本质是一台涡轮喷气发动机,有两级自由涡轮,驱动一个大的前风扇。有两个独立的排气喷口位于发动机的每一侧,一个使用风扇排气空气,另一个使用发动机排气,能够偏转排气流,从正常向后方向转至完全垂直向下。

飞马发动机的剖视图如图 6-26 所示。有关 VSTOL 概念的更详细讨论,还请参见文献[2]。

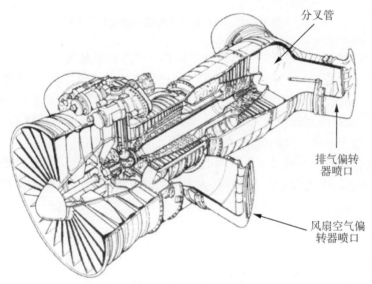

图 6-26　RR 公司飞马升力/推进发动机(RR 公司 2011 年版权)

简单地旋转位于每一排气喷口处的一系列板条式导向叶片,可达到改变推力方向的目的。发动机设计的另一个重要特点是在整个油门和喷口偏转设定值范围内,合成推力矢量保持在相对于发动机重心的某个位置并具有完全一致性。

飞马发动机用于为"鹞"式飞机提供动力,"鹞"仍然在英国皇家海军服役。美国海军陆战队在它们的 AV-8B"鹞"式飞机上使用同一基本概念,该飞机由麦道公司(现在的波音公司)按许可证生产,当今仍然在服役。"鹞"式飞机的一般布局如图 6-27 所示。

该三视图清楚地示出发动机的特大型风扇段。黑色箭头表示飞机处于悬停模式时的垂直推力矢量的位置。浅色箭头表示"喷气舵",其使用风扇排气,提供俯仰和横滚稳定性,因为常规的飞行操纵面在悬停状态和低向前速度下完全无效。

尽管"鹞"式飞机能够垂直起飞、悬停和着陆,在服役中,实际的使用模式称为短距起飞和垂直着陆(STOVL)。此模式在燃油使用方面更加有效。为海军飞机配备

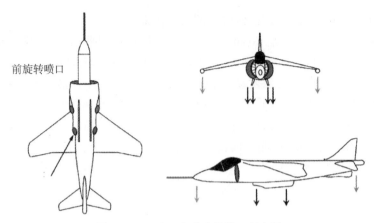

图 6 - 27   BAE 鹞式飞机的一般布局

专用设计的斜坡,称为"滑跃"甲板,以便于能够有效地短距起飞。

值得注意的是,20 世纪 80 年代英国与阿根廷之间的战争,"鹞"式飞机驾驶员发明一种新的混战技术,称为空中定向或 VIF-ing。如果"鹞"自己发现有一架敌机在其尾部,驾驶员将即刻选择全向下矢量。结果,敌机别无选择而是超越鹞,这才发现自己现在已处于一个不利的位置:在鹞的前面。

新的联合攻击战斗机(F - 35B 闪电)的美国海军陆战队型,体现了更现代形式的 VTOL 概念。该飞机采用了与"鹞"大为不同的方法,如图 6 - 28 的原理图所示。

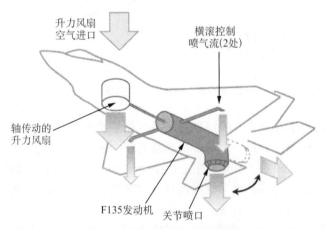

图 6 - 28   F - 35 飞机悬停原理图

如图所示,设有单独的升力风扇,位于驾驶舱后部,由 F - 135 发动机的低压轴通过离合器机械驱动,其突出在发动机进气道的前面。F - 135 发动机的排气通过关节喷口,可在图中所示的正常轴向推力和垂直位置之间旋转。使用来自 F - 135 的风扇/低压压气机排气,通过位于每一机翼下翼面外侧的柱形横滚喷口,提供横滚控制。

F-135 涡轮风扇发动机(也归类为"超低涵道比"涡轮喷气发动机,涵道比小于 1.0),包括 3 级风扇/低压压气机和 6 级高压压气机。F-135 的最大推力在正常前飞时为 28 000 lb(不使用加力),使用加力时增大到 43 000 lb。

在悬停模式下,F-135 发动机过渡为大约 50% 涡轮轴发动机和 50% 涡轮喷气发动机。驱动升力风扇的低压轴在这一模式下输出直至 35 000 SHP,其转换为 20 000 lb 升力。喷气排气贡献直至 18 000 lb 直接垂直升力,而横滚柱喷气使用低压压气机排气,每一侧输送直至 1950 lb 推力。

美国空军 F-22"猛禽"首先使用推力矢量,以提供经改善的空中敏捷性和机动性,方法是提供围绕俯仰轴的推力矢量,以飞机正常推力轴为准,名义范围±20°可供使用。

图 6-29 示出在佛罗里达西棕榈滩 PW 公司试验厂房内进行试验的 F-119 发动机的照片,给出围绕俯仰轴的全部可用推力矢量的范围。这一能力可使驾驶员为飞机提供相当大的俯仰力矩,这在低速下尤为重要,此时的空气动力学操纵面效率要差得多。为了实现这一目标,采用了一个复杂的排气喷口作动机构如图所示,看来相当大。

在这一类型的机构中采用几何原理,使其在一个集成的作动器包[3]内提供推力矢量和推力反向,原理如图 6-30 所示。

图 6-29   F-119 发动机正在进行推力矢量试验(经 PW 公司同意)

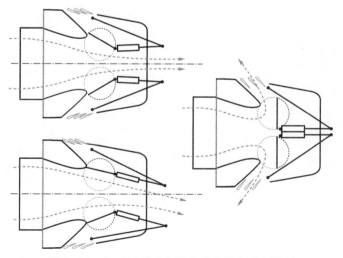

图 6-30   F-119 推力矢量和推力反向喷口原理

按二维收敛-扩张(2D-CD)型喷口来描述 F-119 喷口。

系统考虑事项

与上面综述的所有矢量系统(VTOL，VSTOL，STOVL 和空中推力矢量)有关的主要的系统考虑事项，是安全性和功能完整性。这不仅适用于各种发动机，而且适用于作动系统，并适用于其相关的动力源。单发动机飞机(如"鹞"和 F-35)完全取决于主发动机的功能完整性，尤其是在悬停状态或在接近悬停状态下运行时更是如此。因此，减少在临界飞行模式下的运行显然是重要的。

应将 F-22 飞机的推力矢量系统作为飞行操纵系统的延伸来考虑，因为其可以在飞机上产生相当大的俯仰力矩。喷口作动和控制系统的功能完整性还必须考虑飞行临界状态，以使得单一失效(或在第 1 个失效之后仍有潜伏和未探测到的第 2 个失效)不应导致丧失控制。从破损安全角度考虑，要求矢量系统的任何失效的结果是恢复到常规的轴向推力。

参 考 文 献

[1] Shapiro A H. The Dynamics and Thermodynamics of Compressible Fluid Flow [M]. Ronald Press, New York, 1953.

[2] Rolls-Royce. The Jet Engine [M]. Rolls-Royce Ltd, (Part 21), 1973.

[3] Treager IE. Aircraft Gas Turbine Technology [M]. (Part 2 Section 8), 3rd edn, Glencoe/McGraw Hill, 1995.

7 润滑系统

本章涉及现代喷气发动机通常所用的润滑系统。回顾轴承和轴承润滑的基本原理,目的在于为润滑系统及其部件的设计和选用提供技术背景。

润滑系统的任务是减小发动机的运动零件和非运动零件的摩擦和磨损,并提供轴承系统所需要的冷却。本章将对这些问题进行探讨,提出润滑系统具备这些功能而需要满足的要求。

最后,将在已经普遍使用的系统架构范围内,考虑润滑系统的设计要求。对每一主要部件连同系统问题的定位和健康监控方法,一起予以阐述。

7.1 基本原理

润滑系统的要求,源自于需要在机器运动零件之间的界面上减小摩擦和磨损。

考虑图 7-1 所给出的滑动摩擦问题。在此图中,上面的物体相对于下面的物体移动,并承受数值为 N 的载荷。运用物理学基本定理,可使我们估算为移动重块而必须克服的摩擦力。

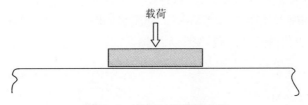

图 7-1 有相对运动的表面

写出如下方程:

$$F_{\mathrm{f}} = \mu N \tag{7-1}$$

式中,μ 为两个表面之间的摩擦系数;F_{f} 为平行于运动方向但与运动方向相反的摩擦力。

摩擦系数是依据经验而得出的参数,与材料的属性有关。这些属性包括相互接触材料其分子间的电磁力以及物体本身的表面光洁度。考虑干态静摩擦,具有类似光洁度表面的钢与钢之间的摩擦系数约为 0.8,但钢与特氟龙之间的摩擦系数仅为

0.04。这种差异主要是由于两种材料之间分子间的相互作用减弱。

添加能够起到使两个表面隔离作用的液体,对摩擦系数具有显著的影响。在这一示例中,液体层的剪切确定表观摩擦系数,它几乎完全与液体的黏度相关。因此使总的摩擦力大大降低。

使用由滑油膜隔离的两个光滑表面的概念是液体动力润滑轴承的必要元素。这样一种轴承的布局如图 7 - 2 所示[1]。

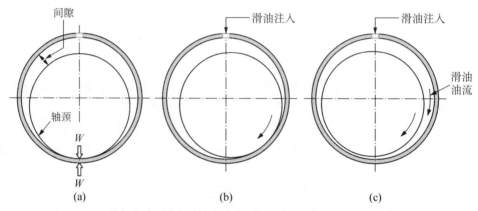

图 7 - 2 典型的带流体动力润滑的径向轴承

在图 7 - 2(a)中,轴处于静止状态,轴颈与轴承直接接触。在图 7.2(b)中,轴刚刚开始按顺时针方向旋转,滑油导入轴承顶部。轴与轴承之间的间隙使得滑油将围绕轴流动,向上抬起轴,偏向左侧。达到如图 7 - 2(c)所示的稳定状态时看上去轴"骑"在滑油膜上,随着向轴承补充滑油,滑油膜不断更新。直观而言,由轴负载、轴转速、滑油流入轴承的流量以及滑油的黏度,确定滑油膜的厚度。对燃气涡轮发动机系统中所用轴颈轴承和齿轮而言,这种类型的润滑是常见的。

滚动轴承的概念如图 7 - 3 所示[2]。此图采用图 7 - 1 所示的运动,再从滑动演变为滚动,从理想化的角度来看,完全无摩擦。

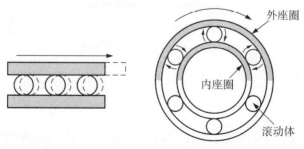

图 7 - 3 滚动体

在这些情况下,来自轴的载荷集中在滚动体与其各自座圈之间的接触点上。这意味着,在这一接触点上应力极高,滚珠和座圈的材料局部变形在预料之中。事实上,表面变形使得接触变成如图7-4所示的面接触。

尽管没有如此之大,但变形也足以产生大量的热量,并促使部件表面疲劳。在没有任何制造缺陷和完全干净的润滑油的情况下,滚动轴承将最终因疲劳而失效,而不管润滑质量如何。

哈里斯(Harris)在其著作中给出有关滚动轴承的完整说明和分析[3]。这一著作表明,滚动轴承的实际工作涉及许多的面接触运动,在缺乏润滑的情况下,将产生相当大的摩擦热。因此,高负载轴承的润滑主要是减小摩擦,并带走热量。

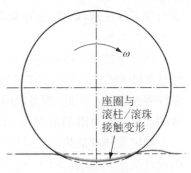

图7-4 滚动轴承在载荷作用下的变形(图形故意夸大)

左列茨基(Zoretsky)[4]给出有关整个可能条件范围内的润滑状态详细说明。使用图7-5所示的有名的斯特里贝克曲线(Stribeck plot),可很容易地说明这一点。

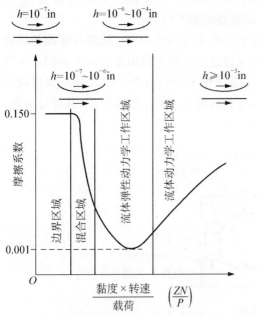

图7-5 摩擦系数与速度-黏度/载荷参数的函数关系

从图7-5的边界区域开始,可将此描述为轴承的起始状态,此时可提供滑油,但转速低,负载相对较高。在这些情况下,即使具有较好的轴承表面光洁度,仍将是金属对金属接触,将由存在于两个接触表面上的粗糙物之间相互作用动力学确定摩擦系数。

在混合区域转速增大,使更多的润滑油流入轴承界面,快速减小物理接触。在这一区域,轴承开始按事先设计发挥作用,摩擦系数立即下降,所产生的发热量低得多。

在流体弹性动力学(EHD)工作区域,转速和载荷连同最佳黏度润滑剂的组合,导致轴承完全依靠滑油油膜而工作。在这一工作区域,润滑油的黏度与弹性的组合,使轴承表面接触的名义区域处于动平衡状态,摩擦力为最小。

超出EHD工作区域后,轴承表面之间的空间增大,为支持这一过程而需求的润滑油量同样增大。这称为流体动力学工作区域,属于轴颈轴承工作的典型。在流体动力学工作区域,负载、转速和润滑油黏度的组合,使得黏滞力开始成为主导。结果表观摩擦系数增大。

由于摩擦力所吸收的所有能量以热量的形式释放,显而易见,最希望的工作区域是 EHD 区域。这一工作区域将产生最小的损失,如果管理得当,将导致受影响的零件寿命最长。因此,润滑油的选择是重要的,排热机构必须足够鲁棒,一直在所挑选的润滑油温度限制范围内工作。

确定发热和散热之比是选用合适润滑油的基础,是有关流向轴承的润滑油流量的设计决策的基础。哈里斯[3]给出典型轴承布局发热过程的分析。这是一项复杂的分析任务,涉及轴承每一元件的力和运动的计算。反过来,又可将这些用于计算轴承范围内的摩擦功率损失。由于所有的摩擦功率损失以热量的形式呈现,必须消除此种热量,否则轴承内的温升达到不可接受的程度。使用周围的金属作为热导体从轴承中带走热量,是轴承转速和负载相对较低时用的工业机械中的常规技术。在现代燃气涡轮发动机中可能的例外是风扇和(或)压气机轴承,所有其他轴承按热动力学过程处理,其间工作温度要比高负荷、高转速轴承所能够持续承受的温度高得多。因此,冷却飞机发动机轴承的唯一做法是通过对流,使用润滑油作为冷却剂。

因此,让我们考虑对滚动轴承同时进行润滑和冷却的问题。就润滑而言,必须将润滑油送达轴承上出现滚动接触和滑动接触的那些位置。

图 7-6 表明某个典型滚珠轴承上多个需要连续润滑的点。滚珠与座圈相接触的那些点是主要的承载点,转子产生的力通过这些点传递给框架。由于它们处于滚动接触,所产生的应力主要是表面压缩,引起发热和循环疲劳。滚珠保持架将滚珠约束在一个固定的环形隔离圈上。因此,这些接触点主要是滑动摩擦,其导致磨损,并产生更多的热量。

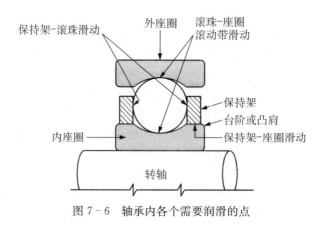

图 7-6 轴承内各个需要润滑的点

在实际设计中,在轴承旋转离心力(甩)作用的协助下,使用增压喷头将滑油输送到轴承内的各个点。轴承润滑原理图如图 7-7 所示。

在此图中,喷射滑油输送到轴承内座圈唇口上的注油口,使其流过钻制在内座

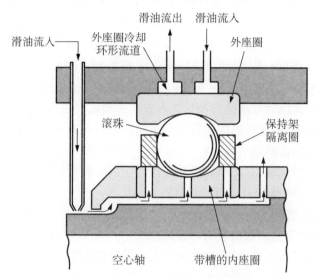

图 7 - 7　轴承发热管理用座圈下和外座圈的冷却

圈上的限流孔。仔细选择限流孔的尺寸,将规定量的滑油输送到滚珠,然后分配给滚珠保持架和外座圈。如图所示,由单独的限流孔向保持架与轴承内座圈之间的主要滑动界面提供滑油。

最后,图中示出在外座圈上使用单独的环形流道,其具有两个功能,第一,也是最基本的,滑油流动起到冷却外座圈的作用。此外,如果环形流道布局适当,其在发动机结构和外座圈之间起到一个静压支撑的作用。在诸如叶片丧失事件而引起转子不平衡的情况下,这样的一种布局提供相当大的阻尼。后一项功能有时称为"挤压膜阻尼"。

很显然,每一轴承布局的详细设计,将导致不同的滑油输送和冷却通道的组合。但是,这些概念原则上都包含了燃气涡轮发动机内的轴承润滑机理。

润滑和冷却过程的最后步骤是,连续地从轴承腔内去除滑油。在工业机械中,依靠重力可以达到此目的,而滑油泵定位在机器的底座上或在其内。在航空机载系统中,由于以下的几个理由使这样的布局成为不可能。首先,假设发动机可在很大的飞行姿态范围内工作,从稳定水平飞行到激烈的飞行机动(战斗机通常遇到的横滚和俯冲)。需在多倍的重力加速度下实现这样的机动飞行,使得任何依靠重力来使滑油排出的概念变得毫无意义。其次,强烈的诱因希望使润滑过程处于 EHD 膜区域(见图 7 - 5)。这排除了滑油从轴承腔溢流的可能性。最后,为使冷却效果最大化,希望尽可能快并尽可能彻底地去除滑油。

鉴于上面所引证的各种原因,从轴承腔中去除滑油需要用泵泵出。为确保达到此目的,需要利用压气机引气为轴承座通风或增压,并采用回油泵来抽吸滑油,无论怎样,为确保连续和快速排出轴承腔内的滑油都需要有空气。这些是高容积泵,通常应对很高比例的空气和滑油混合物,高达90％空气和10％滑油的比例并不罕见。

为完善对轴承润滑和冷却的描述,我们需要考虑润滑油本身的特性。在航空燃气涡轮发动机上,必须能够在－40～＋50℃的任何环境条件下起动发动机。因此,惯常按冷态下黏度和(或)流动点指标来确定润滑油。例如,普通的黏度要求是在－40℃为15 000 cSt(厘泡,1 cSt＝1 mm²/s,运动黏度),流动点为－54℃。这些数字反映了在－40℃无需对滑油进行预热就可起动发动机的需求。流动点(物质仍然保持液态的最低温度)的规范提供了有关泵送能力的一些温度裕度,因此,确保－40℃温度下可将滑油输送到轴承。

在温度范围的高端,有几项润滑油属性对于成功润滑和冷却轴承是重要的。首先,滑油黏度必须使得EHD膜得以保持。

图7-8提供各种润滑油的数据。矿物润滑油具有量级为200℃的可用上限温度,然而若干合成滑油的数据表明,其温度范围为－40℃～＋300℃。尽管矿物滑油能够在较高的温度下工作,但在这些温度下的稳定性表明,需要更频繁地更换滑油。

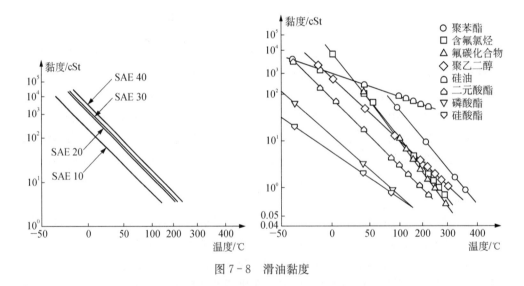

图7-8　滑油黏度

润滑油在高温下的主要属性是其氧化稳定性。积碳(形成碳垢)是一种颇为严重的氧化形式,鉴于多种原因(尤其是能够堵塞滑油油路)不希望出现此种情况。然而在高温下滑油将开始分解并形成自由基。这改变了滑油的黏度,使其润滑效率大为降低。

这里有待考虑的最后一个润滑油属性是其避免产生泡沫的能力。回油过程中通风照例是必需的,但是,与起泡倾向强烈的滑油相比,非泡沫型滑油能够非常快地从夹带的空气中分离,并恢复为液态。

酯基滑油,是通常可接受的用于燃气涡轮发动机的滑油。左列茨基[4]认为,表7-1所定义的特性确定有关先进涡轮发动机高温润滑油的要求。他并未说明现行可用滑油是否完全满足这一要求,但是,润滑油的研制人员考虑表 7-1 的要求是极有价值的。

表 7-1 先进涡轮发动机高温润滑油要求

物理特性	条件或限制
物理特性	-54℃(-65℉)温度下<15 000 cSt,260℃(500℉)温度下>1.0 cSt
与其他材料的兼容性	—
氧化稳定性(可能的滑油温度)	260~427℃(500~800℉)
在 260℃(500℉)温度下 6.5 h 后的蒸发损失	<10%
润滑能力	按 260~316℃(500~600℉)油箱温度(USAF)规范进行 100 h 轴承台架试验后应是满意的
闪点(最低)	260℃(500℉)
流动点	-54℃(-65℉)
分解	在 100 h 试验中,无固体生成物或过量的沉积物
泡沫	无泡沫

7.2 润滑系统的工作

任何润滑系统都是在规定的压力下按滑油流量要求而运行的封闭油路系统。实际上由轴承润滑需求确定这些流量,其又受 EHD 膜厚度和冷却要求所支配。

例如,对于典型的轴承负载和速度,EHD 膜厚度要求润滑油的黏度量级为 5 cSt。图 7-8 给出一些处于这一范围内的润滑油,但是通常使用脂基滑油,因为它们具有较高的温度范围。此图建议滑油工作温度量级应是 150~175℃,为的是提供必需的 EHD 膜厚度。

考虑冷却要求,谨慎的设计做法建议,通过位于轴承座内的喷头将滑油输送给轴承,并建议尽可能快地使这些滑油回油。回油泵的规格应使它们能够处理量级为 9:1 的空气/滑油混合物。这进一步暗示,滑油在轴承座内的停留时间相对较短。此外如图 7-8 所示,限制滑油温度上升到约 25℃ 似乎是合适的。这将确保其氧化率处于受控状态,与此同时,这也将促使滑油系统热交换器维持一个适度的规格。

由每一轴承产生的摩擦热热量是其尺寸、转速和载荷的函数。哈里斯[3]阐明为获得滚动轴承上的摩擦载荷而采用的计算方法。使用 218 号角接触轴承作为一个示例,他针对 10 000 r/min 固定转速下的负载范围计算产生的热量。这些数据如图 7-9 所示。使用 15 000 Btu/h(英热单位,1 Btu=1.055×10³ J)作为工作点,并限制滑油温度升高到 25℃,得到所要求的滑油流量为 12 lb/min。

必须对系统中的所有轴承进行前面所述的分析。因此所计算总滑油流量定义所需用的供油泵的规格。通常采用单台供油泵将滑油输送到每一轴承座和附件齿轮箱。相反,通常为每个轴承座提供一个独立的回油泵。采用如此布局,一方面是由于空气

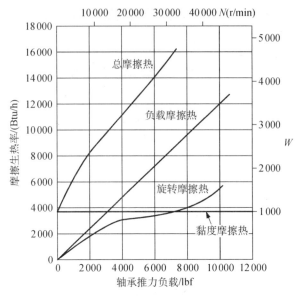

图 7 - 9　对于 218 号角接触滚珠轴承，以 10 000 r/min 运
行，采用喷头润滑时，在 5 cSt 滑油黏度下产生
的摩擦热量

量很大(通常空气/滑油比为 9∶1)必须予以处置，另一方面是由于系统是由通气口尺
寸(连同飞行状态)支配进入滑油的空气量，对这样的系统进行平衡有较大困难。

7.2.1　系统设计概念

典型的润滑系统原理图如图 7 - 10 所示。在 7.2.1.1～7.2.1.6 节中阐述典型
润滑系统的主要特性。

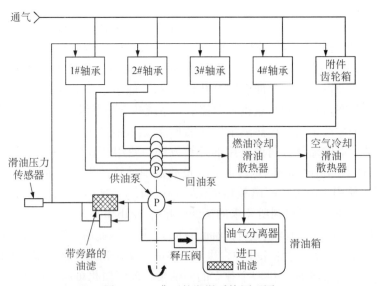

图 7 - 10　典型的润滑系统原理图

7.2.1.1 滑油箱

滑油箱提供系统可用滑油的贮存容器。其具有必需的备份容积(以容纳某些滑油消耗量)和为容纳油气分离器所必需的物理空间。

未针对滑油箱位置设置规则,它可设置或不设置在发动机上。在现代大型涡轮风扇发动机上,它是发动机的组成部分,几乎必然固定在发动机风扇部分的外部整流罩上,此处环境非常有利。

相比之下,在小型涡轮螺旋桨发动机上,滑油箱有可能固定在机体上。尽管由发动机制造商规定,也可作为飞机的一部分而提供。

7.2.1.2 滑油箱增压

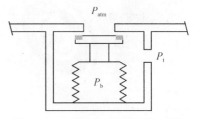

图 7-11 典型的滑油箱通气系统

在大多数商用喷气式发动机上,滑油箱简单地与大气相通。但是,在一些军用飞机上,在 30 000 ft 以上的高度上,通常使滑油箱与大气隔离。这是使用如图 7-11 所示的简单的膜盒弹簧菌状阀来实现的。

使膜盒弹簧增压到低于海平面大气条件的某个预定值。因此,在地面上和直至某个高度,滑油箱一直是通大气的。在大气压力 P_{atm} 等于膜盒内的压力 P_b 的某个高度上,阀门开始关闭。当高度进一步增加时,阀门完全关闭,使滑油箱在与该高度有关的大气压力下实现密封。这样,足可确保增压泵在主流抽吸状态下不至于形成气穴。为防止滑油箱出现过压,为滑油箱安装释压阀可能也是必要的。对于由压气机引气增压的轴承腔而言,这显得特别重要。

7.2.1.3 滑油油气分离器

轴承腔既可通大气,也可由引气(从压气机提取)进行增压。在任何一种情况下,当回油泵从轴承座中清除滑油时有大量的空气进入,必须从滑油中清除这些空气。因此,滑油箱装有油气分离器,当滑油返回滑油箱时,油气分离器释放滑油中所含的空气。向返回滑油箱的油气混合物施加离心力可实现此目的,离心力将较重的滑油甩至离心机的周围,因此为空气逸出提供中央路径。然后,经离心力甩出的滑油,输送到若干个水平盛油盘,此时,几乎完全消除了所有的油流动量,滑油在重力作用下,流动到盛油盘的底部。空气自由地从滑油表面逸出,并经过通气口排至大气。由此显而易见,在军用飞机上所使用的密封式滑油箱需要释压阀,以避免可能的过压状态。

7.2.1.4 滑油供油泵和回油泵

通过高压滑油泵,接收来自滑油箱的经除气滑油[①]输送到发动机轴承。滑油供油泵起到主滑油源的作用,向所有的发动机轴承集油池和附件齿轮箱提供滑油。

---

① 此处原文误为"fuel"。——译注

这些泵通常是正排量泵,当前普遍使用的是齿轮泵、盖劳特泵和叶片泵。在所有的情况下,通过附件齿轮箱为润滑泵提供机械传动。因此,泵以发动机转速的某个倍数值工作,如果不配备释压阀,需提供随发动机转速而变化的流量和压力。因此通常的做法是为泵配备一个释压阀,由此确保不出现过压状态。由释压阀放出的过量滑油返回滑油箱。

如同系统原理图(见图 7 - 10)所示,设有若干个回油泵,清除每一轴承集油池和附件齿轮箱集油池内的滑油。然后,使这些滑油流经滑油油气分离器系统后回流到滑油箱。通常滑油供油泵和回油泵安装在同一个壳体内,借助单个花键驱动装置使所有的泵油元件与附件齿轮箱相连接。

图 7 - 12 是一台润滑和回油泵组件的照片,此泵用于艾利森(Allison)公司(现在的RR 公司)AE 3007 型涡轮风扇发动机。在这一特定应用场合中,使用盖劳特泵,起到高压供油和轴承腔回油两种功能。

图 7 - 12　RR 公司/艾利森公司 AE 3007 型润滑泵和回油泵 (经派克宇航公司同意)

7.2.1.5　滑油滤

设置滑油滤,可将其作为滑油箱的一个整体部件,也可将其作为一个单独部件。因此,滑油在输入轴承系统之前经过滑油滤过滤。近年来,对于过滤等级的选择已受到相当的重视。在老式系统中,通常的做法是使用能够滤除大于 $25\,\mu m$ 碎片的屏障式过滤器。众所周知,过度碾压硬质碎屑的结果是导致轴承寿命降低(在重载轴承内,一个 $3.5\,\mu m$ 的砂粒可能导致一个小坑,并又可能引起一个表面疲劳点)。工业界开始采用更细过滤器的做法。当前普遍采用的是 $10\,\mu m$ 过滤器,业已考虑使用 $3\,\mu m$ 过滤器。像可预料的那样,更细的油滤需要更高的输送压力,以至于使泵的设计直接受到影响。

由图 7 - 10 可以看到,在滑油滤壳体上安装了压差传感器,在油滤堵塞时,指示流经油滤的压差增大。此类系统有一个综合部件,即油滤旁路回路,在滑油滤部分到完全堵塞的情况下,旁路开始允许滑油旁路流过滑油滤,以确保滑油输送给轴承。这是若干系统保护装置中的第一个,是发动机全面防护的基础。

7.2.1.6　压力监控

除了来自滑油滤的压差测量信号外,还检测整个滑油压力,两种信号都传送到电子监视器和(或)驾驶舱显示器。在燃气涡轮的陆上和海洋应用场合中,低滑油压力指示将触发系统报警,并使发动机停车。对于航空器的机载系统,飞行安全阻止这样的措施而仅使用警告。

经过过滤和增压的滑油输送到每一轴承座。如同先前所述,滑油通常是通过一系列的喷头输送到轴承。这样的一种设计要求平衡,以确保足够的滑油流量输送给每一轴承座。如图 7 - 10 所示,为了确保滑油平衡地输送到每一轴承系统,可能需用也可能不需用限流器。也应注意到,轴承座内喷头规格的选择,将进一步有助于所有需润滑点上滑油均匀分布。

7.2.2 系统设计考虑

随便审视一下构成滑油输送系统的主要元素就可发现,从设计人员的观点来看这是一个管网系统。管网系统计算原理图对确定泵、导管和其他部件的初始尺寸是有用的。但是,严酷的最小重量要求注定设计还应得到台架试验的支持,它将丰富系统专用部件性能库。为确定设计是否合适,台架试验也是最终的仲裁措施。最后,也意味着已由此表明,系统是平衡和经调谐的。

7.2.3 系统监控

在润滑系统中包含多种测量,反映该系统对飞行安全性的关键程度。通常,这些测量分为若干个关键类型,见 7.2.3.1~7.2.3.7 所述。

7.2.3.1 滑油压力

执行系统监控,以确保润滑系统按预期执行任务。为此目的设置多种有用的测量。

为确保滑油流入轴承系统内,正规的做法是,在润滑系统内位于主供油泵的下游安装一个压力传感器。由发动机全权数字式电子控制(FADEC)的控制器对该传感器进行连续监控,通过显示系统向飞行机组提供发动机健康状态。在波音飞机上,将这一显示系统称为"发动机指示和机组告警系统(EICAS)"。在空客飞机上,等效的显示系统称为电子式飞机集中监控器(ECAM)。在丧失滑油压力的情况下,飞行机组将收到一个要求使发动机停车的警告信息。

7.2.3.2 系统温度

所有的滑油黏度随温度而变化,并且黏度是在轴承范围内控制油膜厚度的主要参数。因此,我们诚然需要将滑油温度维持在适当的限制范围内。在压力测量的同时,可将温度传感器安装于滑油箱或安装在供油泵下游的滑油管路上。位置的选择受系统主要部件的布局所支配。图 7 - 10 表明,滑油冷却器(空气-滑油[①],燃油-滑油)位于回油泵之后,并在返回滑油箱之前。因此,这样的布局必须涉及冷却器内夹带大量的空气,意味着这些冷却器将比较大,且比较重。在这样的布局中,温度传感器有可能设置在滑油箱内。

也可能设计成以"热"油箱运行。在热油箱设计中冷却器布置在泵的下游。油气分离器是滑油箱的部件,用于分离空气,对于选择能够处置热滑油的泵和滑油滤而言这是必需的。现在仅按液体介质来设计冷却器,将其设置在泵的下游,还有可

---

① 此处原文误为"oil/oil(滑油-滑油)"。——译注

能在滑油滤的下游,可能更紧凑,热效率更高。因此,温度传感器的最合适位置应处于滑油冷却器系统的下游。

7.2.3.3　状态监控

状态监控的目的在于提供被认为是对系统功能状况为极重要的信息,必须针对这些信息立即或在某一预定的时间窗口范围内采取维修措施。

7.2.3.4　滑油滤堵塞

有两个要素涉及滑油滤堵塞问题。首先是流经滑油滤的压降测量,考虑是否将其作为信息而提供给飞行机组。其次,提供滑油滤旁路阀,一旦压降超过某个安全限制值,此阀便工作。

作为一个经验法则,当压差测量值达到进入滑油滤的供油压力的 15% 时,压差测量将指示报警状态。典型的工作压力量级为 200 psi,不得超过建议的压降,量级为 30 psi。

同样,压降的量级达到滑油滤供油压力的 45% 时,油滤实际上已经堵塞。这种状态将导致旁路阀打开,因此滑油旁路流过已堵塞的滑油滤,并为轴承提供必需的润滑。虽然未经充分地过滤,但是,系统安全性表明,与由于滑油供给不足而立即失效的风险相比,继续供给滑油是较有利的。

7.2.3.5　滑油中碎屑的监控

燃气涡轮发动机的轴承系统,对发动机安全运行而言是绝对重要的。尽管发动机设计成能够经受飞行中出现的单个轴承失效,这仍是需要发动机立即停车的状态。

按照逻辑,即如果系统在 100% 时间内以 EHD 膜工作,并且保持高等级的滑油清洁度,则轴承可能仅由于表面疲劳而失效。事实上,统计分析表明,导致轴承失效的原因如表 7-2 所列。

表 7-2　航空发动机轴承失效的主要原因

轴承失效的原因	出现频度/%
机械设计	30
腐蚀	30
过度碾压碎屑	30
金属疲劳	10

机械损伤通常与轴承安装而引起的细微的瑕疵或损坏有关。所引起的表面不规则导致表面过早损坏。

腐蚀与轴承滚道或滚动体表面出现的某种形式的化学腐蚀有关。此外,这会过早地引起表面损坏。

存在于滑油中的硬质碎屑,将最有可能陷于轴承的滚道和滚动体之间。图 7-5

表明,处于 EHD 工作范围内的润滑油膜厚度通常为 $10^{-6} \sim 10^{-4}$ in,$3\,\mu m(1.2 \times 10^{-4}$ in) 的粒子处于此范围内。由于早期的许多系统仅过滤 $25\,\mu m$ 的粒子,由此得出结论,如果碎片足够坚硬,有可能在轴承滚道和(或)滚动体表面形成凹痕,从而有可能出现轴承损坏。

因此我们可以断定,不管失效原因如何,轴承失效总是与产生的金属粒子所导致的损坏有关,并与有多大的可能性将粒子清除出轴承有关。

图 7-13 表明在台架试验时故意使轴承失效的过程。此图示出来自大型涡轮风扇发动机推力轴承可能的碎屑量,并示出在相对短的时间内由失效进入自毁的可能性。当 DN 数的量级达到 2×10^6 时,预期在轴承出现初次散裂损坏后大约 $150 \sim 200$ h 内,将会触发发动机停车(通常使用所谓的 DN 数来度量轴承性能,其定义如下:$DN=$ 轴承内径 $D(\mathrm{cm}) \times$ 转速 $N(\mathrm{r/min})$)。

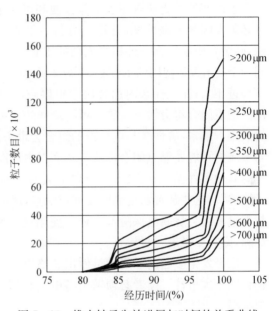

图 7-13　推力轴承失效进展与时间的关系曲线

7.2.3.6　碎屑探测器

利用磁性装置作为俘获滑油管路内金属碎屑的手段,早在 50 年之前就已出现。典型的磁性塞[①]如图 7-14 所示。这是一种被动装置,其仅仅俘获并留住已成功地从油流中清除的碎屑。一旦发现有俘获物,必须对碎屑进行检查和分析,以确定其

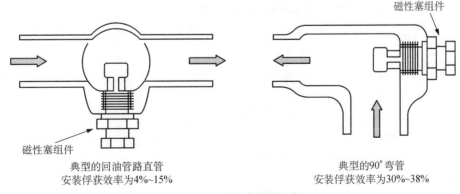

图 7-14　磁性塞安装示例

[①] 此处原书用"magnetic lug"和"mag-plug"两种方式表达同一个部件,统一译为"磁性塞"。——译注

出现的内在原因。

通常，磁性塞属于一种低成本装置，如果由有资质的人员进行分析，对轴承状态会有相当深入的洞察。在图 7 - 14 所示的直管路安装中，磁性塞的俘获效率很低，仅为 5%。将此装置安装在直角转弯管路中可以大大改进俘获效率。

磁性塞的主要缺点在于不能方便和可靠地给出存在金属碎屑的指示。技术人员必须实际卸下磁性塞，并进行分析。早先在经培训的技术人员在场的情况下使用，此装置则不失为一种相当成功的工具。在最近几年，飞机已经在全世界部署，由同一个技术人员使用已不可能，事实证明不同的人员的不同解读反而会引起困惑。

近年来，在磁性塞内加装两个电触点，金属屑被俘获时，可在触点之间形成电桥。触点闭合将会触发告警。可将这样的一种警告提供给驾驶员，使他们采取相应的措施。通常，磁性塞与电触点的组合会带来许多有待解决的问题。少量的非常细的金属屑可能使触点闭合。从正常磨损中可能获得这些物质，并且可能已经从发动机的其他零件循环到磁性塞，导致虚假的问题指示。此种情况已引出所谓的"绒毛燃烧器"。这些装置输送高电流通过触点，能够烧断细丝形状的金属屑，所用的方法与大电流将会烧断电保险丝一样。使用这一概念，很显然，如果金属屑很大而不能烧除，则需要做进一步检查。

已经发生多起由于驾驶员做出忽略电金属屑探测器的选择而引起的涉及人员丧亡的重大事件。读者必须做出将电金属屑探测器作为设计的一部分而纳入的明智选择。

7.2.3.7　感应式金属屑监测器

已经证实，使用感应线圈在滑油管路周围或在滑油管路内产生磁场是提供轴承损伤指示的一种较为先进和更为可靠的方法。此类装置的原理图如图 7 - 15 所示。

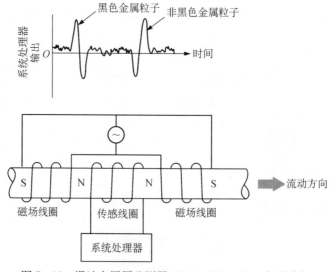

图 7 - 15　滑油金属屑监测器(经 GasTOPS Ltd 公司同意)

　　此装置的基本工作涉及在外部线圈内产生相反的磁场,并将第三个传感线圈放置在中立点处。导电粒子在导管内移动将干扰两个磁场的平衡,并且为传感线圈所探知。

　　这样的装置能够探测小到 $100\,\mu m$ 的金属屑的移动。现在已知道,即使在一个小轴承内,也会产生大量的大于 $100\,\mu m$ 的金属粒子(见图 7-13)。因此,可取的是,在发出警告之前已累积了一定的数量。

　　滑油金属屑监测器的构造引起一些问题的复杂性。工业用燃气轮机,其中大部分为无人操作,已选择在每一回油管路上安装滑油金属屑监控器。这样的布局可以实现远程监测,并给出有关轴承开始损坏的清晰指示。

　　对于飞机上的机载安装,重量和系统复杂性是主要因素。因此,通常的做法是,将此装置安装在回油系统的某个点上,各个回油油流都将在此处汇合。通常,这在回油泵系统的下游。然后,在各个回油管路上安装各自的磁性塞,可以一直诊断到各个轴承腔。

　　现代的滑油金属屑监测器具有相关的电子设备,可以与发动机控制系统和/或电子诊断装置(既可专用于发动机,也可用作大型飞机系统的一部分)建立通信。

7.2.4　陶瓷轴承

　　在本章的结尾,提及一项令人感兴趣的新技术,这是工业界在寻求轴承材料方面长期努力的结果(材料的硬度超过经热处理的 M51)。对于所有滚动轴承的批评在于滚动体在载荷作用下变形,导致大量的热量生成。现代润滑油具有带走热量的功能,这与它的润滑功能同样重要。

　　对陶瓷轴承所开展的研究已达到完成多次演示验证的程度。但是,失效模式相当突然。出现失效时,有关的碎片与切削工具有相同的强度和尖锐度。因此,已反复说过,使用它们的主要障碍在于不能足够早地探测失效,以保障安全运行。尽管如此,继续开展探求轴承替代材料的工作,在未来非常有可能看到这样的轴承投入使用。可合理地预测,首先将这样的轴承用于比飞机推进装置安全性风险低的应用场合。但是,材料研究最终将产生航空级轴承,这似乎是必然的。

参 考 文 献

[1] Faires V M. Design of Machine Elements [M]. 4th edn, MacMillan Company, New York, 1965.

[2] Anon. Rolling Bearings and their Contribution to the Progress of Technology [M]. FAG, Schweinfurt, 1986.

[3] Harris T A. Rolling Bearing Analysis [M]. John Wiley & Sons, Inc., New York, 1991.

[4] Zaretsky E V. Tribology for Aerospace Applications [C]. Society of Tribology and Lubrication Engineers, STLE-SP-37, 1997.

8 功率提取和起动系统

我们惯常将航空燃气涡轮推进系统用作与发动机本身和飞机机体两者有关的许多系统的机械功率源。在发动机起动过程中,也必须将机械功率施加于发动机旋转机构。

除了机械功率传送外,还将来自高压(HP)压气机的引气,用作机体和发动机许多系统的能源。

下面各节阐述在商用和军用两种飞机上使用的各种功率传送系统和设备以及所涉及的相关系统。

8.1 机械功率提取

通过与发动机高压轴相连接的附件齿轮箱,传送来自发动机的机械功率(供发动机和机体系统使用),以及将机械功率传送给发动机(用于发动机起动)。使用塔形轴实现这一功率传送。塔形轴一端通过一对伞齿轮与发动机 HP 轴相连接,另一端连接于附件齿轮箱上,附件齿轮箱可安装在发动机的核心机上,对于某些涡轮风扇发动机,也可安装在风扇机匣上(见第 3 章所述)。

军用飞机通常使用单独安装在机体上的附件齿轮箱,图 8-1 是此种布局的顶

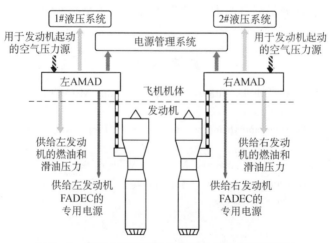

图 8-1 安装在飞机机体上的附件传动布局原理图

层原理图。美国和欧洲许多战斗机采用此种布局,包括 F-15,F-18,B-1B 和欧洲联合战斗机(台风)。按这种方法,将附件传动视为飞机机体的一部分。

无论采用安装在飞机机体上的附件传动(AMAD)装置,还是采用更传统的安装在发动机上的附件齿轮箱布局,安装在附件齿轮箱上的相关系统设备很相似,并可由图 8-2 所示的原理图予以代表,也请参见文献[1]。

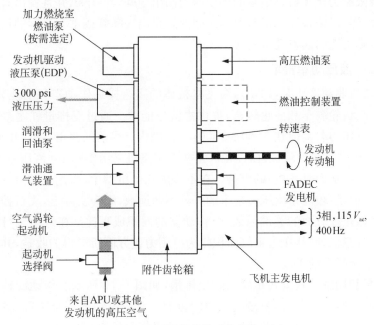

图 8-2　典型的附件传动功率传送源

8.1.1　燃油控制系统设备

如图 8-2 所示,发动机燃油泵功率提取包含燃气发生器高压(HP)泵,凡采用加力燃烧室时,还设置附加燃油泵。加力燃烧室燃油泵的工作压力比燃气发生器高压泵的工作压力低得多,通常采用离心式设计。可通过附件齿轮箱采取机械方式来传动加力燃烧室燃油泵(见图 8-2),或作为替代方式,采用引气驱动涡轮泵(见 8-3 节)。

燃油控制装置(见图 8-2 中所示,安装在附件齿轮箱上)是典型的传统液压机械装置,它包括加速和减速限制,转速调节和计量功能,因此,需要发动机提供转速输入。由这一装置所吸收的功率量可忽略不计。图中的虚线表示,对于现代采用全权数字式电子控制(FADEC)的发动机,由较为简单的燃油计量装置(FMU)替代燃油控制器。可将此装置脱离齿轮箱安装,因为 FADEC 提供了所有的控制功能。

需要发动机转速传感器(既可是转速表也可是磁性脉冲传感器),以便向飞行机组提供独立的转速信息。此装置通常安装在齿轮箱上。

对于采用 FADEC 控制的发动机,通过两个由独立的驱动平台传动的两台永磁交流发电机(PMA),提供带冗余的电源,为的是支持燃油控制系统的功能完整性要求。就控制而言,也可从 PMA 波形获得轴转速信息。

在某些小型飞机上,诸如支线飞机和公务机,可能需要另加一台燃油泵,以向飞机机体提供燃油压力,驱动与飞机燃油系统有关的供油和(或)搜油引射泵[2]。通常,将此泵限制为比飞机燃油泵的增压压力高出 300~500 psi,并且输出管路上可包括流量保险器,以便在发动机与机体之间的管路出现断裂或重大泄漏的情况下切断泵输出,否则可能引起发动机着火。

8.1.2　液压功率提取

由发动机驱动液压泵(EDP),为飞机机体的飞行操纵作动器和功能装置(诸如起落架收放、机轮刹车和前轮转弯)提供主液压能源。通过变排量柱塞泵实现此任务,维持系统压力名义值在 3 000~5 000 psi 范围内。当前的商用飞机(几乎全部)采用 3 000 psi 标准,用于飞机液压设备。某些军用飞机采用 4 000 psi 液压系统,为的是减少液压系统(从而是飞机)的重量。在不多的几个机型中,采用了超过 5 000 psi 的系统压力。但是,较高系统压力带来的好处不断递减,因为实际上,飞行控制作动器的刚度(颤振裕度方面的关键因数)与作动器的面积成正比。在考虑飞行操纵面作动时,应充分意识到,从压力乘以面积作为可用力这方面所取得的收益,并不能当作一种实现系统减重的手段。

这些泵利用旋转斜盘式布局以改变排量,如图 8 - 3 所示。作动旋转斜盘的伺服装置调制旋转斜盘角,作为输出压力的函数。泵还可纳入一个装置,将旋转斜盘设定在中立位置,为的是在发动机起动运行阶段使泵的扭矩减至最小。

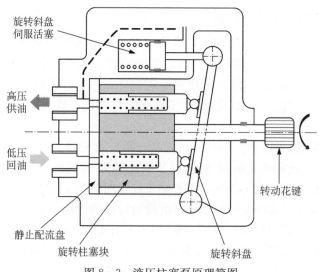

图 8 - 3　液压柱塞泵原理简图

在某些飞机上,可在附件齿轮箱上安装两台 EDP,为的是满足液压系统的功能完整性及其相关负荷的要求。

8.1.3 润滑泵和回油泵

发动机润滑和回油系统,由高压滑油供油泵和多达 5 个回油泵所组成,通常安装在单个壳体内,并由同一套机械传动装置驱动。对于此功能,采用固定排量泵,当前普遍使用齿轮泵、盖劳特泵和叶片泵。对于润滑系统滑油供油泵而言,最大滑油输送压力通常约为 $500\,\mathrm{psi}(1\,\mathrm{psi}=1\mathrm{lbf/in^2})$。

8.1.4 发电

对于航空推进发动机而言,最关键的功率提取要求之一,是向飞机提供电源。对于大多数发动机,通过固定在发动机附件齿轮箱上的发电机产生电源,其提供 3 相 $400\,\mathrm{Hz}$ 交流电,相线对中线之间的名义电压为 $115\,\mathrm{V}$。

发电系统的难点在于,适应发动机慢车和最大推力之间转速(从而是发电机传动转速)的变化,这通常约为 $2:1$,同时输出符合发电规范的交流恒频电源。

共有 3 种方法解决这一基本问题。

(1) 在发动机传动轴与发电机之间,导入恒速传动装置(CSD)。

(2) 根据电输出波形的形状,提供变速恒频(VSCF)发电机输出。

(3) 产生变频电源,由机上电源用户控制最终的 $2:1$ 频率变化。

CSD 方法采用液压机械式装置,由变速附件齿轮箱驱动,输出适于驱动发电机的恒定转速。图 8-4 示出这一装置的顶层原理图。

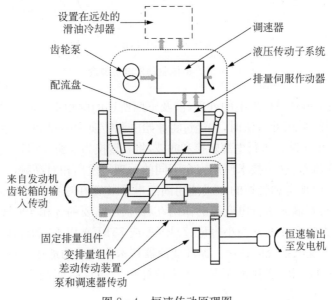

图 8-4 恒速传动原理图

如图所示,CSD包含差动传动齿轮,提供的转速输出等于两个输入之和。其中一个输入来自附件齿轮箱传动,至差动传动齿轮的第2个输入来自液压柱塞泵/马达布局。液压装置之一是固定排量装置,而另一个则是变排量装置,借助伺服作动器改变其旋转斜盘角。由离心式调速器确定伺服作动器的位置,从而确定旋转斜盘角。

当附件传动转速低于所需求的输出转速时,液压传动系统增加至差动传动齿轮的转速输入。在这一模式下,变排量装置起到一个泵的作用。

反之,当附件传动转速高于所要求的输出转速时,液压装置以相反方向转动,因此以其转速抵扣附件传动转速。在此工作模式下,变排量装置起到一台马达的作用。

CSD的液压部分相当复杂,为清晰起见有些器件在原理图中未示出。这些器件包括带压降指示器的油滤、液压油箱和回油泵。这些液压油通常通过单独定位的滑油冷却器进行冷却。

典型的CSD还包含离合器,在出现传动故障之后,可由飞行机组选择,以脱开与附件齿轮箱的传动连接。仅可在地面上由维修人员使此离合器复位。

CSD/发电机布局较为近期的发展是整体驱动发动机(IDG),其将CSD与发电机组合成单个航线可换件(LRU),如图8-5概念图所示。

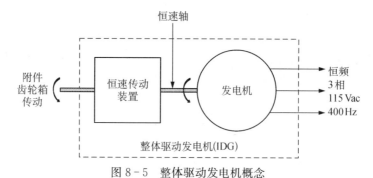

图8-5　整体驱动发电机概念

VSCF关于恒频AC发电的处理,涉及下面所述的两种不同的方法。

● DC链接:采用此方法时,先经过将原始电源转换为中间DC电源的阶段,再通过固态电子装置进行电源转换和滤波,将其转换为3相400Hz恒频AC电源。

● 循环变流器:这一技术使用完全不同的原理。发出相对高频(>3000Hz)的6相电。以预定和受控的方式使用固态电子装置在这些多相电之间进行的转换,具有对输入进行电变换的作用,以提供所需要的3相400Hz交流电源。

DC链接方法已在通常为小容量(75kVA或75kVA以下)的许多应用场合下使用,或者作为主发电系统的备份。循环变流器技术业已成功地用于许多美国军用飞机,包括U-2侦察机、美国海军F-18大黄蜂和F-117隐形战机。到目前为止,尚没有商用飞机采用这一发电技术。

VSCF方法的主要问题在于,所有的电源变换电子装置必须额定为机器的全功率容量。这些装置可能体积大,昂贵,失效率高。

即使 CSD 和 IDG 关于恒频发电的处理方法较复杂,并受到来自维修性和可靠性方面的挑战,它们仍然比其竞争对手 VSCF 方法略胜一筹。

交流发电的第三种方法,即变频方法,已经盛行了 15~20 年,在许多新的飞机项目中,开始采用这种发电技术。现在已对发电系统做了大量简化,取消了 CSD,并消除了与其相关的可靠性和维修性问题。现在,这一"宽频"电源的用户,必须在其设备内部适应频率的变化(通常为 350~800 Hz)。在许多应用场合,这导致在一个频率极端值下的功率因子非常低(低于 0.5),最终带来电路载流容量问题,从而带来重量损失。尽管如此,在飞机级,变频发电方法似乎产生了正效益。

8.2 发动机起动

当前,最常用的燃气涡轮发动机起动方法是借助空气涡轮起动机,其使用来自如下气源的高压空气:

- 辅助动力装置(APU)负载压气机;
- 从另一台正在工作的发动机交叉引气;或
- 在 APU 不起作用的情况下,来自地面气源车的高压空气。

起动机使发动机加速,直至燃气发生器转速达到其自持转速,此后,发动机可继续加速到地面慢车转速。达到大约 15% 转速,开始点火,但在起动机功率输入断开之前,起动机必须继续协助发动机加速,达到或超过自持转速。这可能经历一分钟或更长时间,一切取决于主流环境条件。

典型空气涡轮起动机的组成包括:

- 空气涡轮,其产生高速低扭矩输出;
- 减速齿轮,通过附件齿轮箱,向发动机高压轴提供高扭矩和低转速输入;
- 棘轮棘爪式离合器,将起动机减速齿轮输出与发动机相连接。

当发动机转速超过起动机输出转速时,起动机旋转组件自动与发动机脱开啮合。

图 8-6 给出空气涡轮起动机的原理图以及棘轮棘爪离合器剖面。

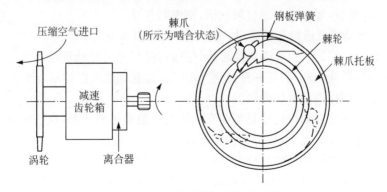

图 8-6　空气涡轮起动机原理图

　　在起动过程中，重要的是确保涡轮燃气温度（TGT）不超过预定的极限值，以至于不发生发动机热部段损坏事件。此问题归因于如下事实，即发动机低转速时，流过发动机的空气流量非常低，而在加速阶段，*TGT* 上升非常快。图 8 - 7 示出在起动过程中转速和 *TGT* 如何响应。起动机一啮合，点火器便接通，起动机脱开啮合后，点火器便断开。

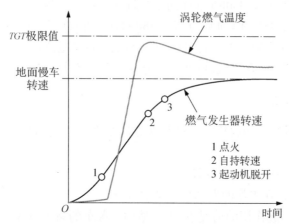

图 8 - 7　起动过程中典型的转速和涡轮燃气温度的响应

　　在许多燃气涡轮发动机中，由飞行机组控制和监视发动机起动过程。但是，当前现代发动机具有全自动起动能力，由 FADEC 控制和监视起动过程。

　　典型的手动起动顺序如下：

　　（1）选择发动机主电门"ON"，这一过程接通飞机燃油系统的燃油增压泵。

　　（2）选择发动机起动机"ON"，开始带动发动机转动。

　　（3）选择点火"ON"。

　　（4）当发动机转速达到 10% 转速时，将功率杆设定在"IDLE（慢车）"。这就使位于燃油控制器内的高压切断阀打开，可使增压燃油到达主燃油喷嘴。

　　（5）当发动机点火时，由 *TGT*（或排气温度 *EGT*）上升信号表示，机组必须监视温度，并做好准备，如果温度超过限制值，则中断起动。

　　（6）当发动机抵近慢车转速时，选择起动机和点火电门"OFF"。

　　在热起动（*TGT* 超温），或悬挂起动（在达到慢车之前发动机未能升速）情况下，必须关闭高压燃油切断阀（功率杆拉到"OFF"位），起动机应保持啮合至少 30 s，以便吹除燃烧室内积存燃油和燃油油气。

　　尽管空气涡轮起动机仍然是当前发动机起动最常用的技术，也已使用了许多其他的方法。在许多情况下，独特的使用要求推出了非传统的起动方法。但是，下面两个示例是相当普遍的，为完整起见值得在这里提及。

　　● 电动机起动（更为新近的则是电起动机-发电机）是小型推进发动机（小于 1500 HP）和 APU 所普遍采用的。起动发电机的优点在于它是单个装置，在起动时可以向发动机提供扭矩输入,当起动完成并且持续运行时,同样的装置(利用不同的绕组)可用于产生直流(DC)电源,供发动机和机体使用。对于起动,可从飞机蓄电瓶或从某一地面电源,获得 28 V 直流电。

近年来,业已对开关磁阻起动发电机做过很多研究和开发,并且可能成为未来大型发动机起动和发电的技术。

- 火药和固态推进剂起动机几乎专用于军用飞机上,具有非常高的扭矩/重量比的优势。火药起动系统也是自含式系统,并且与任何外界动力源无关,在遥远的敌方环境下,这可能是关键所在。在起动指令下达后,点燃火药推进剂。由此产生高温燃气(通常为 2000°F),用于通过涡轮产生扭矩,工作方式与空气涡轮起动机有很多相同之处。

除了上面所述的方法外,还有很多其他技术,业已用于起动燃气涡轮推进发动机,包括液压起动机、液体单组元推进剂起动机,也许最复杂的布局是燃气涡轮起动机,但是,这些方法属于非常专用的,而在当前,无论是在商用飞机上还是在军用飞机上,都未得到普遍使用。

8.3 以发动机引气为动力源的系统和设备

除了如上面所述,需要向发动机传送机械功率以及传送来自发动机的机械功率外,也将引气用作如下所述的许多发动机系统和飞机系统的动力源。

- 军用飞机加力燃烧室燃油系统,可利用由发动机引气驱动的涡轮泵,替代机械传动的加力燃烧室泵。
- 喷水加力系统也可能采用涡轮泵,用于直接向燃烧室喷液。
- 飞机环境控制系统(ECS)连同座舱和驾驶舱增压系统,需要高压空气源。
- 飞机防冰系统,使用由发动机引出的热空气来防止冰聚集在机翼前缘、短舱进气口和发动机进气道导向叶片。
- 燃油箱惰化系统需要高压高温空气来支持空气分离系统,由此产生富氮空气,对燃油箱无油空间(燃油油面上部的空间)实施惰化。

在某些飞机上,除了直接机械传动或电动机传动外,已使用发动机引气来驱动空气马达,由此驱动液压泵,为的是提供非相似冗余,从而改善系统完整性。但是,在现代飞机上,这不是一种普遍的做法。实际上,趋势是将推进发动机的引气使用减至最少,甚至取消。为的是改善推进效率和降低不希望的污染物排放。

除了上面综述的主要的以引气为动力源的系统外,还使用引气来提供许多辅助功能,诸如转轴轴承集油池封严和冷却。图 8-8 原理图示出典型的转轴轴承和迷宫式封严装置,由发动机引气保持封严。

在许多商用高涵道比发动机上,也可使用风扇排气替代发动机引气。如图所示,发动机引气流经两组迷宫式封严装置。气流经过外层密封进入外界大气。气流经过内层密封,进入与大气相通的轴承集油池,集油池滑油和夹带的空气从集油池

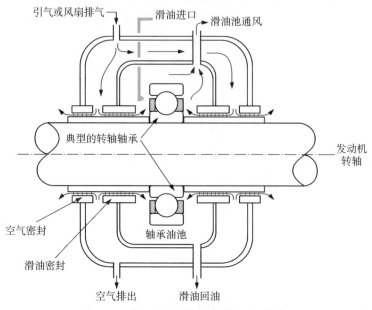

图 8-8　典型的发动机转轴轴承封严布局

回油,通过油气分离器返回到主润滑系统滑油箱。有关轴承集油池引气和润滑系统的管理的更详细的信息,参见第 7 章。

　　在高性能燃气涡轮发动机中,发动机引气用于高压涡轮静子和叶片的冷却(为的是使得由可能出现的极端高 TGT 而引起的热应力和损坏减至最少),因而使发动机热部段在这些极端使用条件下的使用寿命最大化。

　　导入发动机引气,流过叶片内部的空心区域,实现静子和转子叶片的冷却,因此,提供的是对流冷却。在某些设计中,通过叶片表面的细孔排出,形成围绕叶片表面的空气冷却层。这样的叶片冷却技术称为"气膜冷却"。

　　下面一节阐述当今在役许多商用和军用飞机典型的主要引气负载。

8.3.1　发动机引气驱动泵

　　发动机引气驱动泵,有时称为"涡轮泵",使用与空气涡轮起动机相似的原理,但是未设置有关的减速齿轮和棘轮棘爪式离合器。图 8-9 示出典型的加力燃烧室燃油泵布局。

　　喷水泵可能需要正排量泵芯,为的是产生所需要的压力,将水喷入燃气发生器燃烧室。然而彼此的原理基本相同。

8.3.2　发动机引气用于环境控制、座舱增压和防冰系统

　　用于飞机空调系统的发动机引气,对推进系统带来很大的使用损失。在典型的现代商用飞机上,这可能影响燃油消耗多达 1%~1.5%,取决于空调系统所用空气循环的主流工作状态和程度。

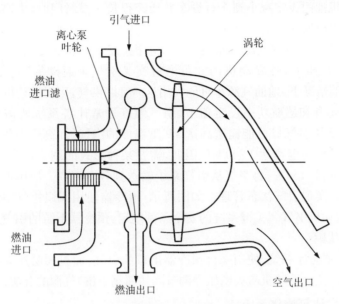

图 8 - 9　引气空气驱动的加力燃烧室燃油泵原理图

图 8 - 10 给出商用发动机的典型的引气系统原理图,表明两个引气口怎样用作引起源:一个引气口位于高压压气机的低压级,另一个则位于高压压气机的高压级。

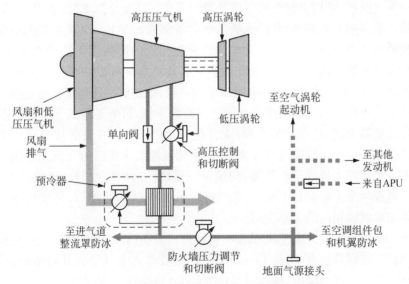

图 8 - 10　典型的商用发动机引气系统原理图

支持空调系统和座舱增压系统需求而需要的发动机引气压力,通常为 30~35 psig。90% 以上的工作负载循环,可以通过低压引气口供气。但是,在飞机下降阶段,当发动机油门设定减小到飞行慢车并历经很长一段时间时,由高压引气口接替,向各系统提供所必需的发动机引气压力。如图 8-10 中所示,这一压力源也通过单向阀与 APU 压缩空气源以及另一台发动机(假设为双发飞机)相连接。APU 起动第一台发动机后,该发动机因此可通过交叉引气来起动另一台发动机。在 APU 不工作的情况下,地面气源车可能利用这一管路供气,用于发动机起动。

在起飞、爬升和巡航功率设定值下,引气温度通常比各系统所需要的温度高得多。例如,低压引气口可能输送高达 350°F 温度的空气,而高压引气温度在直到 500 psig 的压力下可能高达 1 200°F。因此,需要某种形式的调节,以可接受的程度(通常为 30 psig 下 150°F)将空气从引气系统输送到各个用户。使用压力调节阀和预冷却器布局,实现引气状态管理。如图所示,预冷器使用风扇排气空气通过热交换器来冷却发动机引气。关键系统的安全条例规定,预冷器下游的引气温度保持在燃油自燃温度以下。

短舱整流罩防冰系统,使用来自预冷器出口的引气,而机翼防冰系统的气源来自空调组件包(位于发动机防火墙压力调节和切断阀下游)气源的分流。

8.3.3 燃油箱惰化系统

在许多新的商用飞机上,尤其是在过去 5 年内接受型号合格审定的那些飞机,为了降低燃油箱爆炸的概率,已安装燃油箱惰化系统。这是由于 1996 年 TWA 800 航班在美国长岛海峡上空失事所致,美国全国运输安全委员会(NTSB)认为事件归因于燃油油气点燃,随后引起中央翼燃油箱内爆炸。这又导致 FAA 在 2001 年 4 月颁发特殊适航条例。新的条例(特殊联邦航空条例或 SFAR 88)基本上强制规定对中央翼油箱内无油空间进行惰化,此油箱可能在很少的燃油或无油状态下使用,并且位置常常是靠近空调组件包。由空调系统散发的热量可促使这些燃油箱内形成大量的燃油油气,因此像 TWA 800 航班事件一样,增加燃油箱爆炸的可能性。

尽管军用飞机使用燃油箱惰化系统已经有数十年,目的是将战斗损伤引起的燃油箱爆炸减至最少,但是在十年之前,或者在与"空气分离"有关的技术可作为惰化商用飞机燃油箱的一项实际可行方法之前,惰化系统尚未在商用飞机上使用。现代空气分离工艺使用大量的空心纤维,构成单一模块。这些经专门处理的纤维,能够将空气分离成两个主要的分子成分:氧气(O_2)和氮气(N_2)。然后,可使用氮气作为惰性气体充填燃油箱内的无油空间。

图 8-11 示出空气分离模块(ASM)的原理。如图所示,空气从空气分离模块进口进入,氧气,连同其他分子(如 CO_2、水蒸气)沿着垂直主气流的方向流动,排出机外。来自空气分离器的输出,称为富氮空气(NEA),应该承认,事实上这并非是纯净氮气,而可能含有百分比非常少的氧气(通常少于 1%)。

在大多数情况下,ASM 的气源是发动机引气,可以使用与座舱增压和空调所使用的相同气源。新的 B787 梦幻飞机属于基本上"无引气"的发动机,使用电动压气机为所有的飞机空调和增压任务提供压缩空气,但是短舱整流罩防冰除外。后者仍

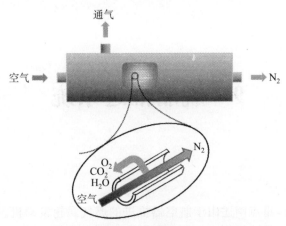

图 8-11 空气分离器模块(ASM)原理

然使用发动机引气,但其引气需求量很小,使用频度相对较低。

对于空调系统和燃油箱惰化系统两者而言,一个重要的问题是引气受污染程度。从空调系统角度考虑,最大的挑战是臭氧污染,在巡航高度(例如 36 000 ft~43 000 ft),大气中的臭氧含量非常大。在这些高度上,臭氧等级可能达到 0.8 ppm,这可能使旅客感到严重不适,征兆包括胸闷、疲劳、呼吸短促、头痛和眼睛刺激。从燃油箱惰化角度考虑,由于臭氧使 ASM 所含纤维性能遭到破坏,因此降低了纤维的有效寿命,可能会严重降低空气分离工艺的效率。为了适应空调和 ASM 所含纤维性能的问题,采用臭氧催化转换器,其将臭氧(O_3)分离为氧(O_2)分子。在触及空调系统管道和内饰表面时,也出现大气分离。

由于 ASM 燃油箱惰化技术对于商用飞机工业界而言是一项非常新的技术,ASM 内所含纤维束的平均寿命仍然是一项相对未知的特性。

参 考 文 献

[1] Moir I, Seabridge A. Aircraft Systems [M]. 3rd edn, John Wiley & Sons, Ltd, UK, 2008.

[2] Langton R, Clark C, Hewitt M, et al. Aircraft Fuel Systems [M]. John Wiley & Sons, Ltd, UK, 2009.

9 舰船推进系统

　　本书前面各章,重点阐述用于航空器推进的燃气涡轮发动机。但是,重要的是要认识到,燃气涡轮发动机业已在地面和海上这两种场合用于提供推进动力,而且燃气涡轮在与管道输送和发电有关的许多固定场合也得到广泛应用。

　　在所有非航空器的燃气涡轮推进系统中,最突出的应用是海军战舰,其速度和机动性是关键性能。当今许多国家的现代化海军,包括美国、加拿大和英国,都采用以燃气轮机为动力的舰船,有时,与其他形式的推进发动机构成各种组合,在整个使用包线范围内提供最佳性能。

　　尽管燃气轮机已用于舰船,但是与惯常在航空器上应用相比有较多例外。同样,以燃气轮机为动力的地面车辆并不多见。也许最著名的以燃气轮机为动力的地面车辆是美国陆军的艾布拉姆 XM1 坦克,其使用的是联信来康明(AlliedSignal Lycoming)公司(现在的霍尼维尔)的 AGT1500 发动机。选择此发动机作为推进发动机仍是许多专家有争议的问题。对在这一场合下使用燃气轮机的一个主要批评是,其在低功率设定值使用时单位燃油消耗率不佳,这是因为循环温度较低,从而是热力学效率较低。

　　鉴于上面所述,本章的重点在于海军舰船推进和相关系统的问题。

　　如要成功发展海军舰船用燃气轮机推进系统,必须解决在航空燃气涡轮发动机推进系统中未必会遇到的许多技术问题。

　　问题的背景是,现代战舰典型的舰员人数要求是 200～275 人。舰员定额可能相当于一个小村庄的居民数,需要安排一切生活起居、洗衣等等。此外,由于战舰是一个设备齐全的战斗机器,必须使一切战斗实施都保持在工作状态,同时船上配有机修间和可用设备。最后,是对机动性的要求。所安装的推进系统必须能够使得舰船在狭窄水域提供正车和倒车动力做低速机动航行,并能够在开阔水面以 35 kn 以上的速度航行。尽管这后面一种能力(通常是分级的)代表最高性能等级,然而可以预期,舰船设计工程师们必定会予以解决并可满足要求。

　　一艘战舰的典型使用剖面示于如图 9-1 所示。如图所示,这样的一艘舰船大多数时间是以小于 60% 最大速度在航行。如果研究这样一艘最大排水量在 10 000～

12000 t 范围内的舰船其动力要求,由图 9-2 所示可以看到,在功率和速度之间存在非常明显的指数关系。

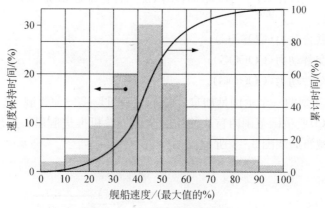

图 9-1　典型的舰船使用剖面

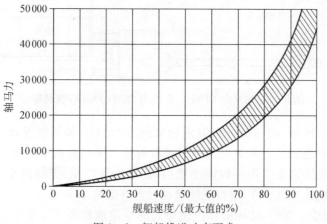

图 9-2　舰船推进功率要求

由图 9-1 和图 9-2 我们可以看到,对于 80% 以上的时间,舰船的推进功率需求不到最大装机容量的 20%,但以高速航行时,推进系统所要求的功率上升非常快,尤其是接近最高航速时更是如此。

类似的约束适用于舰船的发电要求,但是属于不同的原因。尽管为支持舰船运行需求而要求的电源可能在 20%~100% 最大值之间变化,电源可用性的关键程度(即发电系统的功能完整性)则要求提供切实的冗余。因此,装机发电容量通常是最大电源需求量的 3 倍(有时甚至是 4 倍)。

因此,推进系统和发电系统两者一般都由多组独立的原动机构成,以便为所有的关键战斗功能提供适应性和冗余。

9.1　推进系统设计

已经规定一系列的首字母缩略词，用以说明各种推进系统构型。下列的示例图解说明此概念：

- 蒸-燃联合动力（COSAG）；
- 柴-燃交替动力（CODOG）；
- 燃-燃交替动力（COGOG）。

COGOG 类型的一个示例是加拿大海军的 DDH-280 驱逐舰，这是北大西洋公约组织（NATO）成员国范围内首次使用的全燃气轮机推进舰艇。这艘舰艇于 1970 年下水，其机械布局如图 9-3 所示。

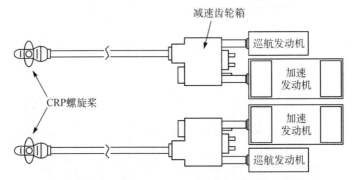

图 9-3　加拿大 DDH-280 驱逐舰的 COGOG 机械布局

如图 9-3 所示，减速器可在额定功率约 5 000 HP 的巡航发动机和额定功率约 25 000 HP 的加速发动机之间选择。通过可控可逆桨距（CRP）螺旋桨，获得倒车动力。最后，能够完全关停一台驱动机组，使螺旋桨顺桨，维持最小阻力和（或）噪声，使单轴巡航发动机工作，进行低速机动或经济运输。

对于一艘给定舰船，选择最佳机械布局的主题通常属于造船学的论题。但是，由于存在许多与复杂机械有关的功能综合问题，再加上运行系统问题，使得现在使用船舶系统模拟技术已成为支持舰船推进系统设计过程的一种固有做法。

9.2　航改燃气轮机[①]

本章中有待解决的许多问题，可能适用于任何原动机，事实上，对于备选的舰船推进系统布局的研究从未停止过。但是，航空燃气涡轮发动机对于现在战舰的作用是非常重要的。因此，航改燃气轮机将成为许多问题讨论的焦点，而船舶系统工程师必须处置这些问题。

英国皇家海军似乎已率先经历并评估航空燃气涡轮发动机在船用推进系统中

---

① 原文为"aero-derivative gas turbine"，系指航空燃气涡轮发动机的舰船用衍生型。——译注

的应用[1, 2]。美国海军开始时认为,需要根据海军的要求专门按船用推进要求量身定制燃气轮机。

在这一方面已开展了相当多的工作,包括若干相当复杂的发动机的设计、研制和试验,涉及热能回收、中间冷却和加力燃烧。令人关注的是,这些发动机相当小,最大功率输出小于 3000 HP,显然,并非预期使用这些发动机来推动某艘舰船。在一定程度上,他们的目的是以实践方式探索技术,以便到时候(20 世纪 40—50 年代)在向美国海军提交一份正式采用非常新颖发动机概念的舰船建造大纲之前,就已达到准备就绪的程度。

同时,皇家海军在试验航空燃气涡轮发动机,并在美国海军和皇家海军之间,开始建立一个长期而有益的关系。通过这些努力,若干重要问题变得清晰起来。

(1) 燃气涡轮受到其安装的影响很大,因此,进气系统、排气系统和燃油系统成为单独的研究课题。

(2) 用于单独研制舰船专用燃气轮机的资金绝无可能接近用于研制航空燃气涡轮发动机的资金。

大概在这时候,皇家海军决定投入大量资金用于航空发动机,并且决定使这些动力装置适于在舰船上应用。到 20 世纪 60 年代,一切变得清晰起来,舰船化的航空燃气涡轮发动机可成为大多数舰船主推进装置的候选。从这一概念中浮现出若干问题,将在下面予以讨论。

(1) 蒸汽轮机船借助非常成熟的可逆转蒸汽轮机能够自如地前进和倒退。但是在航空燃气涡轮发动机领域内不存在这种等效的涡轮,并且研制这种涡轮是不可行的。这导致研制 CRP 螺旋桨,从所需的动力级考虑,这是一项主要任务。

(2) 为了达到蒸汽轮机推进舰船通常所达到的速度,所需动力级意味着发动机属于 30 000~50 000 HP 一类。此外,低功率级运行时(与较适中巡航速度有关),如果未采用多重发动机配置,燃气轮机的燃料经济性将会大大降低。因此引出巡航/加速发动机概念,并成为现时大多数海军舰船的标准装备。

利用燃气轮机驱动现代战舰有待解决的系统工程问题是难以应对的。下面各节将讨论各种类型的设计和安装问题,其中首要的并且最显著的是环境。这包括系统的所有方面,其中必须考虑与海洋或受海洋影响的大气(例如盐雾)的相互影响。

所涉及的第二个主要领域则是发动机自身的防护。航空发动机的优势在于环境干净,并且围绕发动机流动的气流平稳,这有助于发动机的冷却。对于安装在船体下部的舰船用发动机,情况并非如此,并且对于确认首先在飞机上使用的发动机,无疑大多数不是这种情况。

受关注的第三个主要方面是发动机运行必需辅助设备和外围设备的配置和工作。这些包括燃油供给系统、润滑油系统、起动设备等。

最后,存在系统综合和动力装置控制的问题,它们与整个船舶控制相关或是对船舶控制的响应。后面的问题相当复杂,因为在多螺旋桨船舶上发动机的工作必须与其他发动机协调,同时从安全性和防护观点考虑,对发动机保持监视。

9.3 海洋环境

就对海洋环境开展评定而言,图9-4和图9-5是有启发性的。图9-4表明商用补给船试图停靠北大西洋近海钻井平台附近。船舶的纵向摇摆如此剧烈,以至于船尾好像脱离水面。最直观的问题是这样一种情况,象征发动机上的负载突然消失。由照片可以看到的同样明显的第二个问题是,对船体结构的巨大冲击,而舰船必须能承受住这样的冲击。可以预期,结构应设计成富有挠性,而船上机器的安装方式必须适应这种动态影响。

图9-4 海上钻井平台补给船航行,船尾
　　　脱离水面
　　　(经 lyman@naval.com 同意)

图9-5 海岸巡逻舰在波涛汹涌的海面上航行
　　　(经 lyman@naval.com 同意)

图9-5有同样的启发性,因为这强调了这样的事实,即在波涛汹涌的海面上航行,发动机进气口和排气口应满足允许水流出的条件。在风和波浪相互作用下会形成水滴,预期这些水滴可能进入发动机进气道。在图9-5所示的示例中,进气口明显暴露于"绿色"海水,其设计必须能够适应此情况。

在实际使用中,与典型的航空器任务相比,海洋环境要求推进系统较长时间的持续运行。和平时期舰船在返回港口之前,通常要在海上航行6周。战时遣派任务可能是长达数月。

如前面图9-1所示,舰船的大部分时间需要推进系统以相对适中的功率运行。但是,它们必须持续运行,并且可按规定的航运需要供舰船使用。

9.3.1 舰船燃气轮机推进系统的进气道

尽管本书第6章,涉及燃气涡轮发动机的进气和排气系统,但只限于典型的航空用途。由于在舰船上应用时进气和排气系统有实质性的差异,必须涉及独特的安装和环境考虑,对于在舰船上应用的进气和排气系统,将在本章分别予以阐述。

对于舰船燃气轮机推进系统,其进气系统的布局采用管道引导空气,从舰船上层建筑的某个高点,向下穿过若干层甲板到达发动机,其通常位于螺旋桨轴穿过船体那个点的上方不多远的位置。图 9 - 6 给出加拿大 DDH - 280 级驱逐舰上推进系统安装剖面图,表明了轴系的安排,发动机罩的位置,进气和排气系统的布局。

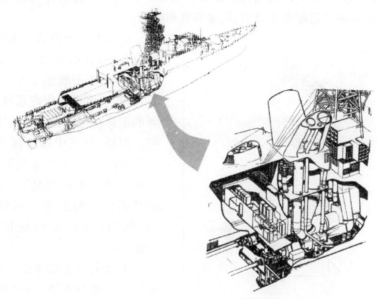

图 9 - 6   DDH - 280 推进装置布局(经中尉 Cdr Taylor 同意)

如果将图 9 - 3 所示的 COGOG 原理图与图 9 - 6 所示的实际布局进行比较,可以看到,对于巡航发动机和加速发动机,设置独立的管道。从图 9 - 6 显然可见,必须向下抽吸进气空气,绕 90°的弯,然后再进入发动机。

谢费尔德(Shepherd)[3] 阐述,以这种方式流过一个弯头,事实证明存在问题。当空气流进入导管内的弯头时,由于离心力的影响,轴线的弯曲导致导管外半径处压力增大,同样,导管内半径处的压力减小。

当气流流过了曲线的中性点时,影响正好相反。这一影响,连同流体摩擦,产生了围绕管道边缘的两个环流形态。如果流速足够高,在弯头的内径处将出现分离。这两种影响在弯头出口处联合产生严重畸变的气流。然而,舰船典型的狭窄空间内,没有空间可使气流本身沿直线流动,然后再进入发动机。

在这样的进气流条件下,发动机进气环部分可能进气不足,导致压气机失速和(或)转子失速。因此,必须使进气管道尺寸尽可能地大,为的是尽可能多地降低空气流速,并引导气流通过转弯导流片流经弯头,再最终加速流往发动机。

显然,上面的评述与设计点或最大流量状态有关。在部分功率状态下,发动机的空气流量需求减少,气流流动在某种程度上更加平稳,但是,在最大功率状态下,重要的是进气道损失不得降低发动机的能力,而发动机的能力又会影响影响舰船的能力。因此，应保证对进气管道进行细心的空气动力学设计。

进气道处理

舰船进气道处理的主要问题在于不可避免地存在如下形式的水：水雾、水滴以及所谓的绿水洗涤，后者是在最不利的情况下，海水冲洗整个进气口。简而言之，进气系统的设计，必须以允许发动机连续发挥功能的方式应对以各种状态出现的水。为达此目的，为进气道配备水分离器、除雾器和滤网。

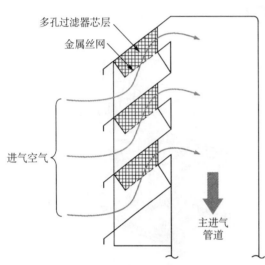

防止水入侵的第一道防线是百叶窗系统，其布局如图9-7所示。将进气口置于舰船上层建筑的上方，并布置成可使绿色水流出，这两者的组合在很大程度上解决了该问题。但是，空气中以飞沫或雾气形式夹带的水，将进入进气管道，必须实施分离。在此情况下，使用水分聚结器使任何细雾重新转化为水滴，然后，可以方便地借助重力去除。

图9-7　进气道第一道除水装置

水分聚结器的下游，进气道再配置一个水分离器，设计成处理空气中剩余的水以及任何残余的水滴。通常，空气流经百叶窗系统，百叶窗拥有很大的表面面积，进一步促使水滴形成。必须对这些百叶窗进行加温（通常采用电加温器），以防止结冰。最后，空气必须流过一系列进口滤网，可较方便地去除空气中的粒子和任何残留的小水滴。

典型的舰船进气道系统还包括如下的其他几项措施。首先，非常实时地关注冰的聚集，这可能引起堵塞和尔后的发动机压气机失速。在结冰确实聚集的情况下，进一步关注的是，冰可能成为外来物（FOD）而进入发动机。为了消除这一问题，通常的做法是从发动机压气机引气，并将这股热空气输送到进气道内的防冰总管。在进气道内设置传感器，随着环境温度下降接近冰点（大约+3℃），给出结冰风险增大的指示，达到该温度时，发动机防冰系统接通。

第二道防线是，为进气道配置辅助进气门，如果流经进气道的压降上升超过某个值时，此辅助进气门将打开。这样的情况表明，由于进气的空气处理系统内出现壅塞，引起发动机进气不足。

一旦辅助进气门打开，保护发动机运行的唯一防护措施就是最后的进气网，挡住外来物进入。可预期，在这样的条件下持续运行，势必导致与盐雾有关的损坏。因此，作为最低限度，在这样的事件之后，必须冲洗发动机压气机。

最后,采用声学材料对舰船内部的进气道进行处理(通常,占总进气管道的1/2)。这是为抑制进气管道内产生的任何空气动力学噪声所需。通常,这种处理采用的形式是,由包覆多孔钢板面层的吸声材料所制成的垂直百叶窗。多孔结构适合于衰减噪声主频。

进气系统的终端在发动机罩上。这一最后的部件是进气管道的"靴"形橡胶管件,设计成引导空气进入发动机罩,而不会将发动机罩噪声传送到船体。

9.3.2　舰船燃气轮机推进系统的排气系统

发动机排气必须沿返回路径通过舰船,再次引导到高于舰船下部建筑的某个点。如同进气管道一样,排气管道与发动机构成封闭连接,并且开始时必须实行直角转弯,再穿过舰船甲板向上铺设。

此时值得注意的是,发动机在罩内运行需要冷却空气,需求方式与在飞机上使用时所需要的相同。鉴于这一原因,单独从进气道抽吸空气,并泵送到发动机罩内和发动机周围。然后,通过预先围绕动力涡轮外围而设置的引射器(由高速排出的热燃气作为主动流),抽出这些空气。由这股空气协助对排气流进行冷却,然后使排气流流经 90°弯头,并再沿上升管道至最终排气口。

贯穿排气系统的整个导管,需要进行某种形式的声学处理。应该强调,典型的高性能舰船燃气轮机的排气温度应在 500℃(930℉)左右。这样的一个温度,接近许多常规钢材的使用上限,因此,在大多数应用场合可能需要辅助衬层。设置在第一个弯头处的转弯导向叶片是绝对必需的。

排气管最重要的特性也许是红外抑制系统,力图将热跟踪导弹瞄准舰船目标的可能性减至最小,就此而论,也防止任何飞机上的监测系统能够"俯视现代战舰的排气烟囱"。红外抑制系统,通常配置在排气烟囱的顶部并工作,以尽可能多地冷却排气尾焰,并防止视线"看到"此烟囱。

典型的红外抑制系统的总体布局如图 9-8所示。所示系统由置于排气流中的球形阻流器组成,可完全阻断直接下视烟囱的任何可能性。此球与一个较大的管道匹配,安装在排气烟囱顶端时,构成了一个引射器,抽吸冷空气进入系统。此外,因为此球重新分配排气进入排气环口,冷空气与排气流混合,因此降低其红外线辐射。

对排气管道的最后一条评论意见是,必须避免将排气导入发动机进气道的可能性。确保排气烟囱位置更高,并且在进气道系统的后面相当一段距离,可以实现此要求。

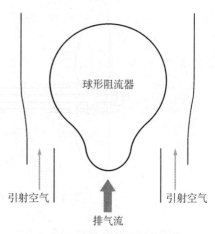

图 9-8　典型的红外抑制系统

9.3.3　船用螺旋桨

传统上,使用螺旋桨实现舰船推进。在早先的蒸汽时代,这些螺旋桨是整体件,由蒸汽轮机驱动,配备前行和倒车涡轮,配置的阀门允许蒸汽输送到一个或另一个涡轮。即使大功率柴油机舰船推进系统,也使用单一螺旋桨,通过可逆齿轮箱和离合器机构予以驱动。这些系统简单,易于控制,并且更重要的是,提供快速响应。

一旦人们认识到在航改燃气轮机上配备反向动力涡轮无实际可能性,于是就研制成功 CRP 螺旋桨(有时称为可控桨距螺旋桨或 CPP)与燃气轮机配套使用。

此类螺旋桨是一种相对复杂的装置,如图 9-9 和图 9-10 所示。所布置的每一桨叶都可围绕位于桨毂内的主轴转动,因此,具有可变桨距的能力。变桨距机构设置在螺旋桨桨毂内。但是,作动机构可如图 9-9 所示位于桨毂内,也可如图 9-10 所示位于船体内较远的位置。

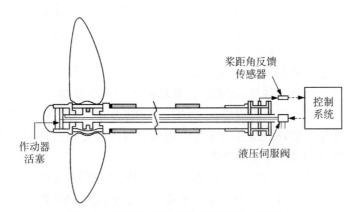

图 9-9　典型的 CRP(桨距作动器位于桨毂内)

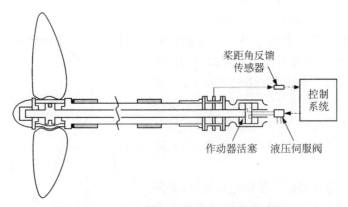

图 9-10　CRP(桨距作动器位于较远的位置)

尽管变桨距控制机构是 CRP 系统的一个整体部分,螺旋桨桨距指令必须来自整个舰船推进控制系统。在这一点上,与主流的发动机功率和船速协同,执行螺旋桨桨距控制。因此,螺旋桨桨距角的测量成了输往系统控制器的关键输入参数。

除了具有反向推进能力外,CRP螺旋桨的主要优点在于,能够设定桨距角,与舰船各种航速下的功率要求相匹配。图9-11示出,针对某个恒定的船速,推进力和扭矩如何随轴转速(r/min)和螺旋桨桨距而变化,

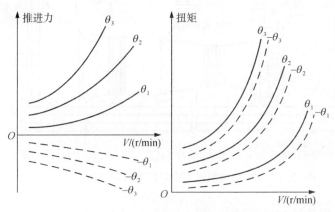

图 9-11　典型的 CRP 螺旋桨特性

CRP系统中一个值得关注的特性是,轴转速和螺旋桨桨距的若干组合可根据推进系统的不同扭矩需求,产生同样大小的推进力。

通过在舰船的整个使用包线范围内对舰船及其机构进行综合的动力学分析,最佳地解决了此问题。根据这些分析,则使得演化出一套适合于手头设计的控制策略成为可能。

由于大多数战舰都具有多台发动机(COGOG,CODAG等),可合理地假设存在众多不同机理的工作模式,对于其中每种模式,都将需要针对某一给定船速对可能的控制系统设定值进行某些探究。

还应该提及,船体阻力取决于船的重量(吃水深度)和船体的总体水动状态。同样,螺旋桨的整个性能取决于其状态。

9.4　发动机罩

虽然在整个舰船推进系统设计范围内,并非认为有绝对必要,但工业界已断定,将燃气轮机放置在一个独立的发动机罩内是方便的。这样的布局可使每一发动机供应商"预先策划"此推进包,因此,解决了大部分与发动机有关的主要安装问题。GE公司的船用LM 2500发动机的发动机罩原理图,如图9-12所示[4]。

此设计的主要目标在于保护发动机,并为船坞提供一个简单的推进系统包,以便处理。在这一场合,润滑系统部件和综合电子发动机控制器位于较远的别处。

在其他的舰船推进系统包中,例如RR公司的船用斯贝SM1A发动机[5],与燃油控制和润滑系统有关的动力装置控制和重要功能,是发动机罩组件的一部分。

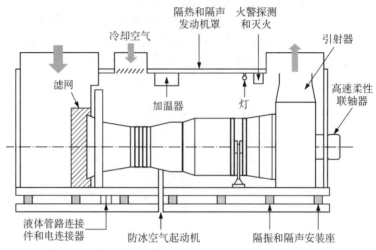

图 9 - 12   GE 公司船用 LM 2500 型发动机的发动机罩模块

9.4.1　发动机支持系统

在将燃气轮机安装到船舶上时,有许多有待考虑的问题。这对于战舰尤其如此,这些问题包括:

- 与舰船传动装置的轴对准;
- 冲击和振动;
- 冷却措施。

由图 9 - 12 可以看到,燃气发生器安装在发动机罩壁上的中央位置。动力涡轮直径较大,必须牢靠地固定在罩的结构上,为的是承受与其运行有关的力和力矩。燃气发生器随后固定其上,由柔性可调节的支承接头在前后予以支承。在燃气发生器前固定点设置一挠性接头,以适应发动机运行时产生的热膨胀。

发动机罩的第二个主要特点是,它被固定在位于船体上层建筑上的一个"筏"上。发动机罩本身相当刚硬。但是,这个筏形结构被固定在相对于船体而言是耐冲击和隔振的安装架上。这样的布局,目的在于衰减发动机所产生的任何噪声和振动,否则将有可能传递给船体。

在任何情况下,整个安装必须是经受得住在接近船体范围内水下鱼雷爆炸可能出现的冲击波。耐冲击安装座设计成能吸收由这样一次爆炸传来的大部分能量,并且尽管在某些情况下发动机可能停车,但预期可以幸存并且仍然可使用。

所有的用于海军和海运的燃气轮机安装,通过直接安装在船体结构上的大型减速齿轮箱,将功率传送给螺旋桨。这意味着在燃气轮机与齿轮箱之间存在某些相对运动,通过高速柔性联轴器适应此情况,如图 9 - 12 所示。

9.4.2　发动机罩的空气调节

典型的发动机罩具有大的管道接头,用于向发动机供给空气。在 RR 公司斯贝

SM1A 发动机的示例中,空气输送先通过格栅转弯导流片系统,然后进入发动机。另一方面,GE 公司的船用 LM 2500 型发动机,包含一个进气集气箱,相对于发动机空气流量需求而言,集气箱的尺寸大得多,因此并未采用转弯导流片。在 GE 的发动机上,最终进气滤网覆盖在发动机空气进口上,用于保护发动机,避免可能的FOD 损伤。

发动机罩还具有隔离屏,防止进气空气进入发动机舱,并且提供一个独立的空气进口,经导管将冷却空气导入发动机和发动机周围。通过一个引射器,引导这股气流进入发动机罩,引射器位于发动机排气和通风冷却气流之间,如图 9-12 所示。这种用于冷却发动机罩的简单布局,相对于环境条件产生相当大的真空,并且为防止泄漏,对发动机罩的门实行严密封严。

如同先前所述,排气管借助短的"靴"形橡胶管件固定在船舶的上升烟道上,橡胶"靴"确保密封,同时允许发动机罩与进气道之间存在相对移动。

9.4.3　发动机罩的防护

整个发动机罩包覆隔声材料,起到噪声抑制和绝热的作用。

除了照明系统外,发动机罩还配备防火系统。该系统由烟雾和火焰探测以及灭火剂释放系统组成,可采用 CO_2 或哈伦作为灭火剂。在大多数现代安装中,通过整个舰船的控制系统来监控此系统,并且既可手动也可自动(通过中央控制装置)触发此系统。

发动机罩的最后一项要素是设置发动机清水冲洗系统。这是对海洋环境下工作的燃气轮机的基本要求。发动机清水冲洗系统的基本要素是:

- 淡水源;
- 洗涤剂源;
- 泵或增压液箱,使水与洗涤剂混合;
- 将冲洗液输送到发动机钟形口的措施。

清水冲洗系统的操作是利用目标发动机的起动机,带动此发动机冷运转,并将冲洗液喷到压气机进口。典型的系统具有喷射淡水冲洗发动机,然后再将水放出的能力。定期地(如每月一次)进行清水冲洗工作,或在遇到诸如正常进气道防护系统出现破裂的事件(通常与滤网/除雾器旁路有关)之后进行。

9.5　发动机辅助设备

辅助设备包括在舰船环境下运行发动机而专门需要的那些系统,包括:

- 润滑油系统;
- 燃油控制系统;
- 发动机起动系统。

由于在舰船上使用的大多数燃气轮机属于航改型,这些系统装于发动机上的基本部件是不变的。但是,为适应海上应用而需要的系统,必须与具体的发动机相兼容。因此,既可由发动机供应商指定这些系统,也可将它们作为发动机包的一部分提供给舰船。

9.5.1　发动机起动系统

船用燃气轮机起动系统的基本要求在于,带动发动机转动直至点火转速,这在所有方面都与对航空发动机的要求类似。但是,为冲洗和漂洗目的而使发动机冷运转的要求,扩展了对起动系统的需求。

通常,挑选压缩空气作为能源,因为易于从各种渠道获得压缩空气,诸如船载压气机,贮存的压缩空气,辅助动力装置,以及从另一台正在工作的发动机引气。多数海军战舰配备至少两台燃气轮机,将燃气发生器压气机所提供的压缩空气用于多种用途,包括发动机进气道防冰、噪声掩蔽(通过气泡从船体传出),以及用于起动其他船载设备。

由于从发动机提取空气,这样的做法降低了发动机可用功率,结果是增加了燃油消耗。但是,由于压缩空气的便利和可用性,使得压缩空气的使用受到青睐。

在图9-13中,以框图的形式给出典型的空气起动系统。如果我们考虑使用来自另一台燃气轮机的引气作为主要的压缩空气源,注意应从该发动机提取这股空气,其热动力状态为大约20 atm,温度量级为800～900℉(420～480℃)。相比之下,典型的空气起动机需要3～6 atm,温度量级100℉(40℃)的空气。使用海水,可极为方便地将发动机引气冷却达到适合于空气起动机的温度范围。

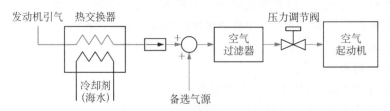

图9-13　典型的气压起动系统

空气起动机的可靠性必然与所用空气的质量相关。为此,可使用惯性分离器或屏障式过滤器这些形式的空气过滤措施来保护起动机。

最后,配备自动压力调节器,将气源压力降低到适合于空气起动机的等级。通过调节空气压力,有可能控制起动机的转速,以与主流运行模式(即发动机起动或清水冲洗和漂洗)相匹配。

此外,图9-13示出的是自动选择备份压缩空气源的措施。在许多燃气轮机安装中,采取措施借助低容积压气机系统储存高压空气,压力级为250～275 atm。将空气储存于为这一压力等级而设计的气瓶之前,先对空气进行干燥。一旦接通,这些气瓶中的空气吹出,通过两级压力调节器,从275 atm降低到40～50 atm,由此达到起动机系统所要求的压力级。虽然未制订有关这一系统容量的规定,但是通常的做法是,准备使用这样一种压缩空气源进行4～6次起动。

应注意到,像任何暂冲式气源系统一样,此系统将按照热空气动力学定律,出现总温下降。假设压力从 P_1 绝热膨胀到 P_2,由下列方程给出温度比:

$$\frac{T_2}{T_1} = \left(\frac{P_2}{P_1}\right)^{\frac{\gamma-1}{\gamma}} \tag{9-1}$$

式中,γ 为比热比 c_P/c_V(对于空气为 1.4)

因此,气体从 275 atm 膨胀到 200 atm 时(也就是完成一次起动),形成的温度比为 1.095,这相当于温度约下降 50°F(22.5℃)。

如果空气不是非常干燥,水分开始凝聚成冰晶,可能会给空气起动机带来大问题。因此,应使空气保持非常干燥,或必须寻求某种措施来减小温度下降。

在暂冲式风洞中,可以借助使空气流过一个大的热质量或流过经加热的板来达到这一点。在现有的情况下,可能的做法是,先起动单台发动机,然后,混合两股气流(一股来自在工作发动机的压气机引气,另一股来自暂冲式气瓶)。这一做法,将使引气温度降低,同时使来自暂冲式气瓶的空气温度升高。

9.5.2 发动机润滑系统

由于舰船上使用的是航改燃气轮机,它保留了与原始的航空燃气涡轮发动机的润滑系统相同的许多部件。

转型为船用的许多现代航空发动机,原本都是涡轮风扇发动机。对于船用轴功率的应用场合,去掉风扇,重新设计驱动风扇的涡轮作为动力涡轮而工作,如图 9-14 所示。

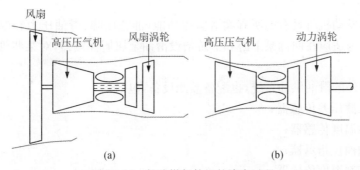

图 9-14　航改燃气轮机的演变过程

由于润滑系统的构件(如滑油集油池、冷却器、油气分离器等)通常设计成固定在风扇机匣的外面。对所有这些部件重新进行设计,作为单独的装置,在功能上是发动机的一部分,但与发动机罩完全分开(例如 GE 公司的船用 LM 2500 型)或综合于发动机罩模块内作为一个独立的包(例如 RR 公司的船用斯贝型)。

典型船用型燃气轮机的润滑系统的功能框图,如图 9-15 所示,图中说明润滑油供油包如何安装在发动机的外部。有关润滑油供油系统在船上应用的通常做法是将其安装在发动机上方,高度差的量级为 10 ft。这种布局便于向发动机实行重力供油,在发动机停车的短时间内仍提供连续的滑油流。

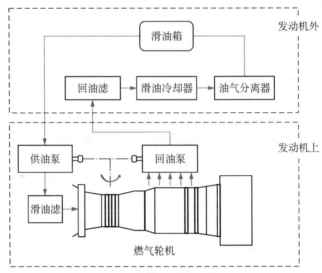

图 9-15　润滑系统功能

在船用型上应尽可能多地保留了航空发动机的部件。因此,滑油供油泵和多级回油泵由发动机附件齿轮箱予以传动,而又由燃气发生器轴驱动附件齿轮箱。正是通过这一附件齿轮箱,将起动功率传送至发动机。同样,高压燃油泵也是由这一齿轮箱传动。

航空型发动机所具有的所有润滑监控功能(油滤压降、滑油压力和温度),全部予以保留。为适应在回油泵上游和下游增设滑油金属屑探测器,对某些管路作了必要的更改。

发动机外的滑油供油系统,也配备监测设备,包括:
- 回油滤压差传感器;
- 滑油温度传感器;
- 滑油油位指示器;
- 冷却剂温度传感器。

在现代战舰上,所有这些系统的健康监控参数都显示在当地控制板上,也可供全船控制和监测系统使用。

9.5.3　燃油供油系统

对于船用燃气轮机的燃油供给,假设发动机需要干净的馏分燃油,它在很多方面与原型航空发动机所使用的燃油类似。海军军方所面临的主要问题是燃油中不得含水(包括盐水和淡水)。因此,船用燃油供油系统的主要关注点在于在燃油输送到发动机之前,去除燃油中的水分。典型的功能方框图如图 9-16 所示。

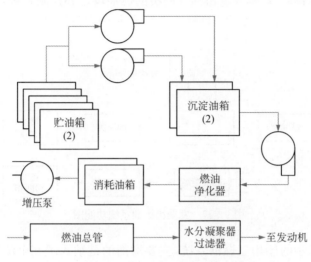

图 9-16 典型的船用燃气轮机的燃油供油系统

　　燃油贮存在遍及船体的若干个大油箱内,位于船体结构的最低点。这些燃油箱是船舶压载水系统的重要部件,通常的做法是用海水置换燃油,以确保正确的重量分布。

　　现在已经知道,燃油和水之间的界面促使微生物滋长,如不正确处置,它们将通过燃油供油系统到达水分凝聚器过滤器,附着在表面使其失去作用。现代流行的做法是,使用橡胶囊式燃油箱或在燃油贮存箱内燃油与压舱水之间设置其他物理隔离屏障。

　　如图 9-16 所示,冗余配置的泵将燃油从主贮油箱输送到沉淀油箱,后者的主要功能是借助于重力使粒子和水与燃油分离。从这一沉淀油箱起,再将燃油泵送到燃油净化器,其基本上是一台离心机,由一叠锥形盘所构成[6]。

　　通常,燃油通过中心口或核心进入燃油净化器,并且从外向内由周边流经旋转的碟盘组。叠盘的堆叠留出纤细的流动通道。当燃油流经锥形叠盘流道时,在离心力作用下,从燃油中分离出任何颗粒物和水。在顶部叠盘下表面与离心机体之间的密封件,使水驻留在叠盘组件的外面,燃油则封闭在里面。因此,水作为废物排出,而余下的经净化的燃油被输送到消耗油箱,如图 9-16 所示。

　　增压泵将燃油从消耗油箱输送到燃油总管,并经水分凝聚器的过滤器作最终处理[6]。水分凝聚器由无光纤维滤组成,其可以滤除最小 5 μm 的固体颗粒,同时使水聚合成水滴,然后在重力作用下,将水滴从过滤器中清除。就实质而言,水分凝聚器是一个过滤器,提供一个隔离屏障,使燃油优先通过,同时阻挡和(或)聚集水分。在燃油贮存箱内滋生的微生物到达水分凝聚器的情况下,毫无疑问,这些微生物将污染水分凝聚器过滤器的滤芯,必须予以更换。在某些凝聚器上,最后在不锈钢丝滤网上涂覆一层聚四氟乙烯(PTFE)涂层,这将进一步协助俘获液态水。

自水分凝聚器起,燃油被输送到发动机的燃油输送和控制系统,其大部分部件与发动机的航空型相同。发动机燃油输送系统的顶层框图如图 9-17 所示。

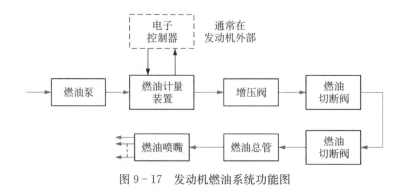

图 9-17　发动机燃油系统功能图

对于图中所示的船用型燃油系统,主要增加的是纳入了冗余配置的燃油切断阀。对于超速而致的可能着火和(或)爆炸,虚假起动,或需要发动机立即停车的任何其他应急情况,这些阀为发动机和舰船提供最后的保护。通常,这些阀在非通电状态下处于关闭位置,并且一旦施加取消启用指令,将立即快速切断。

在所有其他方面,燃油系统保持了航空型发动机的功能特点,包括加速/减速限制,可变几何压气机控制,放气阀和保护机构等,这些都是发动机安全运行所必需的。此设备作为船用型发动机包的一部分而提供。

9.6　舰船推进控制

9.6.1　舰船航行

为了能够对舰船推进装置控制展开讨论,应该对舰船指挥官(CO)将要求舰船如何航行有所了解。通常将舰船的航行分为稳定航行和瞬态机动。从 CO 的角度考虑,他希望有能力以任何速度(从"最低速度"到"全速前进")推动舰船向前航行。此外,他还想要舰船能够沿倒车方向移动,尽管在稳态状态范畴内,"全速倒退"被视为是不常用的请求。

通常,将瞬态机动划分为正常变化和"紧急"变化两类,前者是从一个航速正常转变为另一个航速,后者则是,CO 要求以推进装置所可能达到的急迫程度改变舰船航速。在所有情况下,根据舰船对这些需求的响应程度来确定其性能。这属于非常复杂的系统问题,涉及船体的稳定性和船体对航速、航向、推进装置各种工作模式及其控制诸方面变化的承受能力。尤其是,这些值的变化使舰船尾流和螺旋桨之间的相互影响更加复杂化。这些水流形态严重地影响螺旋桨特性及其尔后对航速需求变化的响应能力。

在稳定航行时,由船上配备的螺旋桨及其能够达到的桨距和转速范围确定舰船的响应。让我们考虑稳定运行作为起点。在零航速下(平静水面),我们确实可以假设桨距设定为零的停转的转轴将与这样的状态有关。加速到任何前进航速,需要螺旋桨轴转速和桨距的某种组合来达到这一新的状态。重要的是针对舰船的航程和续航时间来确定转轴转速和桨距以及功率吸收方面的最佳组合。这样,从设计的角度考虑,针对某一给定的舰船稳定航速需求,能够计算桨距和转轴转速的最佳设定值。这样的计算,需要了解船体水动特性和螺旋桨特性。

完成这样的计算,我们则要继续考虑推进装置。这时,设计人员面临一系列的选择,下列所列则是其中之典型。

(1) 在巡航发动机的功率范围内,能否提供该舰船航速?

(2) 如果不能,能否由加速发动机执行?

(3) 一旦业已选定发动机,怎样的功率设定值组合最适合所需要的状态?

上面的问题意味着可从中选择某一特定推进装置布局(即发动机、齿轮箱)。显然,在考虑燃油消耗的前提下,选择将取决于所输送功率的总体效率。虽然先前的计算可能已提供了对螺旋桨桨距和转轴转速的最佳选择,从功率需求角度考虑,将该需求转换为某个发动机设定值致使燃油消耗最低,可能会要求另一组选择。

采用复合齿轮箱,可能得到一系列的推进装置布局组合,允许一台以上的发动机为某一特定螺旋桨的功率要求作贡献,为此,强烈推荐使用计算机模拟作为选择下列因素最佳组合的一种方法:原动机、齿轮箱布局、每台发动机功率设定值、每一舰船航速下的螺旋桨桨距设定值。这一工具可以合理评定推进装置的选择,随后是选择和评定控制运算法,以产生高质量的设计。

上面的讨论仅考虑舰船的稳定航行。这样,根据某个给定的舰船航速需求,确定某一推进装置布局选择,并确定该套推进装置的桨距和油门设定值,达到所要求的舰船航速。应该强调的是,某个给定的推进装置布局不能提供船速包线范围内的所有可能航速,或者即使可能,在这样的使用包线中有许多部分,由于效率低下而不得不禁止其使用。因此可以预期,从一个稳定状态到另一个稳定状态的瞬时机动,完全可能涉及推进装置模式的某种变化。如果在"在航行中"这样做,发动机和(或)齿轮箱离合器选择方面的这些变化,将呈现相当大的控制复杂性。

就自动化而言,与燃气涡轮发动机在其他工业中的应用相比,海运界和海军军方在采用新技术方面相对滞后。例如,大约在 40 年或更久之前,在管道输送业界,就已从某个远距离地点对某一机械驱动的燃气涡轮实行起动、停车或运行操作。当前,在此工业范畴内从不考虑手动操作。

相比之下,舰船将在海上经历相当长时间,难得有机会(如果有也很少)进入港口。从使用角度考虑,舰船因此是一个独立的使用单元。必须将舰船设计成,航行机组可以实际处理使用中的任何不测事件,包括战斗损伤。由此而得出结论,任何推进装置控制必须具有手动执行功能的能力。就工程意义而言,应能够使所有的机械系统实现自动化,以使得从单个指挥中心就可驾驶舰船。依据单一指令,即可使舰船进入任何使用状态。可对任何设备实现故障自诊断,并在实际可能的范围内提供一种绕开这些故障而工作的方法。对于推进控制系统专家而言,能够将舰船布置成完全无人驾驶。因而,由某个指挥中心或战斗指挥员指令若干舰船,在技术上是可能的。

在过去的 30 年内,已经不止一次地在舰船控制系统会议上做过上述论述。但是,迄今为止有实际工作能力的海员或舰船指挥官都抵制急速实现自动化,下面列出某些争议观点:

(1) 对于相信技术能够提供完整答案的任何有实际工作能力的人员而言,舰船系统太复杂。仅仅由于这个原因,很有必要使所有的舰船系统(包括推进系统)与整个舰船的控制系统隔离并独立工作,既可作为一个自动系统,又可作为一个手动操作系统实体。

(2) 战舰有可能遭遇战斗损伤。不能预测哪些功能元件将会受到损坏,因而在如此情况下,人的才智成为关键。对于幸存的舰船及其舰员而言,完全自由地接管设备可能是必要的。

(3) 战舰需要有人控制,人员必须经过充分培训,能够处置任何情况。只有通过舰船及其系统的"人手相传"操作,才可能获得这样的训练。

(4) 舰船是个战斗单位,由舰桥发出指令。一次交战的复杂性需要 CO 能够集中注意作战的战斗要素。

上面的争论,连同相对罕见的舰船研制计划,已导致舰船控制这一领域内进展缓慢并且非常谨慎。为了得到可靠的结果,20 世纪 60 年代,典型的以蒸汽轮机为动力的战舰,有大约 150 个参数,配备了传感器,并由初级控制器实施连续监测,或由一位操纵员进行监控。1970 年加拿大下水第一艘全燃气轮机战舰(COGOG 布局)。舰上配备混合气源、模拟式电子控制系统,需要监测或控制 750 个参数。1990 年,加拿大还下水第一艘为舰船推进装置布局(CODOG 的布局)配备一套全数字控制和中央管理系统的战舰。此系统具有中央总线,在舰船上的各个位置,设有遥控终端装置。共有 5 000 个舰船推进装置参数处于监视之下或直接控制下。然而,可按独立运行模式和以手动模式,操作上述所有系统。

实际上,舰船推进系统控制的改进,主要体现在改进系统可操作性方面。机组的工作负荷确实得到一些减轻。然而,已经做了重大的改进,能够监控推进装置的行为,并能以便于负责监视的官员快速吸收利用的方式在人机界面处呈现这一大大扩充了的数据矩阵。

对整个舰船自动包的全面描述,已超出本书的范畴。但是,有关推进系统控制的如下说明,将有助于读者了解整个系统。

9.6.2　全面推进控制

典型舰船推进控制的概况如图 9 - 18 所示。有若干个因数将会影响这些控制器的系统性。首先,整个推进系统是舰船高度专用的部件的集成。由舰船制造工程师定义特定尺寸的船体,以响应由有经验的海军作战指挥官下达的航行命令。舰船的航速和机动性又控制螺旋桨的规格、形状和转速要求。毫无例外,舰船螺旋桨的转速大大低于典型的动力涡轮转速。这样就定义了减速齿轮箱的规范,其必须使发动机和螺旋桨两者相匹配。

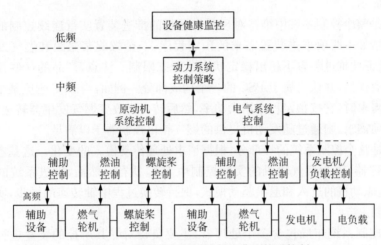

图 9 - 18 燃气轮机驱动战船的典型推进控制

当前,鉴于先前讨论的原因,航改燃气轮机和 CPP,仍然是战船所用的最经济有效的组合。这又推动对来自各种渠道的主要设备的综合控制要求。

第二个主要因素,部分出于商务驱使,部分则因技术需要,希望部件供应商对其产品规定控制特性。在燃气轮机存在压气机喘振,燃气发生器超速、超温和其他临界状态可能性的情况下,争论的焦点很大程度在于技术。这些产品的控制器都是高度专业化的。燃气轮机供应商除了必须对其机器的性能和可靠性提供保证外,他还有权要求按照其产品规范来控制这些部件供应商产品的控制器。由发动机供应商提出某个产品控制器的规定,是保护发动机的最可靠的方法,避免在舰船设计时或在舰船使用时由于不注重细节而造成发动机损坏。

图 9 - 18 给出基于频率响应的控制功能解析。这也包含多个处理器,主要负责对受其所控的装置进行精确的和稳定的控制,辅助职能是与上层高级别的其他处理器进行通信。这样的论点基于多处理器共享一条传递信息的公共总线的概念。尽管当前大部分处理器的运行速度足够快,并且应对工作负荷的成本足够低,根据频率响应进行划分仍然是有用的。如果有必要对有问题机器采取人工控制,就可在当地操作板上进行人为干预。

从运算法则或逻辑的角度来看,整个推进控制系统的主要功能由下列三个部件执行:

- 推进系统监控器(PSM)。
- 推进系统控制器(PSC)。
- 推进系统定序器(PSS)。

推进系统监控器(PSM)处理推进系统范围内的所有测量点,根据这些数据,确定原动机和推进传动系统的状态。这些状态的变量传送给 PSC 和 PSS,响应来自电桥的指令,或响应推进装置状态的变化。正是这一控制部件,提供了运行数据的所有通告和显示。

PSC 是整个控制系统中维持对现时在运行的推进装置实行连续控制的那个部件。这包括如下两项推进装置需求的预定程序:一是螺旋桨桨距和燃气发生器转速,二是验证此推进装置不超出稳定状态或瞬态限制。注意,产品的这些控制器通常由制造商提供,并认为属于 PSC 的一个构成部分。例如,当 PSC 响应某个增大舰船航速的需求时,它按预定程序增大功率,然后转变为改变燃气发生器转速的需求。对于后一项需求,则通过随发动机提供的燃气轮机控制器予以满足。

PSS 是整个控制系统的一部分,根据请求处理传动模式的变化。这基本上是一个逻辑处理器,因为燃气轮机的实际控制由 PSC 执行。然而,推进系统的定序功能,操纵主原动机的进入和退出驱动模式,保持转换过程中轴转速的同步,实施对加载率的控制。

这一控制系统布局包含多个处理器,主要负责对受其所控的装置进行精确的和稳定的控制,辅助职能是在这些变化期间保持通信。简化的综合推进逻辑图如图 9-19 所示。

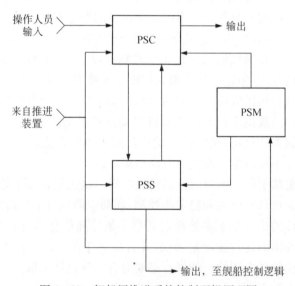

图 9-19　舰船用推进系统控制逻辑原理图

如该图所示,推进系统监控器保持对全部推进装置参数的监视,为的是确定驱动模式指示器、燃气涡轮状态指示器等。还示出,PSC 接受来自操作人员和来自推进装置的输入。这些输入包括,操作人员(或舰桥)的某个具体的舰船航速指令。在航速需求超过现时驱动模式能力的情况下,操作人员可请求更换原动机。

PSS 的功能是按照来自 PSC 的请求,执行驱动模式转换。在这样的转换请求过程中,定序器接替 PSC 的控制,为的是在转换过程中使轴转速保持同步,并控制加载。一旦完成转换,恢复对操作人员的某个具体舰船航速需求作出正常响应之后,定序器放弃对 PSC 的控制。

9.6.3 推进系统监控

推进系统监控功能提供对整个推进装置传动系的监视。采集这些数据,通过图形用户界面,以推进装置驱动模式特定通告形式呈现给操作人员,并以与极限值相比的形式,呈现各个参数值。控制中心照片,以及这些计算机屏幕式控制板上的典型页面,如图 9-20 所示。

在这一呈现形式中,在状态出现的情况下,采用色彩来指示警告和报警。

除了呈现状态数据外,如下若干指示器将信息传送给推进控制器,并传送给 PSS:

● 加速发动机状态指示器;
● 巡航发动机状态指示器;
● 转轴状态指示器;
● 驱动模式指示器;
● 驱动模式预定程序指示器。

巡航和加速发动机通常将具有类似表 9-1 所示的状态。

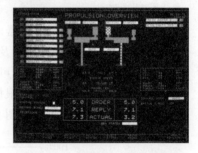

图 9-20 控制中心和呈现推进系统状态数据的典型图形用户界面
(经加拿大的 GasTOPS Ltd 和 DND 公司同意)

表 9-1 燃气轮机推进系统状态

状态	准备启动	运行	与控制器相连接
待机	是	否	否
接通	不适用	是	否
联机	不适用	是	是
断开	否	否	否
正常停车	否	是/否	否
应急停车	否	否	否

应该注意,与 OFF(关断)状态相比,STANDBAY(待机)状态表示更高一级的准备就绪状态。这意味着,辅助设备正在工作,发动机起动准备就绪。

由 LOCKED(锁定)或 NOT LOCKED(未锁定)确定转轴状态。在 LOCKED 状态,轴离合器啮合,以至于轴不能够自由转动。在 NOT LOCKED 状态,轴能够自由转动,称为"拖动"。在这样的状态下,如果未施加功率,自动同步(SSS)离合器(即3S离合器),允许轴自由转动。在施加功率时,离合器啮合,螺旋桨随推进系统输入而转动。

驱动模式指示器,源自于其他各个状态变量,预期用于确立推进装置每一轴线上的形态。例如,在COGAG布局中,两台发动机能用于推进。在此情况下,根据确定驱动模式所需要的下列特定状态参数,可宣称 DRIVE(驱动)模式为"COMBINED(混合)":

- 加速发动机联机;
- 加速发动机离合器啮合;
- 巡航发动机联机;
- 巡航发动机离合器啮合;
- 轴未锁定。

驱动模式预定程序指示器向操作人员并向 PSC 提供有关哪种规定程序组合(螺旋桨桨距、轴每分钟转速以及功率)是可予以利用的信息。对于 COGAG 型推进装置布局,有许多可能的(和不可能的)推进装置组合。其中的每一种组合将具有一组经计算的预定使用程序,以根据推进装置而获得最佳性能。对于某一具体的驱动模式,典型的一组预定程序如图 9-21 所示。

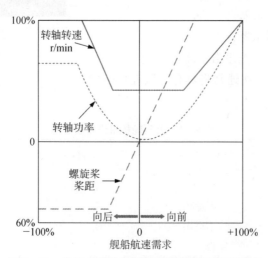

图 9-21 典型的燃气轮机驱动舰船预定控制程序

从图 9-21 中可看到与倒车机动航行有关的螺旋桨桨距和轴功率的限制。由于与反桨距有关的乱流状态,这些限制值通常与螺旋桨轴和桨叶变距杆的扭矩有关。在"全功率倒车"机动期间尤其如此。

9.6.4　推进系统控制器

就这一议题的讨论而言,推进控制的构成包括螺旋桨桨距控制和燃气轮机的每一燃气发生器部件的转速控制。显然,多发动机传动将形成每一发动机的控制回路。但是,尽管各有不同程度的调整,总的形式还将是相同的。

螺旋桨桨距控制通常是简单的开环控制,其按先前所确定的预定程序(例如,见图9-21)确定螺旋桨桨距需求。这一需求信号被馈送给通常是由这一部件制造商提供的螺旋桨桨距作动器。通过伺服系统,实现实际桨距调节,伺服系统向中央活塞提供液压油压力,而中央活塞又与每一螺旋桨桨叶变距杆有机械连接。

按照图9-21所示出的相应预定程序,将舰船航速需求转换为对转轴功率的需要,从而来实现对每一燃气轮机功率的控制。然后,通过一系列的控制模块,将这一轴功率需求转换为燃气发生器的转速需求,再传送至燃气轮机推进装置控制器。如同先前的讨论,这个控制器通常由燃气轮机制造商提供,该制造商根据所提供的燃气轮机的需要,提供详细的燃油调节逻辑程序和变几何程序。

总而言之,这些控制功能将遵循本书第3章所给出的陈述。典型的燃气轮机推进控制回路的框图如图9-22所示。

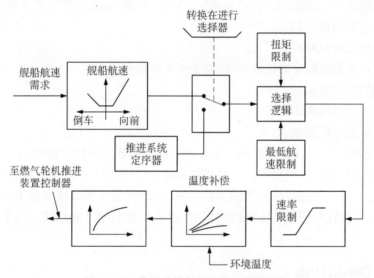

图9-22 典型的燃气轮机推进控制逻辑

如图9-22所示,设有适用于整个回路的若干个限制器和补偿器。其中,轴扭矩也许是最重要的。燃气轮机的下游是大型齿轮箱,其必须将来自燃气轮机的扭矩/转速转换为适合于螺旋桨转动的扭矩/转速,粗略而言,为燃气轮机输出的1/20。有过一些与船用齿轮箱有关的值得注意的灾难,曾向工程界发出告诫,需要谨慎处理这些推进部件。

9.6.5 推进系统定序器(PSS)

PSS是整个船用推进控制系统的一部分,其实现驱动模式转换。这些转换包括使任一燃气轮机进入和退出驱动模式,并管理从一种驱动模式向另一种驱动模式的转换。这包括任一台发动机的起动和(或)停车。在已经脱开啮合的发动机的冷却期间,定序器保持该发动机在控。在从一种驱动模式向另一种驱动模式转换过程中,定序器承担控制舰船航速需求信号的任务,并且调节转轴速度和负载施加,以便实现从一种驱动模式平稳地向另一种驱动模式转换。一旦完成转换,PSC恢复舰船航速需求输入的指令。

对于迄今所考虑的有关COGAG推进构型的示例,允许的驱动模式如下:
- 轴拖动[①];
- 加速发动机慢车驱动;
- 加速发动机驱动;
- 巡航发动机慢车驱动;
- 巡航发动机驱动;
- 巡航和加速发动机驱动。

从一种驱动模式转换为另一种驱动模式,要求定序器执行一系列的指令。例如,从"轴拖动"驱动模式改变为"加速发动机驱动"驱动模式,将需要下列顺序指令:
- 加速发动机运行;
- 加速发动机联机;

如要切换为巡航发动机驱动,将需要下列序指令:
- 巡航发动机运行;
- 加速发动机正常停车;
- 巡航发动机联机。

这些示例给出定序器逻辑的一般形式。在起动和停车模式期间,每一指令将激活推进装置控制器,以使得所需要的暖机和冷却周期都得以实现。在整个起动顺序中,它们也会激活滑油系统和燃油供给系统、发动机罩通风系统和所有其他辅助设备。但是,在现代船用燃气轮机的应用中,这些全都由燃气轮机推进装置控制器来处置。

9.7　本章结语评述

本章所述的资料,说明与典型的海军水面舰艇有关的船用燃气轮机推进系统与相应的航空器推进系统之间在推进装置复杂程度和工作原理方面的基本差异。驱使这些差异存在的因素包括:
- 航海环境。
- 有关海上长期自主航行的要求。
- 涉及多发动机和多控制模式的复杂推进装置。
- 对推进系统的关键依赖性,在敌方环境下快速和可靠地传送所需功率,支持

---

① 原文为"shaft trailing"。——译注

整个舰船性能。

尽管确定了现代控制技术的能力,但是仍然非常需要维持很大程度的手动控制和监视。不管怎样,随着系统复杂程度显著增加,大多数系统和推进装置状态监控和报告业已实现自动,有利于减轻机组人员的工作负荷。

参 考 文 献

[1] Williams D E. The Naval Gas Turbine [M]. Part 1, Maritime Defence, January 1995.

[2] Carleton R S, Weinert E P. Historical Review of the Development and Use of Marine Gas Turbines by the US Navy [J]. ASME 89 - GT - 23D, 1989.

[3] Shepherd D G. Principles of Turbomachinery [M]. MacMillan Company, New York, 1956.

[4] Brady C O. The General Electric LM 2500 Marine Gas Turbine Engine [D]. Presentation to St. Lawrence College, Kingston Ontario, January 1987.

[5] Williams D E. Progress in the Development of the Marine Spey SM1A [J]. ASME 81 - GT - 186, 1981.

[6] Cowley J. The Running and Maintenance of Marine Machinery [D]. Institution of Marine Engineers, 1992.

10 预测和健康监控系统

近几年来,现代推进系统的预测和健康监控(PHM)已成为一个重要的技术发展领域。从推进系统的角度来考虑,发生了一些观点改变,提出了值得注意的重要考虑因素,有助于促进这方面的发展。

在变化开始时,略有某些主观意见,并在很大程度上持不同观点。但是,大约在1970年,进入大型喷气式飞机时代。在这时期出现了各型宽体旅客机,波音747则首先问世。该机以PW公司的JT9D新型高涵道比双转子涡轮风扇发动机为动力。GE公司也以TF-39发动机占领美国军用运输机市场,用于洛克希德公司的C5-A飞机。在1971年,RR公司由于为洛克希德公司的L1011商用喷气客机研制RB-211高涵道比涡轮风扇发动机时出现成本剧增而遭强制性破产。

20世纪70年代,爆发阿拉伯石油禁运事件,石油输出国组织卡特尔(OPEC Cartel),控制原油产量,导致世界原油价格快速并且不可预测地变化。油价从大约每桶4美元开始,到写书之时的每桶70~90美元,并预言将会随着世界需求的增加和油源的不确定性而继续上涨。使用下列针对现代双发飞机而做的非常粗略的估价,我们可以得出有关营运的燃油成本的有用估价:

- 每年3000 fh。
- 平均消耗燃油为10 000 lb/h(每台发动机5 000 lb/h)。
- 平均燃油成本为每升1.20美元(每加仑5.50美元)。

按上述假设所做计算的结果,每架飞机每年单是燃油成本就为1千4百万美元(每台发动机每年7百万美元)。换言之,一台发动机每年在燃油方面的耗费接近其资本价值。还值得注意的是,管道输送系统用的固定式燃气轮机(通常是航改燃气轮机),每年在燃油方面的耗费大约是其资本价值的两倍,并且如果效率下降3%,通常认为足以需要返修。

尽管在这相同的时间周期(1970~2010年)内,众所周知环保运动兴起,公众都在关注温室气体(CO_2和其他)对全球变暖和气候变化问题的影响,然而并没有人能够提出证据表明CO_2是由一架喷气式飞机产生的。实际上也没有人能够提出理由表明不应继续将航线客机作为主要的国际旅行方式。在完全不同的推进模式发现之前,喷气发动机将仍然是航线客机的主力发动机,并将继续发展以改进其总效率。同样,随着时间的推移,改变效率是保持运行成本受控并且将其对温室气体的贡献减至最小的一项重要因素。

在过去的 40 年内,除了对喷气发动机在性能和可靠性方面做了全面改进外,毋庸置疑,微处理器的出现则成了用于各种控制器的最佳技术。尽管这一新技术尚未引起燃气涡轮发动机控制的基本原理有任何重大变化,但其固有的灵活性导致功能性大幅度增加。这已使得驾驶员工作负荷减轻,并提供一种方法来采集数据,有利于对飞机的所有支援工作做继续改进。在与飞行安全性有关的运行管理以及维修任务方面,没有比这更明显的。

最后,在 1970—2010 年期间,引起生活费用变化,量级为 6.5~7.0。工资已跟上这种变化的程度,我们不得不承认在大部分工作中劳动力成本所占的比重日益增大。因此,竞争力驱使我们在飞行营运的每个方面寻求改进,由此降低材料和劳动力两方面的成本。简而言之,为了经济利益,我们打算在喷气发动机销售市场的资源中获取尽可能多的价值。

利用简单的格言——知识就是力量,促进我们为推进系统研发 PHM 的动机如下:

(1) 有必要获得数据,以向我们提供关于每一推进装置现时状态的信息。

(2) 只要有补充信息能够供使用,在营运和维修的成本方面,具有可观的改进前景。

(3) 数据采集并转换为有用信息的时间线(timelines),则是任何这样的研制计划成功的关键所在。

(4) 这些新产品会有重要的元素反馈给设计者。这些信息为未来设计的改进提供基础(经验教训)。

下面各节试图阐述视情维修概念的要素,以及如何能够用其来促使这样一个重要行业的改进。

10.1 发动机运行保障系统的基本概念

可以开始讨论某个发动机 PHM 系统的细节之前,必须了解发动机运行保障的基本概念。如同第 2 章所述,能够不断促进和(或)限制喷气发动机设计方面取得进展的两项基本技术是材料和性能。这些限制本身体现在飞行使用中,并且可作为推进装置整个寿命期内必须涉及的问题而予以阐述。在下面各小节中,将讨论这些限制。

10.1.1 材料寿命限制

必须认识到,用于制造燃气涡轮发动机旋转部件的材料,通常接近其热应力极限而工作。例如,压气机或涡轮盘所承受的径向应力,在每次加速到全推力的过程中,都超过其弹性极限。同样,叶片会经受应力和温度的组合作用,以使得材料处于或接近其应力和蠕变性能极限值。

　　支持这样一种设计理念的哲理在于,必须使发动机重量保持绝对最小。多余重量的代价是导致飞机性能严重损失,同时为支持任务的执行而需要付出额外的燃油成本。使用这些作为基本事实,公平地说,将燃气涡轮发动机设计成处于或接近其主要部件的材料极限值而工作,再过一点都认定属于过度而为。

　　这一哲理驱使设计人员将重量减至最小,然后对设计进行测试,以确定在部件必须退役之前该部件可提供的可接受寿命。这些测试,通常称为加速任务试验,在自旋试验井内进行,此时反复使主要的旋转部件起动、加速运行和停止,直到出现疲劳。为从统计学上获得关于零件使用寿命的可接受估值,这一过程要消耗足够多的部件。

　　飞行中某个压气机盘或涡轮盘失效的后果,可能是灾难性的。设计防护罩,包容风扇叶片或涡轮叶片的甩出是可能的。但是,与某个压气机盘或涡轮盘失效有关的能量太大,以至于当前尚不知采用何种实际做法一定能够包容其碎片。图 10-1 和图 10-2 提供的照片,给出在飞行中涡轮盘失效的后果[1]。

图 10-1　JT-8D 发动机涡轮盘失效后的　　图 10-2　JT-8D 发动机失效后的
　　　　　DC-9 飞机短舱(经 NTSB 允　　　　　　　部分发动机转子(经
　　　　　许)　　　　　　　　　　　　　　　　　NTSB 允许)

　　因此,设计和营运的哲理,绝不允许飞行中出现某个压气机盘或涡轮盘失效。为达到此目标,选择某个系数,对加速任务试验所取得的寿命估值进行折算,以确保不出现这样的事件。对于冷端部件(压气机和风扇),这一折算的量级为 3。对于热端部件,则为 5。所记录的这些期望寿命,反映下列不确定性:

　　(1) 制造零件所用的锻件中存在瑕疵,可能因此而发展为裂纹,这是不可避免的不确定性。

　　(2) 加速任务试验能否精确代表实际发动机使用环境的不确定性。

　　类似的一组论据适用于燃烧室、涡轮和排气段中的静止部件。这些部件经受热蠕变、氧化和热应力疲劳。因此,总是存在疲劳模式的某种组合,并且必须在这些零件可能出现任何内部疲劳之前将其更换。留给读者的是仔细考虑在任何上游部件的疲劳失效事件中,位于下游的一排涡轮叶片的命运。

综述上面所陈述的观点可以看到,在喷气发动机中有许多部件,它们的零件在使用到一定程度之后将被更换。表 10-1 给出某台现代喷气发动机中一组有代表性的限定寿命零件。这些只不过是代表而已,其他发动机可能另有限定寿命部件。规定的时间几乎肯定不同。

表 10-1　航空涡轮发动机部件的典型寿命限制值

工作段	零部件	典型寿命/h
风扇	风扇盘	5 000
	风扇叶片	1 000
压气机	压气机盘	5 000
	压气机叶片	6 500
燃烧室①	燃烧室机匣	4 500
	燃烧室燃油喷嘴	3 000
高压涡轮	涡轮导向器叶片	—
	涡轮叶片	1 300
	涡轮盘	3 500
低压涡轮	涡轮叶片	4 500
	涡轮盘	4 000

为便于发动机得以通过飞行合格审定,制造商必须给出说明每一部件预期寿命的数据,以及规定强制性寿命限制值的正当理由。一旦通过了合格审定,发动机任何运行都要受这些规则所支配,而任何超出这些规则的使用都是违反法规的。

审视表 10-1 所示出的零件寿命清单,使任何营运人感到左右为难。寿命消耗与营运紧密相连,营运期间整台发动机都投入工作。法规规定,在所列零件中任何一个零件寿命期满,都要使该发动机退出服役。在极端情况下,很显然,如果所有部件的所有寿命都到了其各自的极限值,则不得不相当频繁地拆卸发动机。虽然零件非常昂贵,但为了更换零件而需要连续拆卸发动机也是一笔很大的经济负担。针对这样的状况,产生若干种操作方法,将在这里重点讨论。

首先,很显然的是必须按时间的函数来控制车间停放发动机的数量。毕竟在任何场所只不过有这么几个工位能够容纳一台发动机。这一建议很明显:为每一飞机/发动机制订一份使用概况文件,以便按车间可容纳率进行发动机拆卸。

其次,必须在部件剩余寿命价值与送修成本、发动机拆卸成本以及零件更换成本之间进行权衡。建议按时间或寿命消耗设备制订"时机窗口",用于确定在某次特定送修时将更换哪个零件。在某个特定零件已达到其寿命极限并且因此必须拆卸的时刻,营运人将观察位于此窗口范围内的其他零件,也就是,它们足以接近自身的寿命

① 原文误为"compressor(压气机)"。——译注

限制值,以便确保将其作为引起发动机返回修理车间的零件而同时更换。图10-3所示结果给出典型飞机机队的剩余零件寿命与送修率的一系列"时间窗口"。

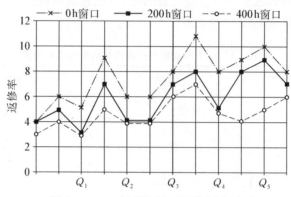

图10-3　三个时机窗口的返回车间率

由图10-3可以看到,以牺牲接近但尚未达到最终寿命的那些零件的一部分剩余寿命为代价,可使返修率问题保持受控状态。注意,未能使返修率保持受控,迫使制订一项新的营运要求,即需要有更多数量的备份发动机,并且迫使延长"在生产发动机或部件"的生产线,两者在备件方面都呈现非常大的投资。

10.1.2　与性能有关的问题

现代民用飞机发动机是大量设计和研究工作的主题,意在获得燃油效率方面的持续改进。对于一家航空公司而言,燃油消耗至关重要。尽管成本和环境问题仍然是这项努力的驱动因素,同样重要的是,发动机装机后在其整个寿命期内能够获得高效率。对此,合格审定当局却只字未提。毕竟建立这样一个机构的目的只是为了防护公众安全。只要达到这一目的,一架飞机及其推进系统的经济性能则完全是营运人所关注的。在这一点上,有许多发动机性能降级模式,尽管没有直接或间接地影响安全性,但是其必定对燃油消耗带来不利的影响。

例如,由于工作循环的结果,涡轮导向器经受热蠕变,并使叶片剖面形状发生变化。这些影响导致涡轮导向器叶片剖面发生几何形状变化,其对涡轮效率造成直接影响。图10-4和图10-5给出试验结果,旨在评估一系列常见的使用性能下降模式对涡轮效率和流量的影响。这些试验清楚地表明,在高性能发动机中,由于涡轮叶片(导向器和旋转叶片)的热损伤的结果,会出现并确实出现了某些变化。

高性能发动机运行中,还会出现更细微的性能变化形式。压气机和涡轮这两个部段内的密封泄漏严重影响发动机效率。这些泄漏可在不同程度上反映发动机总热效率。

如果发动机在许多压气机级上配备了可变静子叶片,用于这些静子叶片的作动器经受磨损和摩擦。这会导致压气机性能损失,在最不利的情况下可能导致压气机喘振。

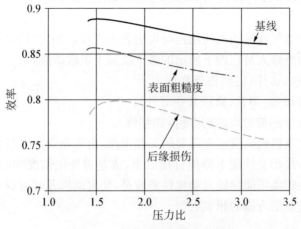

图 10-4 损伤对涡轮效率的影响

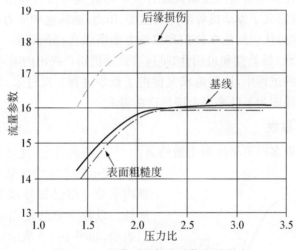

图 10-5 损伤对涡轮流动能力的影响

压气机叶片腐蚀和(或)结垢是一个涉及发动机某些使用形式的问题。燃气涡轮发动机毕竟是一种吸气式发动机。尽管假设发动机的大部分使用时间是在高空,此时的空气污染微不足道,但飞机几乎不可能在纯净环境下着陆和起飞。叶片腐蚀和外来物损伤可能不断出现。这种损伤大部分是微小的,但在不断扩展,引起整个发动机性能缓慢地下降,而不一定影响到问题发动机的安全性。

10.1.3 非预期事件

不管营运人和维修人员是多么勤勉,总会存在引起发动机非预期停车的情况。这些也许是重大事件,诸如某个轴承突然失效,或空中熄火导致推力丧失。它们也许只是以滋扰性告警作为警告,这将导致飞机签派延误。尽管如此,存在一个统计概率,非预期事件将在使用和维修工作方面造成损失,这必须由营运人直接或间接承担。

前面所述就喷气式发动机使用范畴提出若干观点。如同可预期的那样,这一环境则要求使用和维修人员在如下所示的若干层面上采取措施:

- 机场维修区运作(更换和调节);
- 当地修理设施(测试、修理某些部件);
- 设置在远处的修理设施(深度拆卸整修)。

为保障一个飞机机队营运而需要的某些工作,由寿命受限零件的计划内拆卸所驱动。其他工作是相关性能下降的直接后果,或是对使用情况的响应。PHM 的基本观念是系统性收集可能导致发动机性能改进,使发动机及其部件利用率更佳以及全面降低使用成本诸方面的相关数据。

10.2　设计在发动机维修中的作用

发动机维修许多做法是由发动机设计人员通过他对材料和循环参数的选择予以规定,这些参数定义了发动机各部件的温度、压力、轴转速和应力状态。整个设计过程中,设计工程师认识到他在使用和维修方面所做选择的后果。实际上,所谓的"××性"①(可靠性、维修性和可用性)是这些发动机用户提出的需求,在为一项新的用途选择发动机的过程中,这些需求又促进了竞争过程。反过来,设计人员又以他定义的某一维修规则为条件来努力满足这些需求。

10.2.1　可靠性

现已出版了很多以可靠性为主题的著作[2-4]。简而言之,这是起源于统计学的术语,表示某个零件在某个给定的时间周期内承受一组已知外部条件的"生存"可能性。以数学方法使用概率密度函数予以表示,如图 10-6 所示。

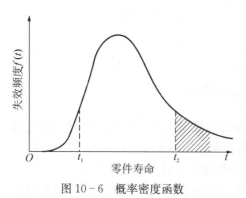

图 10-6　概率密度函数

图 10-6 意味着经过很多次的试验,创建柱状图,按照"发生频度"f,排定数据次序,通常以全域的百分比来表示。因此,曲线下的总面积,总是 1 或 100,取决于百分比表示的方式。但是,曲线下任一部分的面积由概率密度函数对时间(直到

---

① 在现代复杂系统中,常用"可靠性(reliability)"、"稳定性(stability)"、"维修性(maintainability)"和可用性(availability)"等来定义系统的非功能性需求。这些术语英文词的后缀都是"ility",西方工程界统称为"ilities",表示非功能性需求的一个整体概念。我国工程界译为"××性",是指其中某个具体的特性。——译注

某个规定的时间值 t)的积分来定义。因此,我们可以写出

$$F(t) = \int_0^t f(t) \, dt \qquad (10-1)$$

由于可靠性 R 实质上表示"生存"可能性,这是总面积中未包括在 $F(t)$ 内的那部分。换言之,有

$$R(t) = 1 - F(t) \qquad (10-2)$$

查看图 $10-6$,并设定一个预期寿命 t_1,我们看到,$F(t_1)$ 是曲线下总面积中相对小的部分,而该 $R(t_1)$ 代表极其可靠的部分。但是,如果我们设定预期寿命为 t_2,我们会感到失望,因为 $F(t_2)$ 占据了很大部分失效概率高的面积,而 $R(t_2)$ 相当小。

以某个零件可靠性为基础形成数据时,我们不能以推理方式知道概率密度函数的形状如何。但是多年来广泛的试验为我们提供了指南,现综合于下面的表 $10-2$ 中。

表 10-2 分布与应用

概率密度函数	应用
正态分布	材料属性
	硬度
	电容
	拉伸强度等
威布尔分布	期望寿命
	早期
	随机
	后期
指数分布	组件寿命
二项分布	外观缺陷

这样的指南对于发动机研制者而言是很重要的,因为他对零件的寿命预测必须以有限次数的试验为基础。知道了统计现象的常规形状后,就可借助少得多的试验而作出估值。例如,将威布尔分布用于经受低循环疲劳(LCF)失效的所有零件。该密度函数的完整定义是

$$f(t) = \left[\frac{b}{\theta - t_0} \left(\frac{t - t_0}{\theta - t_0} \right)^{b-1} \right] \exp \left[- \left(\frac{t - t_0}{\theta - t_0} \right)^b \right] \qquad (10-3)$$

式中,t_0 为预期的最小 t 值;b 为形状参数(威布尔斜率);θ 为特性值(尺度参数)。

一般而言,这是一个极为有用的概率函数,可用来表征许多情况。可以看到,通过画出实际试验数据而获得的形状参数 b,显示某个零件寿命的不同分配,如下所示:

- $b < 1$:早期故障率；
- $b = 1$:随机失效；
- $b > 1$:衰老。

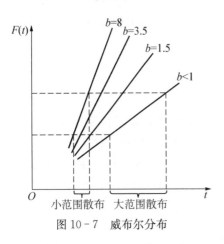

图 10 - 7　威布尔分布

典型的威布尔曲线如图 10 - 7 所示。一旦分布形状已知,某个给定的寿命的可靠性计算或预测,就直接应用数学公式。如同先前所述,有关飞行安全的规定寿命,是试验所获得寿命的折现值。

零件装配件可靠性统计数据的应用应遵循的原则是总可靠性为逐个零件的可靠性之乘积,公式如下:

$$R_s(t) = R_1(t)R_2(t)R_3(t)\cdots R_n(t)$$

$$(10 - 4)$$

式中,n 为所涉及的零件数目。

注意,这是适用于任何发动机的通用情况,此时任何一个零件的失效将导致发动机停车。这是关于飞行关键硬件冗余度的主要论据。

10.2.2　维修性

一般而言,维修性是对保持某项设备处于某种使用状态的难易程度的一种度量。更正式地说,维修性的定义如下:

具有规定技能水平的人员按每一规定的维修和修理等级使用规定的程序和资源实施维修时,使某一零件或设备保持在或恢复到特定状态的能力。

最后,维修性是以金钱来衡量的。但是,通常描述为履行上面所提及程序而需要经历的"时间"以及致力于完成此工作而需要的工时数。

所谓按维修性设计机器,就是研究和评估按所有可能的失效模式维修机器而需要的时间,并据此进行评估,尝试安排设计,使每一维修活动的成本减至最小。将此理念应用到喷气发动机上,需要知晓工作场所和在此工作场所内的维修组织状态。

不管失效的本性如何,所有的维修活动都可分解为逐项任务。这些任务必须按照人的精力和可动用设备进行计时。表示维修工作量的常用方法如图 10 - 8 所示。

如图 10 - 8 所示,通常的做法是,根据所谓的系统工作分别计及项目修理。但是,查看此图,我们知道任何故障将导致发动机停车,并按照已发生某个特定故障的假设,动用地勤人员。众所周知,需要有准备时间,使地勤人员汇集用以解决此假设的问题而需要的材料。

一旦准备就绪,首要任务就是证实故障。这涉及为验证所报告的故障而必需进行的各项重复试验。通常,有一系列可能的待判定因素,所有这些因素都可能引起

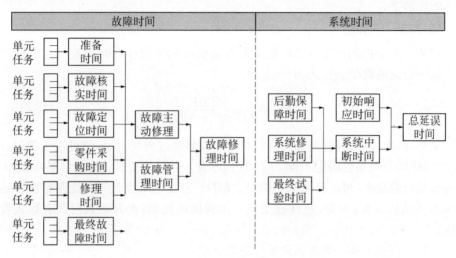

图 10-8 修复程序中的时间单元结构

故障。期待机务人员执行所需要的所有试验,以便将故障隔离到具体的零件或组件。

一旦已将故障隔离到某个具体部件,修理任务的工作量便已知,可以采购为完成修理而需要的零件,并做安装准备。这样,便可使工作转为部件的实际修理和整台发动机的重新组装。

最后,机务人员必须调节、校准并执行为确保修理成功完成所必需的所有试验。

注意,图 10-8 表明,需要对时间和动作进行研究,分解至所谓的单元任务,以累计总时间。这些单元任务包括诸如拆卸某个螺栓这样的细节,并且常常构成改进发动机的维修性的设计理念基础。非常明显的是,在早期的喷气发动机中,仅仅为了接近某个调节点或检查口,不得不拆卸多条管路或导管。导入模块化设计后促使许多发动机上外部管路出现相当大的简化。

再次查看图 10-8,注意在部件修理完成之后仍然有许多必须计及的所谓"系统时间"。这些包括维修活动的记录,初始响应的滞后以及最终的系统级试验,所有这些都对总延误时间产生影响。据此以及前一节的概念,我们可以定义如下三个常用的术语:

平均故障间隔时间(MTBF)。这一术语直接与部件和系统的可靠性参数有关,并与在假设全面了解使用环境的情况下为机器所做的设计选取有关。

平均修复时间(MTTR)。根据上面所述的维修性分析而获得此术语。其通常仅指在最佳条件下实现修理而需要的工作。

平均延误时间(MDT)。这一术语也是根据上面所述的维修性分析而获取的,但包括后勤保障的实际时间。因此,尽管 MDT 可能与 MTTR 相同,其通常时间较长,并包括与营运人维修场所的维修组织状态有关的时间,因此直接或间接地在营运人的控制下。

10.2.3　可用性

将某一发动机的可用性 AV 定义为发动机可用于营运的时间量与总时间的比值。这一定义的数学表达式为

$$AV = \frac{MTBF}{MTBF + MDT} \qquad (10-5)$$

显然,两次故障之间的所有时间,只要未被修理过程所占用,都可用于营运。因此,发动机的总可靠性确定了 $MTBF$(任何零件),并且主要是设计的结果,营运人依据发动机负载状态,可对其做某些调整。MDT 包含的工作时间可能受精明营运人的所有活动所支配,但是,这往往受到后勤保障的限制,而营运人对此有很大管控余度。

我们可以将可用性的表达式重写为如下形式:

$$MDT = \left\{\frac{1-AV}{AV}\right\}MTBF \qquad (10-6)$$

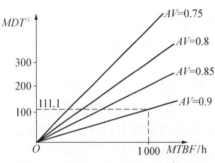

图 10-9　MDT 与 $MTBF$ 的函数关系

现在,对于任一给定的 AV 值,我们有一固定斜率的简单线性关系,以图形形式示于图 10-9。有关这一图形的解释相当有意思,因为它相当清楚地表明设计质量与营运后勤保障之间的关系。

在横坐标上,自变量为 $MTBF$。如同先前所讨论的,这是一个统计函数,具有以平均值为中心的概率密度函数。$MTBF$ 直接与各个部件的可靠性有关,而整个系统的可靠性由各个部件的可靠性之乘积所确定。

在某个给定的工作负荷范围内,系统的 $MTBF$ 直接与设计以及设计人员在重量和应力之间所做的折中相关。值得注意的还有,对于 $MTBF$ 大致相同的一组独立部件,系统失效的具体原因在所有这些部件之间分布大致均匀。这些陈述对于确定维修性具有重要的影响。

图 10-9 所示图形的纵坐标,则是 MDT。为使发动机重新返回使用,需开展各项活动,这个 MDT 参数包括了分配给这些活动的所有时间。概括地说,可能涉及下列任务:

- 观察并报告故障;
- 测试并确认故障;

---

① 原文误为 MTD。——译注

- 对发动机进行分解；
- 修理/更换部件；
- 重新组装发动机；
- 设定并调节系统；
- 测试以确认修理成功。

从上面可见，故障特性（部件，在发动机内的位置等）对完成分解—修理—重新组装这一系列工作所需要的总时间有深度影响。举例而言，一个外部安装零件（例如进口温度传感器）的修理和（或）更换，与某个主轴承的更换几乎不相干。因此，可以看到，20 世纪70—80 年代出现了模块化设计，这一发展是对改进可用性的直接响应，由此可更快速地更换某个模块而不需要拆卸和重新组装整台发动机。这是一个示例，说明设计如何能够影响某个给定修理的 MDT。

MDT 包括与翻修和维修（O&M）问题有关的时间，这些工作则不在设计人员直接控制之下。再则，列举一个颇具启发性的示例。在现代战斗机出现发动机超温的情况下，地勤人员怀疑发动机控制器有问题是司空见惯的。因为这是一件外部固定的装置（称为航线可换件或 LRU）。正是这一易于想到的疑点，使人们直接将拆卸和更换控制器作为一次故障诊断尝试。如果问题出于其他原因（例如温度传感器），由于这一误诊断将会耗费大量的时间和费用。

上面是营运人有可能对 MDT 造成负面影响的一个简单示例。其他影响因素包括有资质技术人员的可用性，备件的可用性和位置，工具的可用性和位置等。组织工作良好时，总延误时间可接近于图 10-8 所规定的修理时间或"故障时间"。组织工作不力时，总延误时间可能要长得多。

回到图 10-9，MDT 越大，可用性越差。如同图中所标明的，为使系统达到 0.9 或更高的可用性，对于任意的 1000 h $MTBF$，MDT 不得超过 111.1h。对于发动机设计人员而言，改进系统的可用性意味着改进各个部件的可靠性和（或）设计出易于进行故障诊断和修理的发动机。对于发动机使用方而言，改进系统可用性意味着更严格地培训技术人员和改进后勤保障。

10.2.4 失效模式、影响和危害性分析

失效模式、影响和危害性分析（FMECA），构成设计人员制订维修方案的基础。利用这一分析的结果，连同其设计知识和预期的使用环境，预期他会形成特定的维修说明，以及通常称为"操作程序和允许度"的定义。图 10-10 对此给出图解说明。

如图 10-10 所示，发动机设计工作的结果会得到一份材料清单规范，并且根据 LCF 的结果和支配零件寿命的相关因素，对所有零件做了失效前平均时间（MTTF）[①]估算。

---

① 原文为"mean time to failure"，也称为"平均故障前时间"。——译注

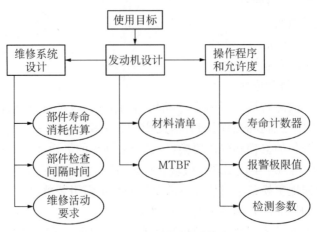

图 10-10　发动机设计输出

　　失效模式分析是对材料清单上每个零件的所有可能的失效模式进行一次系统性调查。在这样的分析中，必须提出的主要问题如下：

　　(1) 这一零件会怎样失效？

　　(2) 这一失效带来的结果如何？

　　(3) 采取何种措施来防止这样的失效？

　　这些问题的解答，推动操作程序和允许度的规范化，如图 10-10 所示。通过这些失效模式和影响分析结果与每个零件预期 MTTF 的组合，能够进行维修性系统设计，得出维修性设计文件。如图 10-10 所示，维修系统设计必须估算部件寿命消耗率。根据这些估算，设计人员将设定检查间隔时间、零件拆卸间隔时间，以及与维修有关的直接影响飞行安全问题的全部活动。

　　部件寿命消耗估算是一门非常不精确的科学，在 20 世纪 70 年代之前，发动机制造商以飞行小时的形式规定部件的寿命。营运人保存飞行小时履历本，当某个特定部件达到其允许的使用小时的时候，发动机便退出使用。在许多情况下，将其简化为发动机的某个全预期寿命，达到该点，按需要将发动机送返修。

　　当我们从特定发动机上取得的更多经验时，问题变得显而易见，单纯地使用小时数只是对寿命消耗很粗略的度量。例如，发动机起动次数显然对发动机的寿命有负面影响。因此可观察到，短程飞机比远程飞机的负荷更严重。

　　对需要频繁变更功率等级的那些飞行使用，可得到类似的观察结果。例如直升机的使用具有频繁起飞、着陆以及机动的特点（因为与搭载和运送货物与人员有关），这些虽不涉及发动机起动或停车，但毫无疑问，涉及到功率等级的许多变化。

　　这些经验导致修改飞行小时，以计及任务严酷度因素。这又启发营运人认识到，如果他们能够制订较为温和"对待"发动机的使用策略，就能够改善发动机的预期寿命。但是,只有通过航班调整能使部件寿命得到某些缓解,营运人才能从中受益。

随着时间的推移,能够利用计算机的功能来承担估算寿命消耗的任务。设计人员开始使用已纳入实际使用环境更详细定义的运算法则来规定部件寿命。当前,发动机的许多主要部件都有根据许多发动机测量值而规定的寿命。例如,可按如下方式规定涡轮盘的寿命:

- 不同转速下的工作时间;
- 循环温度,诸如涡轮出口温度;或
- 循环压力,诸如压气机出口压力。

通过形成与发动机关键循环参数具有功能链接的"寿命消耗"参数,能够更加精确地度量寿命消耗率。这样具有很多优点:设计人员可以很自信地优化其设计,当发动机投入使用时,具体参数将连续不断地流向其办公桌,营运人可以更精确地跟踪设备的使用,导致使用效率改进和维修程序简化。

这些发展已成为可能并已确实投入日常使用,这是因为导入了以微处理机为基础的记录器,安装在现代发动机上,用于采集发动机运行时的关键数据。开始时,仅考虑将这些"黑匣子"用于跟踪与特定时寿件的 LCF 有关的寿命消耗指标。然而,提供飞行事件记录数据,反过来导致能够及早和更精确地诊断系统问题,这些得益很快显现。这些能力已引导出许多概念,我们通常将其称为

- 因故退役;
- 视情营运;或
- 视情维修。

所有这些具有一个促使它们发展的共同基础:能够用于对系统运行和维修作出知情决定的数据现成并可用。这一发展成果称为预测和健康监控,现在成为所有发动机研制大纲的有效组成部分。PHM 的要素将在下面各节予以讨论。

10.3 预测和健康监控(PHM)

尽管 PHM 的技术基础是低成本电子设备的可用性,促使这一发展的根源在很大程度上出于经济原因。燃油昂贵、零件昂贵、劳动力昂贵,竞争激烈。在本章的开头,已经估算过一台现代喷气式发动机的年燃油费用为 7 百万美元。消耗量增加3%,意味着每年多耗费 210000 美元。分摊到整个机队,这样的成本,强烈暗示采取性能监控是值得的。同样,一个单级涡轮的一组涡轮叶片成本约为 500 000 美元。如果较高的燃油消耗的结果导致工作温度升高,量级为 10℃,则涡轮叶片组的寿命消耗大约是一半时间。

图 10-11 是典型的飞机运行保障机构的说明。此图示出 3 个经认可的机构,每一机构在便于执行所涉及工作的实际地点开展工作。

外场维修组,主要集中完成下列任务:

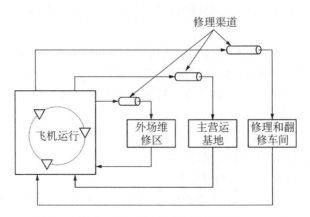

图 10 - 11　飞机运行保障机构

- 按飞机加油程序提供服务;
- 检查物理状态,包括公共故障指示器;
- 更换通常可更换的部件,如传感器、作动器、指示器灯等。

在外场维修区,技术人员参与对已报告的故障的诊断,并可将有限的时间用于执行此项工作。

营运人通常拥有主营运基地,其所处地点应便于对停在地面的飞机(或发动机)开展更广泛的工作。在这一地点执行下列任务:

- 大检查;
- 主要部件更换;
- 某些部件修理;或
- 机队的数据管理。

最后,修理和翻修(R&O)车间,可按地理位置配置,并且可属于或不属于营运人拥有和控制。这些车间可对发动机和(或)部件模块进行全面整修。

导入对性能和发动机健康的补充度量,为营运人提供一个从本质上影响营运成本的机会,这些已在图 10 - 11 中予以说明。实际上,应该相信,能够将外场维修区的工作精简为简单的飞机勤务,当飞机经过其主营运基地时,就有机会完成采取简单的零件更换便可解决的所有问题,这一概念已得到充分验证。

10.3.1　诊断运算法则的概念

PHM 的基本假设是,为发动机配备的专用传感器应有能力在某个具体问题出现时将其隔离,在足够的时间内可对飞机进行快速和有效的勤务工作和(或)修理,无需长时间中断营运。

也许可以更准确地说,飞机或其他航空器都是发挥特定功能的产品,必须使其保持在役状态。然而,发动机是导致丧失营运能力的一个主要因素,因此,讨论的重点应放在发动机上。不管应用如何,与 PHM 有关的关键技术研究则有能力诠释测量结果,确保准确而没有歧义,并能够由一台机载计算机控制。这一基本概念如图 10 - 12 所示。

毫无例外,必须从如下若干方面解释构成某个机载故障诊断系统输入的所有数据:

(1) 数据是否表明一个真实问题?

(2) 营运人方面是否采取问题严酷度担保措施?

图 10 - 12　故障诊断的基本概念

(3) 在某次强制切断之前,还剩余多少使用时间?

例如,如果信息是提示性的或(甚至更糟糕)是可疑的,这样就需要一组技术人员去执行补充试验来确认故障,则 PHM 的许多优越性将会丧失。因此,故障库的概念(见图 10 - 12)是 PHM 概念的基础。

10.3.2　故障指示器①的合格鉴定

PHM 项目研究的起点在于选择故障指示器并进行合格鉴定。提醒读者,燃气涡轮发动机包含许多有联系的热力学过程,每一过程都要求不少于 6 个变量来定义工作点。例如,压缩过程要求对进口状态(压力、温度、流量和转速)以及相应的出口状态(压力、温度和流量)进行精确定义,以便完全定义其运行状态。如果存在放气起飞,这可能变得更加复杂。

应该记住,压缩过程本身是借助多排叶片这种机械布局达到的,每排叶片具有一定形状,为压气机完成整个压缩作出贡献,我们则在某种程度上感觉到故障诊断过程的复杂性。在此限定下,我们希望精确地知道哪排叶片已出现何种变化从而导致总性能出现非预期的偏离。如果我们现在增加其他的热力学过程来获得一台正常工作的发动机,并知道这些部件在空气动力学、热力学和机械上的链接,问题的实际维度变得很清晰。因此,选择实用的故障指示器并经过合格鉴定,使其能够向操作人员和维修人员提供关于发动机状态的信息,则是绝对必要的。

研制一个经鉴定合格的状态指示器,需要回到如图 10 - 13 所示的 FMECA。正如从该图可以看到的那样,基本上有两个有待分析的潜在目标:使用安全性和使用成本。必须考虑所有失效模式,而且必须从安全性和成本角度判断每一失效模式。

如图 10 - 13 所示,这样一种分析的结果显露出许多并不影响安全的失效模式,并且某个指示器对此进行系统性跟踪与遵守某个固定程序相比,成本效率更高。此图还暗示如要获得改进尚需继续努力。实际上,实现现时推行的所谓“精益创新计划”目标,则需要进行连续改进。不仅必须致力于改进维修的预定程序,而且还必须进行系统性工作,以研制故障指示器并对其进行合格鉴定,使其能够在发动机整个使用寿命内在管理发动机方面发挥作用。

---

① 此处原文为“fault indicator”,是用以显示故障发生和故障存在的一种措施。——译注

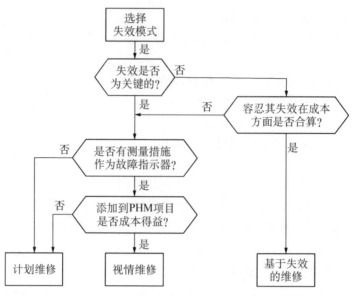

图 10-13　适用于运行和维修的失效模式分析

　　故障指示器合格鉴定时所涉及的总任务图如图 10-14 所示。流程从选择待分析的故障开始。这必然包括下面任何一个条件：

　　(1) 故障是严重的；或

　　(2) 故障对努力为其研制一个指示器是有经济价值的。

　　测量方法的选择是一项很重要的任务，涉及基础物理现象以及在必须制订自动程序时此方法的内含是否实用。

　　在选择一组测量方法之后，测量的精度必须充分揭示故障的存在。此问题包含与其相关的安全性和经济性要素。这也向研究人员提出难题，如何获得试验数据和(或)如何分析实际故障对所选测量方法的影响。例如，图 10-4 和图 10-5 中所示出的数据，说明某个已持续受损涡轮的性能。此物理损坏是对叶片几何形状的损坏。但是，在飞行中作这样一种测量，没有实际意义。必须由正常运行期间能够获得的性能测量予以推断。这种事态表明，已包含损坏模式的发动机热力学模型，将证明在精度评估方面是一种非常有用的工具，一组选定的性能测量能够代表实际的故障。

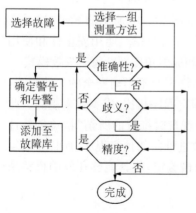

图 10-14　故障指示器的合格鉴定

　　不管用于评估精度的工程方法如何，这组测量方法必须能够指示故障并确定其严酷程度。如果达不到此目的，则必须放弃特定的测量方法而另寻其他途径。

　　图 10-14 所示还要求关于歧义的试验，与

准确性相比这常常更难以确保。对于性能测量或对于涉及复杂信号分析的那些测量，情况尤其如此。在任何一种情况下，问题都是相同的。是否有其他失效模式能够以极其相同的方式触发同一组测量？应强调，问题通常是多维的，而测量套路实际上总是少的。因此，凡可能时，必须进行调查研究，解决歧义问题。凡存在歧义时，常常可通过纳入一个或多个补充测量予以应对。凡相对于某个基线的两个方向变化（正或负）连同变化的相对值一起，能够隔离某个特定问题，这样的性能测量明显是实用的。

在这一点上，讨论故障库的本质及其使用也许是有帮助的。就概念而言，故障库是一个数据矩阵，如图 10-15 所示，矩阵的行代表测量参数，列代表故障。

在图 10-15 中，借助一系列测量参数（标示出对基线偏离的变化方向）来表征某一具体故障。例如，某个参数可能是根据进气温度修正的排气温度测量值，并与这一参数的基线（已绘制成与经修正转子转速的函数关系曲线）进行比较。这样的一条基线如图 10-16 所示。

测量参数	故障				
	F_1	F_2	F_3	F_4	F_5
P_{m1}	↑	↓	↓	—	↓
P_{m2}	↓	↑	↑	↑	—
P_{m3}	—	↑	↓	↑	↑
P_{m4}	↑	↑	↑		
P_{m5}	↓	↓	—		

图 10-15　故障库矩阵

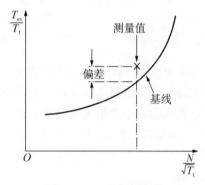

图 10-16　典型的基线

如图 10-16 所示，首先必须按当地进气温度对测量值进行修正，然后在经修正的转子转速下，与基线值进行比较。所获得的偏差构成故障矩阵内的一个元素，在给出的示例中，其表示正向偏离。在故障矩阵库内将这一参数表示为 P_{m1}，其表明是一种正向变化（见图 10-15 中所给出的示例），并且其与故障 F_1 相关。

从这一讨论可以推论，作为故障库一部分的故障矩阵其用途在于解决可能出现的歧义，并可将故障隔离为单一原因。正在运转的故障库中的其他元素可在发出警告和告警信息之前，将限制值强加于偏离值。在一个完全成熟的视情维修系统中，应将故障状态以及必要的有效措施，通告地勤人员，以使发动机可用性损失减至最小。

现在再回到图 10-14，故障指示器合格鉴定中余下的任务是精度问题。这是一个实际的统计学应用问题，目的在于使执行中所涉及的流程实现自动化。这适用于已纳入任何故障指示器中的所有测量值。这一测试的基本要求在于，测量将严格遵循统计学规律,不仅从单台发动机获取测量值,而且从某个使用相同发动机的机队获取测量值。图 10 - 17 给出了某个完整发动机机队所用特定故障指示器的柱状图,数据源自大约 2 500 个航班。在这一特定情况下,参数是常见的 w_F/P_C ,它是建立燃油限制预订程序的基础。

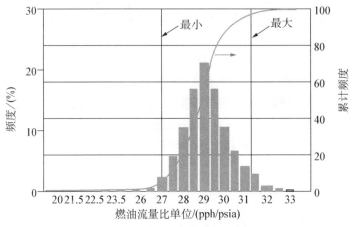

图 10 - 17　故障指示器合格鉴定

由图 10 - 17 可以看出,数据的统计特性非常合乎规律。存在单一清晰最大值,并且大部分测量值都落在合理的界限范围内。这样的一种形态,可以确定能够适用于整个机队的最小和最大限制值。调用这一参数的那些低值,将意味着动态响应迟缓,因此加速时间拖长,易于在曲线下边缘处检查测量有效性。然而,w_F/P_C 的高值暗示存在空中失速的可能性。因此,能够制定 w_F/P_C 的最大许用值,并用于触发维修活动。

在这一参数的最小值与最大值之间,测量值的变化趋势是时间的函数。而且这一参数证明是装机时发动机状态及其控制的有效指示器。

10.3.3　故障诊断时的时间要素

所有的发动机失效都与时间有某种关系。这种关系的性质对任何 PHM 项目内的数据采集和分析的实际问题都具有重大影响。通常,根据故障指示器内的变化定义这一关系,作为时间的函数。图 10 - 18 是状态的表征。

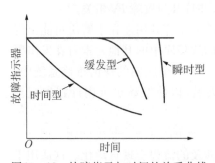

图 10 - 18　故障指示与时间的关系曲线

图 10 - 18 高度概括地阐述故障指示如何随时间而变化。然而,关注的重点在于,存在若干种在实际情况下可能出现的可认可的失效类型。其中首要的是纯时间型失效,对此类失效而言,指示的变化从部件或元件投入使用

的时刻开始,并以某个不确定的速率继续,直到达到某个极限点,在此点,必须对部件进行保养或更换。流经某个重要油滤的压降可以作为这种指示器的一个示例。在此情况下主要的未知因素是油滤的堵塞率,油液中存在的污粒几乎是引起堵塞的唯一原因。

缓发型失效的特征是,未经历一段时间之前和(或)未由某个事件触发某种变化之前,指示器值一直无变化。从突然发生碎裂的轴承获得金属屑的某个指示器也许就是这种失效模式的一个示例。轴承碎裂可能已由某一早先有征兆事件引起,但是,由于指示器是一个碎屑探测器或计数器,磨损的最初征兆是有金属粒子存在。

最后一种失效类型是瞬时型故障,如图 10-18 所示。在这种情况下,事件发生之前指示器未示出变化,事件发生时故障指示器中存在瞬时变化。由于机械损坏或连接失效而引起的温度传感器的突然失效可能是这种故障模式的一个示例。

图 10-18 以无刻度指示的形式呈现。考虑燃气涡轮发动机中许多可能的失效模式,不可能给出刻度指示。但是,作为某些大体上观察是可能的。

PHM 的原理基于利用传感器快速捕获能够当做故障指示器的数据。累计测量的速率在确保成功地防止次生损坏和(或)丧失使用方面是一个重要的因素。显然,如果变化率足够缓慢,对传感器进行人工检查已经足够。也显然可见,在现代数字式电子装置对传感器进行典型的巡检时间间隔内,将探测不到瞬时失效。

对于以小时计的那些变化速率,故障指示器可能很有成效。对于瞬时失效,通常使用不同的方法。在采集每一新的数据集的同时,舍弃最早的数据,按时间的函数保持临界参数的连续日志或滚动日志。在突然变化的事件中,将日志保存为某个事件的记录。通过安排数据采集,以捕获事件之前和之后一个有限时间段计,可以分析变化的顺序,以致通常能够确定根本原因。这一函数类型与控制器件密切相关,因为状态突然变化往往决定来自控制器件的同等突然响应。

这种事件的诊断,通常按事后调查方式予以处理。但是,当更成熟的外场维修故障诊断形成时,对于这些事件原因的评估,只需花费很少的时间。

10.3.4 数据管理问题

毫无疑问,PHM 项目的成功,取决于高质量的数据管理系统,它将确保信息的适时性,还确保具体数据与问题部件的相关性。图 10-19 是一幅信息流程图,表明各种数据彼此之间的关系以及 PHM 项目的功能。此图表明,PHM 是现有整个机队管理活动的一个特别要素,此时信息的质量和适时性是极为重要的。

图 10-19 的顶层,给出各种监控过程。对于所示的 4 个类型,最基本的是需要对发动机构型维持严格控制。如同前面所讨论的,存在若干层次的维修活动(外场维修区、营运基地、R&O 车间),其中每种形式都从事零件更换。而且,有许多零件经受 LCF,对此,零件的寿命由法规规定。这些零件推动送修率。更重要的是,当有部件从 R&O 流程返回并可供重新安装时,它们导致在某一特定发动机上零件的不

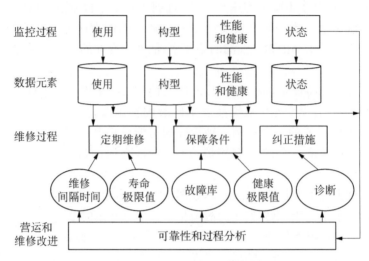

图 10-19　PHM 项目的数据管理

断混杂。只有对零件的流动和整个发动机的构型进行严格跟踪，才能够管理这种事态。

　　一旦安装在某架飞机上，必须跟踪使用率，并且指派与该构型有关的特定零件。如同前面所讨论的，现代发动机的寿命消耗与工作负荷的严酷程度有关。因此，寿命消耗运算法则是测得的转速、压力和温度的复杂函数。剩余寿命的计算及其与飞机任务的相关性，是飞机执行任务的基础，并且是飞机可用性协调较为普遍的问题。

　　现代计算机的可用性，可以形成交互式软件，大大地便利处理在监控喷气式发动机时所使用的数据。此软件的核心是一个相关数据库，在库内识别各个部件的方式是依据它们与发动机的连接和（或）它们在 R&O 传送路径的位置。图 10-20 是在某个软件示例中一个构型管理系统的屏像图。这一附图向读者提供对某个特定零件的识别和定位的信息。

　　如图 10-20 中的屏像所示，飞机 924 配装 376281 发动机，发动机又由风扇、高压压气机、燃烧室等主要模块构成。进而，风扇模块可以分解为风扇转子组件、轴承和风扇机匣组件。图中虽未示出，但由"＋"号表示，风扇转子可进一步分解为风扇盘和一组叶片，其中每件都由一个系列号予以标识。

　　上述构型管理系统与每一可确认部件的数据文件有关。因此简单的做法是，按图 10-19 将使用数据与发动机相关联，并通过相关的数据库与系统的各子组件和零件相链接。同样简单的是，采集性能和健康数据，并且将这些数据"附着"于所涉及的部件或零件。如果此部件从发动机上卸下，完整的数据履历将随其而流动。由一个或另一个修理路径所完成的所有工作，将成为有关该模块或零件记录的一部分。如果然后将其重新安装在另外一台发动机上，所有的数据会保持完整，而与这一新配送有关的所有数据被添加到所提及零件的记录中。

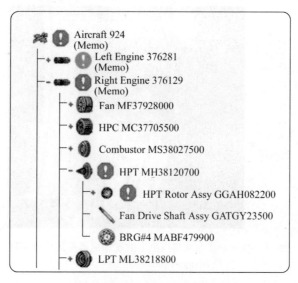

图 10 - 20 零件系统软件管理器的屏像
（经 GasTOPS Ltd 同意）

图中文字：Aircraft—飞机；Left Engine—左发动机；Right Engine—右发动机；Fan—风扇；HPC—高压压气机；Combustor—燃烧室；HPT—高压涡轮；HPT Rotor Assy—高压涡轮转子组件；Fan Drive Shaft Assy—风扇传动轴组件；BRG—轴承；LPT—低压涡轮

再回过来看图 10 - 19[①]并记住采用了数据管理系统，显而易见，完整的营运和维修计划将为整个 O&M 活动每一要素确定所有输入。考虑图 10 - 19 中的定期维修部分，赋予特定部件的使用数据可与已制订的寿命限制值自动进行比较。可以预先准备按时间和（或）使用间隔而确定维修，并可按需要予以启用。同样，可按某个时间函数确定由测量而获得的性能和健康状态数据的趋势。当数据接近所赋予的极限值时，可将它们与故障库和所识别的故障进行比较。这些分析和比较的结果，则可能启动某些具体的维修活动并已准备好在对营运有利的某个时间内执行。最后，凡在外场维修时需要采取纠正措施之处，这样的系统可能对故障诊断过程会有很大的帮助。

图 10 - 19[②]中所确认的最后一个要素是与可靠性和工艺分析有关的"持续改进"部分。这是一种非在线活动，它使用由机载监控以及检查和修理记录所收集到的数据，以延长零件寿命，改进和扩展故障库，并扩充或改进健康极限值。

一个非常通行的安装在发动机上的发动机监控装置（EMU）示例如图 10 - 21

---

① 原文误为 Figure10 - 18。——译注
② 原文误为 Figure10 - 20。——译注

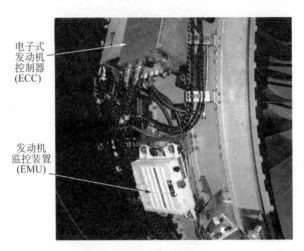

图 10 - 21　安装在风扇机匣上的发动机监控装置(EMU)
(经 Meggitt plc 同意)

照片所示,这是由 Meggitt plc 公司生产的。这是典型的现代 EMU 硬件,其支持诸如 RR Trent、GEnX 和 GP7200 系列发动机,可用于 A380 以及 B787 和 B747 - 8 新飞机上。

尽管许多功能性属于所提及的发动机制造商的专利,这一装置通常支持如下的发动机状态监控(ECM)功能:

(1) 记录和传送发动机上所有寿命受限零件的累计寿命消耗;

(2) 监控并记录所有赋予发动机性能的变量,以便于发动机制造商进行分析(连同电子式发动机控制装置或 EEC);

(3) 处理传感器数据和来自 EEC 的其他可用信息,并执行各种发动机故障诊断运算法则,以便通过飞机通信和报告系统(ACARS)快速传送给营运人的维修人员以及尔后传送给发动机制造商团队内的专家们。

(4) 记录并处理由管理当局规定的飞行关键发动机参数,并将其传送以在驾驶舱内显示。

(5) 通过专用数据总线,与 EEC 进行功能综合。

此装置通过 ARINC 664 与飞机通信,并向各种通信系统提供经处理的数据和(或)原始数据,它们再将这些信息传送给地面站。ARINC 664 是航空电子全双工交换式以太网(AFDX)数据网络,用于安全为关键的高带宽应用场合。

一个安装在航空电子设备舱内具有类似功能的装置用于 B777 飞机。

参 考 文 献

[1] NTSB. Uncontained Engine Failure, Delta Airlines Flight 1288, McDonnell Douglas MD - 88

［R］ N927DA，Pensacola，Florida，July 1996，NTSB/ AAR‑98/01，PB98‑91041，Adopted January 13th，1998.

［2］ Lipson C，Sheth N J. Statistical Design and Analysis of Engineering Experiments ［M］. McGraw‑Hill Publishing Company，1973.

［3］ Tobias P A，Trindale D C. Applied Reliability ［M］. 2nd edn，van Nostrand Reinhold，1995.

［4］ Reliability Information Center. Reliability Modeling —The RIAC Guide to Reliability Prediction，Assessment and Estimation ［S］. Reliability Information Analysis Center，Utica，2010.

11 新的和未来的燃气涡轮推进系统技术

在过去的 50 年内,喷气式飞机本身已经成为人类旅行的主要出行模式。它运送货物和人员的速度和效率,使得人们现在必须将其视为像高速公路和输电线路一样的基础设施。同样,作一个相当可靠的假设,飞机及其喷气式发动机将一直延续下去,并且将继续成为发展的主题,目标是改进性能和成本。

众所周知,喷气推进起源于战争时期的技术创新,而涡轮风扇发动机、涡轮螺旋桨发动机和涡轮轴发动机属于意料之中的发展型。

到 20 世纪 50 年代后期,民用飞机工业发展进入一个新的阶段,涡轮风扇发动机首次登场。RR Conway 是第一台这样的发动机,紧接其后的是 PW JT-3D。这两种发动机仅采用适度的涵道比,量级为 0.3~0.6。涡轮风扇发动机需要采用双转子布局,仅这一步就呈现了大幅度的发展。这些发动机也提供了较高的推重比和经改进的效率。低涵道比确保此发动机将适合于军事用途,而很多的基础工程研发得到政府合同的支持。在后来几年,大多数这样的合作不再执行,因为民用飞机工业进入宽体飞机时代。引出所谓的高涵道比涡轮风扇发动机,涵道比大于 5:1。

本章阐述新的和未来的技术,这些既可用于对较传统燃气涡轮推进系统功能作重大改进,也可预期在未来 20 年燃气涡轮推进系统的发展中起到重要作用。

11.1 热效率

工业界持续不懈地追求改进燃油经济性并降低排放。后者在很大程度上影响燃烧系统的设计,包括燃油喷嘴能够以确保在可能的最低初级燃烧区温度下完全燃烧的方式控制初级燃烧区域。尽管这样的设计最终可能影响基本发动机控制,燃烧专家将推动此基础研究,这项技术已超出了本书的范围。

部件效率的改进,毫无疑问地将引起热效率的某些改进。然而,这是一个发展得相当好的领域,在过去的几十年内,计算流体动力学已经为此作出很大贡献。可以预期,在未来的几十年内部件效率的进一步改进将有所减缓。

总增压比和涡轮进口温度这两个密切相关的参数是任何燃气涡轮发动机的工作循环设计参数。压气机级数增多,必然增加重量和复杂性。但是,总的热效率方面的改进是不可否认的,在过去 20 年内,已经导致增压比增大,而压气机级数比先前的有可能要少。总增压比增长的历史演变如图 11-1 所示。

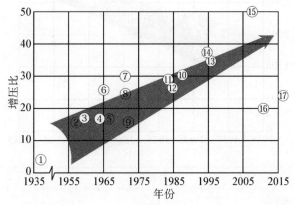

图例		
1 Whittle	7 GE CF6	13 PW 4084
2 RR Conway	8 PW JT9D	14 GE90
3 PW JT3D	9 TFE731	15 RR Trent1000
4 RR Spey	10 IAE V2500	16 PW 1000G
5 PW JT8D	11 RB211-524	17 CFM LEAP
6 GE TF39	12 PW 2037	

图 11-1　总增压比随时间的增长

值得关注的是,在 50∶1 增压比下,燃烧室进口温度的量级为 1275°F,其接近于弗兰克·惠特尔在 1941 年所达到的燃烧室出口温度。

迄今为止,改进热效率的最大可能性是研制新的材料,它将允许涡轮前温度升高。涡轮进口温度的历史演变,如图 11-2 所示。

在过去的几十年,美国军方投资运作综合高性能涡轮发动机技术(IHPTET)项目。其中的一些工作是致力于在高温场合下应用陶瓷材料。采用陶瓷材料的难度当然在于它们的延展性相当低,因此它们有突然失效和灾难性失效的倾向。然而,这一技术所具有的优点对于非旋转部件(诸如导向器的导向叶片和衬层)值得认真考虑。最近业已在军用的旋转涡轮叶片上作了演示验证[1]。人们认为,若干年内不会考虑在民用发动机上应用。在所有的情况下,正在研制的材料有利于减轻重量。例如,采用陶瓷基复合材料,如果材料证明有能力在燃气涡轮旋转部件的典型工况下工作,则意味着整个涡轮系统将减重 30%。

这些发展成果未来将如何系统地影响发动机?成功与否在某种程度上取决于能否控制涡轮进口处温度分布的均匀性。这可能迫使采用更精确和更精密的温度测量系统,反过来将需要对燃烧过程进行更严格的分布控制。这意味着在这些新材料技术投入现实的民用和商用发动机之前,尚有很多工作要做。

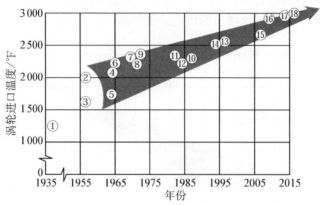

图例		
1 Whittle	7 GE CF6	13 PW 4084
2 RR Conway	8 PW JT9D	14 GE90
3 PW JT3D	9 TFE731	15 RR Trent900
4 RR Spey	10 IAE V2500	16 RR Trent1000
5 PW JT8D	11 RB211-524	17 PW 1000G
6 GE TF39	12 PW 2037	18 CFM LEAP

图 11-2　涡轮进口温度随时间变化趋势图

11.2　推进效率的改进

在下一个十年,预期商用飞机工业界将以更高效的新一代产品来替代已取得非常成功的 B737 和 A320 系列单通道飞机。在这一相同的时间框架内,也在考虑替代 B777 和 A330 双通道飞机。因此,就商业意识而言,毫无疑问的是燃油效率、购置和全寿命成本必须比目前这代飞机有大幅度改进。为支持这一目标,预期主要发动机制造商能够给出新推进系统的解决方案,在单位燃油消耗率方面比现时在役设计至少改进 15%。通过采用更高温度和更高压力的发动机直接改善热效率,改进推进效率,或这两者的某种组合,可达到这个目标。

对于高涵道比发动机,可以作出更合理的假设,使喷口流动畅通,因为推力由如下公式定义:

$$F = w(V_\mathrm{j} - V_\mathrm{a/c}) \qquad (11-1)$$

式中,w 为发动机质量流量;V_j 为喷气速度;$V_\mathrm{a/c}$ 为飞机飞行速度。

因此对于某个给定的飞机速度,可以由高质量流量和低喷气速度的发动机获得与低质量流量和高喷气速度的发动机相同的推力。由于当喷气流离开发动机后,余留在喷气流中的动能根本不起作用,显然,低喷气速度具有较高的效率。实际上,推进效率 η_p 由萨拉瓦纳穆图等人[2]定义如下:

$$\eta_{\mathrm{p}} = \frac{2}{1 + V_{\mathrm{j}}/V_{\mathrm{a/c}}} \tag{11-2}$$

取其极限,当 $V_{\mathrm{j}} = V_{\mathrm{a/c}}$ 时,推进效率 $\eta_{\mathrm{p}} = 100\%$。但是,在此点的推力为零。因此,这一结论表明,使 V_{j} 尽可能接近于 $V_{\mathrm{a/c}}$ 是切合实际的。在设计中,这转换为更高的质量流量和更低喷气速度,这又意味着要求风扇直径更大和涵道比更高。

高涵道比的实际现状是,需要较低的风扇转速,一方面保持叶片应力可控,另一方面保持叶尖速度处于声速或接近声速状态。由于风扇由低压涡轮传动,迫使这种发动机直径较大,同时为达到具有合理效率的较低转速而需要的低压涡轮级数较多。因此,令人毫不意外的是,自 20 世纪 70 年代以来,将大多数涡轮风扇发动机的涵道比设定为大约 5:1。涵道比随时间增长的情况如图 11-3 所示。

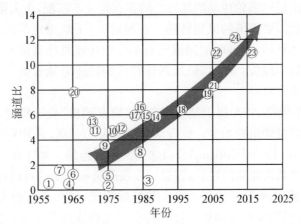

图例			
1 RR Conway	7 PW JT3D	13 PW JT9D	19 RR Trent900
2 GE F404	8 RR Tay	14 IAE V2500	20 GE TF39
3 EJ 200	9 TFE331	15 CFM56	21 GE90
4 RR Spey	10 RR RB211-584	16 PW2037	22 RR Trent1000
5 PW F100	11 RR RB211	17 GE CF6	23 CFM LEAP-X
6 PW JT8D	12 GE CF34	18 PW4077	24 PW1000G

图 11-3 涵道比随时间的增长

在过去的 30 年内已经通过多种途径来追求对推进效率的改进。主要的技术创新如下:

(1)低压涡轮和风扇之间设置减速齿轮箱,以在涡轮和风扇之间提供所需要的转速匹配。

(2)重新设计不带静子的涡轮。每组叶片构成一级涡轮,与其相邻一级反向转动。

上述第(2)项与传统的设计相比,涡轮转速有效地降低一半。这样的设计迫使采用两级对转风扇。

在执行"开式转子"或"无涵道风扇"概念验证项目期间,业已探究过这两个概念。在 20 世纪 70 年代,为应对石油输出国组织(OPEC)的石油禁运,就已开始进行这些研究。但在 1987 年左右,石油价格急剧下落,因此放弃了初始的努力。然而 PW 公司继续研究功率大、重量轻的齿轮箱,并且最近已经推出新的发动机,该发动机采用了齿轮传动风扇以及许多其他改进技术。为了应对这一潜在的竞争,GE 公司也推出对热效率和推进效率两者进行了组合改进的新的更高涵道比发动机。有关这两种新发动机的发展,更详细的信息在下面各节予以阐述。

11.2.1　PW 公司 PW 1000G 齿轮传动涡轮风扇发动机

如同已经讨论过的,前一代涡轮风扇发动机以大约 5∶1 的涵道比进行运行。由于低压涡轮和由低压涡轮传动的风扇之间存在转速不匹配,大大限制涵道比的增大。更大的涵道比需要更低的风扇转速。在现时 5∶1 涵道比值的设计中,风扇叶片的叶尖部分要达到超声速,增加涵道比而不降低转速意味着需要更大的应力,并且非常可能引起效率损失。同时,低压涡轮较低的转速意味着效率损失,或涡轮级数量多到不可接受。

20 世纪 80 年代,NASA 提供基金研制"桨扇发动机"验证机时,出现 PW 公司齿轮传动涡轮风扇发动机原始型。此发动机定名为 578DX,是 PW 公司与底特律阿里逊柴油机(Detroit Diesel Allison)公司之间共同承担的一项工作。由于阿里逊公司具有多年研制机载齿轮箱的经验,该设计在发动机和复杂的对转可变桨距桨扇之间使用一个齿轮箱。该桨扇具有 2 组 6 桨叶螺旋桨,桨叶具有很大的后掠角和曲度。据说,它具有涡轮风扇发动机所能够提供的飞行速度和推力,并具有先进涡轮螺旋桨飞机所具有的燃油经济性。

此发动机于 1989 年安装在一架经改型的麦克唐纳-道格拉斯公司 MD - 80 飞机上,完成其首次飞行。但是,在此时石油价格下跌,工业界对此项目失去兴趣。继 578DX 项目之后,PW 公司继续关注齿轮传动涡轮风扇发动机。然而,578DX 项目所暴露出来的问题(最明显的是,难以与飞机实现综合,还有噪声、重量和可靠性等其他问题)暗示着高涵道比传统风扇是更切实际的选择。在过去的 20 年内,PW 公司继续研究可靠的轻重量的齿轮箱。在如图 11 - 4 所示的 PW 1000G 发动机齿轮箱上,这项研制工作达到顶峰。

从 1998 年开始,PW 公司制造了一系列齿轮传动的涡轮风扇发动机,每一型号都注入新技术,并改进先前的设计。此类设计的早期型号如图 11 - 5 所示。在该型号上,高压压气机由 5 级构成。此后,已增加到 8 级,在热效率方面得到相当大的改进。

2008 年 7 月,将此项目定名为 PW 1000G"静洁动力(pure power)"发动机,并且投放市场。迄今为止,该型号发动机业已为若干个大项目所采用:

(1) 庞巴迪 C 系列;

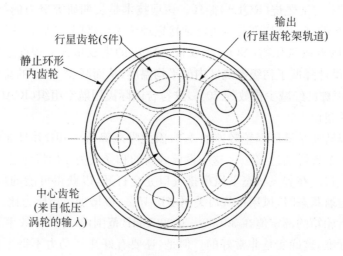

图 11 - 4　PW 1000G 发动机行星齿轮箱原理图
（经 PW 公司同意）

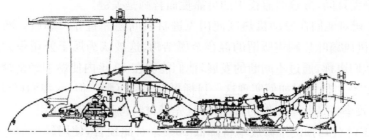

图 11 - 5　PW 1000G 发动机的剖面图
（经 PW 公司同意）

（2）三菱重工喷气式支线飞机；

（3）伊尔库特 MS - 21；

（4）A320 新发动机选项（NEO）。

该发动机的涵道比为 12∶1,研制推力在 15 000～30 000 lbf 范围内,风扇直径范围为 56～81 in（依据推力等级而定）。

在技术改进方面,该发动机仅需要 3 级低压涡轮,相比之下传统设计则为 5—7 级。这一转换减少了 1 500 个零件,因此,预期能够节省可观的重量,并附带降低了维修成本。

高压压气机为每一旋转级都装配了整体叶盘（blisks[①]）。燃烧室衬层是所谓的浮动壁面,可单独自由膨胀和收缩。所采用的燃烧过程是在精确控制下进行的富油

[①] blisks 是英文"blade/disk"的组合词。整体叶盘是采用先进工艺将转子盘和叶片加工成一体而形成的发动机部件。具有简化结构、减重、提高性能和可靠性、延长寿命等一系列的优点。——译注

燃烧-快速淬熄-贫油燃烧(RQL[①])循环。该项技术是长期研究努力的结果,它能控制火焰,在循环的富油燃烧部分尽可能地接近理论配比极限,然后快速淬熄,并转入贫油燃烧,以降低氮氧化物(NO_X)生成量。NO_X 的生成量很大程度上取决于火焰温度,这样的设计降低了初级燃烧区内的平均温度,从而减少 NO_X 的排放。总而言之,PW 公司声称已经减少排放约 70%,这符合国际民用航空组织(ICAO)航空环境防护委员会的建议[3]。

由于风扇转速是低压涡轮转速的 1/3,因此噪声降低 15dB,并且业已验证比现有常规发动机节省燃油达 12%。这一设计的新的和受人关注的特性是,使用可变面积的风扇排气口。在起飞状态下风扇排气口完全打开,以获得可能的最大推力,当发动机转为巡航状态时,风扇排气口关闭多达 15%,以增加风扇压力比,并降低燃油消耗率。该齿轮箱的额定值在 30 000～35 000 SHP 范围内,并声称效率为 99%。按照齿轮设计标准,这确实是非常好的。但是,还要有好几百马力不得不以热量的形式被消耗。此外为达到高可靠性,必须从齿轮齿合面去除这些热量,这反过来需要非常先进的润滑油输送和冷却系统。有关 PW 1000G[②] 设计的这一方面的信息公布很少。但毫无疑问,散热对服役中的可靠性而言则是关键。

PW 公司对他们在发动机热区使用先进材料问题一直守口如瓶。然而他们已披露,发动机风扇叶片利用所谓的混合金属结构,这被认为属于公司很大的商业秘密。同样他们声称,通过不间断的发展,他们能够在 10 年内使燃油经济性比现有发动机提高 22%。他们对如何实现这一目标再次保持沉默。但是,我们可以很容易地猜测到,热效率将是此项工作的目标,并且先进材料将起关键的作用。

最后,PW 公司预测维修成本将降低 20%。对此预言,使用较少的零件数量则是关键,尽管工业界认为导入 30 000 HP 的齿轮箱在可靠性方面将有很大风险。

11.2.2　CFM 国际公司 Leap 发动机

所谓的 Leap 发动机是 CFM 国际公司的产品,这是一家由美国 GE 公司与法国斯奈克玛公司(SNECMA)合资组建的非常成功的公司。Leap 发动机业已以目标规定构型运行。无论如何,这家公司以其 CFM 56 发动机控制了单通道飞机市场。目前已知,他们正在致力于研究一系列技术,旨在能够为市场提供颇具吸引力的新产品,足以保持他们作为发动机供应商的优势地位。

由于在 2014 年之前,Leap 发动机尚未投入营运,难以获得有关这一发动机在设计和性能方面的确实可靠的信息。但是非常明显,CFM 国际公司意欲建造一台新的发动机,因为采用了更高的涵道比,在热效率方面将得到重大改善,在推进效率方面也将有不少的改善。此发动机迄今业已被中国新的 COMAC 919 飞机所选用,

---

① RQL 的英文为"rich-burn/quick-quench/lean-burn",目前国内译为"富油燃烧-(快速)淬熄-贫油燃烧",是一项降低 NO_X 排放的先进燃烧技术,本书原著作者简化为 rich/quench/lean"。——译注

② 原文误为 PW 100G。——译注

这是一架单通道的飞机,可与 B737 和 A320 飞机竞争市场。Leap 发动机也被空中客车工业公司用于其 A320 系列飞机的 NEO(新发动机选项)型。

对于给定的涡轮进口温度,采用更高的核心发动机增压比,可以改进单位燃油消耗率。因此,Leap 发动机趋向于在增压比 22 下工作,相比之下现有的 CFM56 发动机则为 12。这样的设计需要 10 级高压压气机和 2 级高压涡轮。CFM56 发动机以单级高压涡轮而工作,其优点就在于可靠性和维修成本方面。

迄今为止,CFM 国际公司对于涡轮进口温度的问题表示沉默,但已经知道 GE 公司(其提供核心发动机)对先进材料的研究已历经数十年。它们的陶瓷基复合材料(CMC)能够比常规的超级合金承受更高的温度。但是很显然,GE 公司并不愿意将这些材料用于旋转部件。而将这些材料用于静止部件似乎是可能的,意味着涡轮进口温度有一定的升高。

导入新研制的叶片和静子叶片冷却技术也是支持提升涡轮进口温度的方法。这也是 GE 公司不断追求的技术,并有可能出现在此发动机上。

在改进耗油率方面其他重要的方法则是推荐使用纤维复合材料风扇,涵道比可达 10∶1,相比之下,先前的各种 CFM 56 型号只是在 5∶1~6∶1 之间。纤维复合材料设计使用称为 3D 编织传递模型的制造技术。这显然为这种应用场合提供了所需的强度、刚度和耐久性。这一研究具有相当的先进性,并且已在去年由 SNECMA 公司进行了验证。

涵道比 10∶1,意味着更大的风扇必须以较低的转速运行,以缓和可能的空气动力损失。这将会影响低压涡轮的设计,使得其尺寸更大。此外,它几乎肯定会要求更多的级数,因为风扇需要低转速。此时得到的那些有用信息暗示低压涡轮将有 7 级,然而最终的设计尚未取得一致同意。

与它的竞争机型一样,Leap 发动机将利用"贫油燃烧"燃烧室技术,以减少排放,并声称 NO_X 排放量将降低 50%。其声称 CO_2 排放将降低 16%,与其声称耗油率降低 16%直接相关。基于最新公布的信息,Leap - X 发动机与 PW 1000G 发动机设计方案的对比,如图 11 - 6 所示。

图 11 - 6 给出每台发动机的相关尺寸和低压涡轮级数相对于 PW 1000G 发动机上的齿轮箱所做的权衡考虑。

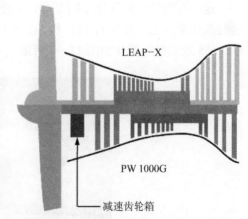

图 11 - 6　Leap - X 发动机与 PW 1000G 发动机的设计方案对比

11.2.3　桨扇概念

如同先前所讨论的,NASA 已对生产普惠-艾利逊 578DX 验证发动机所用先进螺旋桨技术做了大量的工作。主要技术进步在于高速后掠、曲线螺旋桨桨叶,这确实增加桨盘负载(推力),同时使损失保持某个低值。

　　这样一副高度扭转的螺旋桨意味着使用对转螺旋桨。因此,这些优点的组合被定名为"桨扇"发动机。在文献中,也称为"开式转子概念"。如同先前所讨论的,578DX 验证发动机使用一个齿轮箱,以提供所需要的速度匹配和对转。

　　在相同的时间段,GE 投资于自己的桨扇验证机项目,生产出 GE-36 发动机,于 1986 年在 B727 试验机上完成首飞。要强调的是,该发动机属于技术验证机,而不是商用发动机。随着 20 世纪 80 年代后期石油价格回落以及 CFM-56 发动成为单通道商用飞机市场上占优势的角色,GE 对此不再感兴趣,并终止了此项目。

　　也许 GE-36 发动机最值得关注的特点在于用来驱动对转风扇的方法。GE 制造了一个对转低压涡轮,采用旋转的静子和涡轮叶片,如简图 11-7 所示。

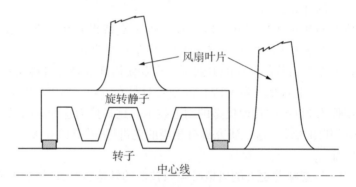

图 11-7　GE-36 发动机所用的对转涡轮原理图

　　这一布局的机械设计非同寻常。不使用齿轮箱,因此涡轮不得不就所涉及的转速与螺旋桨匹配。桨距控制机构,必须安装在由旋转"静子"构成的旋转筒周围。GE-36 发动机的照片如图 11-8 所示。

图 11-8　GE-36 发动机(经布克哈德　多姆克同意)

　　578DX 和 GE-36 这两种发动机都能证明可大幅度节省燃油(量级为 30%)。所取得这些成就尚未计及随后 25 年出现的在热效率方面的任何一项改进。然而,在这两种发动机能够投入商业应用之前,必须解决它们所存在的问题。

最明显的问题是噪声。后桨叶切割前桨叶的尾涡流是主要的噪声源,而没有发动机罩则加剧了问题的严重性。

同样,桨扇发动机能否在民用运输机上安装,属于潜在的适航合格审定问题。开式转子发动机经常存在桨叶失效风险。尽管有人曾经说过,无论是过去还是现在,没有已确认的问题是不可解决的,但是,研制费用无疑是巨大的。

三个主要的发动机制造商都已表示,他们正在考虑桨扇发动机概念的复苏,最执着的当数 RR 公司。尽管 RR 公司尚未表态与 PW 公司和 CFM 国际公司展开公开竞争,但正在研究一款原理如图 11-9 所示的概念发动机,使用了对转风扇-低压涡轮。如图所示,双转子燃气发生器驱动两个带罩的对转风扇,每一个都带有专用的两级自由涡轮。

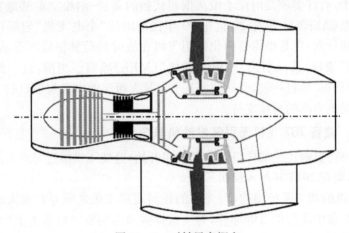

图 11-9 对转风扇概念

对转布局意味着推进器转子每分钟绝对转数的减速比为 2∶1。轴非常短并且非常刚硬。并未提议风扇叶片将是可变桨距的。这种构型为增大涵道比并因此而改变推进效率提供了较大的灵活性,同时在传统的核心发动机技术方面采用先进技术,以增大热效率。此外,风扇罩将大大降低与先前开式转子概念发动机有关的噪声。

值得注意的是,近来也就是 2008 年,GE 公司与 NASA 签订了一份涉及研究开式转子概念的"备份行动"协议。按这份协议,将对原来验证项目中所使用的试验台架进行整修,并对未来桨扇的潜力进行新的研究。由该协议可以推断,开式转子概念尚有复苏的可能。

顺带提醒,值得注意的是燃气涡轮发动机是一种高度成熟的机械装置,每一后续发展似乎都是一个越来越昂贵的命题。例如,对转桨扇将需要同时研究高度专门化的涡轮和同样高度专门化的风扇。必须预先考虑正常的发展创新产品是否有足够的销售量,以便能够收回研制成本,或者能够将某项特定的技术重新用于大范围的未来发动机。尽管基本技术(如材料和系统)可从军品研制中得到好处,但现在适用于军用平台的构型与民用构型有很大的差异。由于民用飞机市场进一步划分为短程和远程营运,并且更低燃油成本的要求所带来的压力在不断增大,任何一个具体环节能否支持这些越来越昂贵的研究,很值得怀疑。这样的一种事态,使得某些更为令人关注的概念,尤其是当实际竞争存在时,难于得到支持。

有关桨扇发动机发展历史的更多信息,参见文献[4]。

11.3 其他方面的发动机技术创新

迄今为止,我们已集中阐述了有关发动机设计方面的技术发展,它们已经存在并且处于寻求推进系统性能改进的过程中。下面各小节阐述飞机级和发动机系统级的技术,有些近期已经投入使用,有些则正在研制。正在影响新推进系统设计的这些新技术中,有许多项是由位于俄亥俄州代顿的莱特-泊松空军基地实验室的空军研究实验室(AFRL)[①]早在 20 世纪 70 年代推出的"全电飞机"创新计划演化而来。这一创新计划,先是由需要简化军用飞机在战时的后勤保障所驱动,后来演化为"多电飞机"项目,其又引出"多电发动机"(MEE)项目。当前,这一创新计划与"动力优化发动机"项目一起,受到政府基金以及大西洋两岸参与项目的主要发动机公司及其一级供应商的持续支持。

11.3.1 波音 787 飞机无引气发动机概念

正如本书将要阐述的那样,从 B787 飞机开始,这架飞机接近完成大范围的合格审定大纲,预期在 2011 年投入使用[②]。

B787 飞机的动力系统架构,与先前的任何商用飞机之间存在很大的差异。如同在前面第 8 章中简要提及的那样,为飞机提供动力的发动机基本上"无引气",也就是仅最少量的引气用于发动机整流罩防冰、液压油箱增压,以及轴承滑油封严增压。防冰引气仅在结冰状态下才需要,此状态出现在大大低于正常巡航状态的较低高度。液压油箱和滑油增压功能不涉及任何值得关注的引气流量。因此,在这一应用场合下的引气用量对整个发动机效率的影响可忽略不计。图 11 - 10 是发动机发电系统的原理图,示出用于飞机控制系统、作动系统和公用系统的电源。

这一新架构的优点在于:

● 更有效地使用二次功率提取;

● 由于基本消除发动机引气作为能源,而使发动机循环更有效;

● 由于取消整体驱动发电机(IDG)、气源管道、预冷却器、控制阀、调节器等,降低发动机内部结构(EBU)的复杂性,历史证明这些部件的维修概率都很高;

● 取消辅助动力装置(APU)的压气机和相关管道。

---

① 此处英文原文为"Air-Force Research Laboratory (AFRL) at the Wright-Patterson Air-Force Base Laboratory",而索引中的原文为"Wright Patterson Air Force Research Labs (WPAFRL)"。——译注

② B787 于 2007 年 7 月 8 日下线,2009 年 12 月 15 日首飞,由于多种原因,延迟至 2011 年 9 月 26 日首架飞机交付给日本 ANA 投入商业使用。——译注

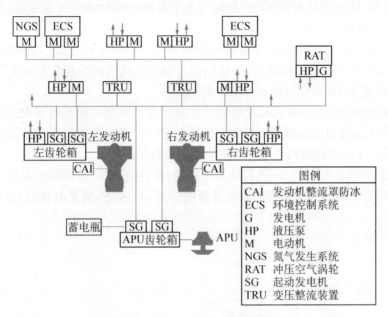

图 11 - 10　波音 787 飞机电源系统架构

由于新的无引气架构导致燃油消耗降低大约 3%。

如图 11 - 10 所示,飞机装有 6 台起动发动机:每台主发动机上 2 台,APU 上 2 台。发动机上的 4 台起动发动机每台最大容量为 250 kVA,提供 235 VAC 变频电源。频率变化基于发动机转速,从地面慢车到最大高压转子转速,频率变化范围为 360~800 Hz。APU 起动发动机每台发电机的容量为 225 kVA,也提供 235 VAC 变频电源。为取得最佳 APU 性能,APU 转速按环境温度的函数而变化,其引起 APU 转速变化(从而是 APU 输出电源的频率变化)大约 15%。

一台附加发电机由冲压空气涡轮(RAT)驱动,在丧失两台主发动机的情况下可将其放出,以提供应急电源(和液压能源)。

可由蓄电瓶电源或来自地面电源插座的电源来起动 APU。

在以起动模式工作时,功电模块(PEM)[①]帮助变速和变电压驱动,直到达到自持转速,此时起动发电机切换为发电工作模式。在发动机和 APU 起动过程中,通常使用两台起动发电机,但是,单台装置(或地面电源)也可实现起动,只是起动时间有所延长。

B787 飞机上的电源系统是一套混合系统,利用传统的 115 VAC 和 28 VDC 与 235 VAC 和 ±270 VDC(通过变压整流装置(TRU))组合。在传统的电源汇流条向大多数传统的飞机负载提供电源的同时,高电压汇流条支持较大的系统负载,诸如

---

① 原文为"power electric modules(PEMs)",在发动机起动时提供起动所需要的功率,起动完成后发电。
　　——译注

用于液压泵、环境控制系统(ECS)和氮气发生系统(NGS)的空气压缩机,为的是使馈电线的重量减至最低。

由上面对 B787 飞机电源系统架构的阐述,很明显,这架飞机已经朝向"多电飞机"定义迈出了一大步。但是,这一应用离开取消发动机辅助齿轮箱还有很长一段距离,这仍然是 MEE 项目创新计划的最终目标。

综观 B787 机型,注意到其发电容量相对于过去机型的标准有很大的提升。图11-11 是大部分商用运输类飞机相对于新的 B787 飞机,有关主发动机发电容量的比较曲线。X 轴上的时间点是各飞机的首次飞行年份。

如图 11-11 所示,B787 飞机的发电容量(不包括 APU 发电机),是除 A380"超级珍宝机"以外所有其他飞机的发电容量的 2 倍,而 A380 的发电机容量只是 B787的 60%。

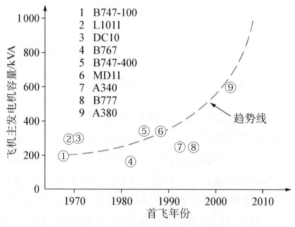

图 11-11 商用飞机发电容量的发展趋势

多电方法提取发动机功率是传统推进系统的一次根本性变化。已经证明,这是一场挑战,因为遇到了电源管理和配电系统在功能成熟度方面的问题。所宣传的在使用成本方面的改善能否在服役中成为现实,尚待见分晓。

值得关注的是空中客车工业公司的 A350 飞机。它是 B787 的竞争机型,采用了较多的传统的方法来提取发动机功率,发动机引气用做机翼防冰、环境控制、客舱增压和燃油箱惰化的能源。APU 也为发动机启动提供压缩空气。

11.3.2 有关发动机系统的新技术

有两个主要的技术领域,继续影响与发动机系统有关的新发展和新技术的验证活动,它们是:

- 微电子装置和软件(全权数字式发动机控制或 FADEC 技术);
- 高功率切换技术。

FADEC 技术是一项成熟技术,所有新发动机基本上都使用 FADEC,进行燃油控制和推力(功率)管理。已经形成双通道和双双通道架构作为优化解决方法,基本上提供 100%故障覆盖能力。自 20 世纪 80 年代开始使用 FADEC 以来,由燃油控制系统而引起的在役发动机停车率明显减小,其下降幅度已超过预期。而且,可用存储容量和吞吐量提供几乎不受限制的功能和监控能力。为了说明这一点,在 20 多年之前,采用 FADEC 控制涡轮风扇技术研制的发动机,成功地验证了复杂控制系统具有杰出的响应和操纵特性,这些系统包括:

- 燃气发生器燃油控制;
- 加力燃烧室控制的 5 个区域,包括核心和外涵道两者的排气管道燃烧;
- 5 个可变几何参数控制回路,包括压气机和涡轮几何参数,以及外涵道排气管道和核心发动机排气喷口面积。

此后,典型 FADEC 的可用存贮量和吞吐量已增加超过一个数量级。

固态电源切换技术是推动新多电创新计划的第二个促进因数,它们能够以高速和非常低的功率损失(寄生热量产生)切换数十乃至数百安培。这一技术的一个重要示例是导入新的"电传功率[①]"解决方案,用于 F-35 联合攻击战斗机和 A380"超级珍宝"商用客机的主飞行控制作动系统。F-35 飞机在其所有的主飞行操纵面上使用电-液作动器(EHA),而 A380 飞机为实现操纵面作动冗余度而采用了这一相同的技术(术语为电备份液压作动器或 EBHA),作为对第 3 个液压分配系统措施的替代品。

从发动机系统的角度来看,这些可用技术已对在役发动机和技术验证机的解决方案产生重大影响,现综述如下。

11.3.2.1 A380 反推力装置电作动系统(ETRAS®)

由霍尼韦尔和 Hispano-Suiza 公司提供的这一系统用于 RR 公司的遄达 902 发动机和通用-普惠艾利逊公司的 GP7200 发动机,这是此类系统首次投入商业客机使用。

此方案使用电动机驱动螺旋丝杠作动器替代传统的液压或气压式作动器来驱动反推力装置的阻流门。控制电子装置和功率切换电子装置被安装在位于发动机短舱中的单独装置内。采用传统的柔性轴驱动方法使作动器保持同步。

在相关的研制项目中,固特瑞奇(Goodrich)公司已在此类反推力装置上对采用电子方法使作动器保持同步的效果进行了验证(见图 11-12)。

11.3.2.2 电动机驱动的燃油泵、液压泵和滑油泵

MEE 技术创新的最终目标在于取消附件齿轮箱,同时导入嵌入发动机内的起动发电机,直接由发动机高压转子驱动。因此,采用与发动机起动相反的过程,以电源形式实现所有的功率提取。

尽管利用 AC 或 DC 电动机产生飞机液压能源已经是普遍的做法,但是,利用电

---

① 原文为"power-by-wire"。——译注

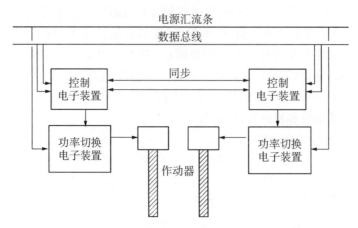

图 11 - 12 采用电子同步方法的反推力装置原理图

源提供高压燃油和滑油的概念是对现有的直接机械传动方法所做的一次根本性改变。

显然,某种冗余度等级是必需的,为的是确保这些关键功能具有相当的可靠性、可用性和完整性水平。验证型项目已利用双绕组无刷直流电动机来执行这一任务。图 11 - 13 是 2006 年 Teos 论坛上展示的电动燃油泵送和计量系统(EFPMS)原理图[5]。在这一验证型装置内,功率变换器电子装置是借助燃油返回油箱(FRTT)阀由燃油实行冷却,实际上,这些燃油本来就要排放返回飞机燃油箱。

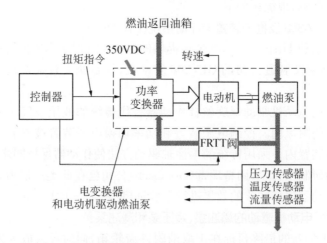

图 11 - 13 验证型电动燃油泵送和计量装置原理图

用于燃油控制的电动机驱动泵的优点在于电动机转速能够按主流工作状态的要求予以优化。如同在第 3 章所提及的,传统的齿轮泵的规格应满足最大高压转子转速 15% 状态下的起动燃油流量要求。这导致在高空巡航状态下有大量的过剩容量,伴随有寄生热量产生,并损失使用效率。

这一燃油计量控制新技术的一个现实示例是现时在 B787 飞机 APU 上使用的燃油计量泵控制系统(见图 11-14)。此燃油计量控制系统包括：

● 无电刷直流电动机驱动的燃油泵,带有离心式和正排量齿轮式两种泵芯。
● 机载高功率切换电子装置,用于电动机换向、扭矩和转速控制;
● 燃油输送压力和燃油滤压差(ΔP)传感器;
● 数字总线接口,其提供泵速指令并将计量装置输出参数和健康状态的反馈信息传送给远距的电子式燃油控制装置。

图 11-14　B787APU 燃油计量泵(经帕克航宇公司同意)①

　　这一概念最大难点在于达到所要求的在役可靠性,尤其是关于电子装置和高功率切换装置,它们处于相对恶劣的工作环境中。

　　重要的是要注意,在这种应用形式中,可靠性和完整性要求大大低于对主推进发动机的要求。这是因为 APU 通常仅在地面使用,并且在许多场合下,APU 也许不是关键签派设备。然而,在评估将此技术推广用于燃气涡轮推进发动机的相关技术风险时,从这一应用中所获得的服役经验可证明是有价值的。

　　实践证明取消附件齿轮箱可能是很困难的。现实中有些事情令人欣慰,如果发动机在旋转,燃油泵、滑油泵以及回油泵同时也在转动——更不用说向发动机 FADEC 供电的专用交流发电机。采用这种传统的方法,功能完整性是清楚的。

11.3.2.3　无滑油发动机

　　可能会对取消机械功率提取进而取消辅助齿轮箱作出重大贡献的另一个技术创新是"无滑油"发动机概念。某一发动机设计,如能免除润滑管理程序之类的使用问题,则颇具吸引力。所有的燃气涡轮发动机以有限的耗油率消耗润滑油,实际上有人会说,通过定期用新滑油加满滑油箱,可大大增加滑油寿命。需要特别强调的是军用无人飞行器,可以预期在一次飞行中发动机将在空中工作多达数周时间。这种预料之中的非常长的续航时间,正在推动许多 R&D 创新,旨在寻求转子的支承

---

① 此图左侧有缺陷,原文如此。——译注

方法,即不使用常规的滚动轴承以及这些轴承所需要的润滑系统[6]。

无滑油发动机意味着采用飞机上所形成的某种措施,诸如喷射高压空气或布置磁场,使转轴悬浮并使转轴保持在一个与轴颈对中的轨道内旋转。无论采用了那种方法,都将减少轴承损耗,意味着效率将有显著的改进。

霍尼韦尔公司(先前的伽勒特-艾雷赛奇(Garrett-AiResearch)公司),在20世纪60年代提出空气轴承概念。其主要应用场合似乎是高转速压气机和APU,在这些场合滑油管理问题在某种程度上更加严酷而外来物损伤的可能性则较小。利用空气作为一种悬浮支撑流体是方便的,因为可从某个压气机引气,随时可作为系统一部分而供使用。

现时,似乎更加强调磁浮轴承的研发。有关这一技术的有实用价值的论述,参见参考文献[7]。如同空气轴承一样,这也不是新概念。实际上,在20世纪80—90年代,管道输送工业界一直在积极追求这项技术,并取得很大的成功[8]。管道输送工业界的主要动机在于从燃油消耗和维修两个方面降低使用成本。这些泵送装置路径固定,但绵延很多英里,并常常处于偏远地区。在这些情况下,使用永久密封的轻载滚动轴承来应对次数相对稀少的起动和停车。但是,经证明磁浮轴承是极为可靠的,并将轴承损失降低到几乎为零。

磁浮轴承的概念相当简单。轴端缠绕电磁线圈,线圈则固定在一个静子内,如图11-15所示。传感器确定轴的径向位置,流经每一极线圈的电流受控,以使轴保持在同心轨道内转动。这听起来似乎很简单,但是关键在于精确地测量轴的位置,以及一个能适时计算每一线圈必需电流需求量的复杂控制器。

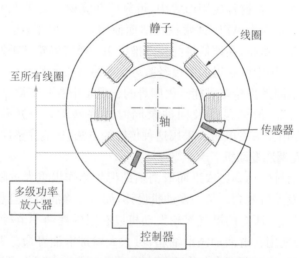

图11-15　径向承载磁浮轴承的典型布局

在最近十年来在微电子方面的进步,使得此概念在功能方面易于实现。然而,在这样的系统成为发挥作用的实体之前,尚有许多问题有待解决。其中一些实际设计问题包括尺寸、重量,以及可对处于燃气涡轮发动机热区恶劣环境下的此种磁浮轴承布局提供防护的方法。实际上,这样的一种设计必须涉及产生一个磁场所固有的损失。静子内的涡流损失和线圈内的电阻,在原已恶劣的环境中增加额外的热量。最后,在实际使用中,由于外来物、热量以及低循环疲劳引起的涡轮机叶片损坏(通常导致严重的转轴不平衡)是不能忽略的。在发展带有液体阻尼轴承支持系统的常规轴承方面,已历经多年的努力。对于使磁浮轴承成为现实而言,可能必须采用这些技术的某种组合。

也许进一步发展磁浮轴承的最大推动力在于这样的一个设想,即既可以将其用作轴的支承,也可将其用作一台发电机。毫无疑问,这样的一种布局将支持最终取消附件齿轮的 MEE 目标,导致发动机安装的机械布局得到大大简化。但是,从实用角度来看,这样的发展仍有很长的路要走。

11.3.2.4 电动-机械可变几何作动器

作为传统的燃油油压驱动可变几何作动器的替代,多电方案是采用电动机驱动的电动-机械作动器。迄今为止,已使用一个全冗余线性作动器做过验证试验。可以说,为使可靠性和功能完整性与传统的燃油油压作动器设计处于同一水平,复杂程度必需有所增加,对此在重量和成本上似乎都难以证明可行。在任何多电发动机解决方案中,高压燃油总是存在,因此易于用来支持作动器的功能。

11.3.3 应急发电

由多电创新计划所引起的一个重要问题在这里值得讨论,因为它影响商用飞机上应急电源的供电。传统的解决方法是释放 RAT,但此装置存在严重的缺点,很长时间一直不投入工作。就这一点而言,凡需要使用时其可用性就可能受到质疑。尽管在主要维修检查中都要进行释放 RAT 和检查功能的定期试验,但是 RAT 可用性问题依然存在。

一个可能发生的突出示例值得关注。在对 RAT 进行地面检查之后发现,使 RAT 电源进入飞机电源系统的切换继电器,有些触点受到棕色黏性物的污染,结果使 RAT 电源不能提供给飞机。进一步调查研究发现,驾驶舱内驾驶员用来放置咖啡杯的地方,正好在 RAT 继电器切换装置的正上方,因此咖啡成了污染源。在需要 RAT 投入使用的时刻,这种隐匿的和不可检出的失效可能导致灾难性事件。

作为电源优化飞机(POA)创新计划的一部分,已对适于嵌入发动机内的电动发电机进行了成功的演示验证。尤其是位于低压涡轮后面低压转子上的开关磁阻发电机,与传统的 RAT 相比,被认为是更具吸引力的应急发电方法。在此情况下,发电机连续工作,并能够方便地监控其工作状态,因此规避了 RAT 出现隐匿失效的可能性。

11.3.4 机载故障诊断

发动机故障诊断的作用是发现即将出现的部件失效以使得安全性不受影响,并通过适时报告飞行中所有的发动机性能降级,支持所有的与维修有关的活动。这样一个远大目标常常因为考虑成本而受阻。但是,即使对营运成本作一次随意检查,也可断言维修费用在总成本中所占比重较大。因此,可以并应该对每一种故障模式进行详细调查,包括整个定期维修活动概念。

采用机载诊断的主要难点在于需要时间和成本来证明该故障诊断运算法则对发动机状态的描述是明确的和有根据的。性能下降和最后的发动机失效都是不希望事件(虽然稀少),经过对管理的详细调查表明,很少采取拆卸检查来确定故障诊断。

不管上面的讨论如何,机载故障诊断概念仍然处于其发展初期。但是,在过去的 20 年内,已经有了很大进步。现在,为确保故障诊断是合格的而采用多种测量方式组合被认为是正常的,传感器成本继续下降,营运人根据从飞机传送给他们的信号进行地面响应准备,已经变得习以为常。可以预期在未来几年,该技术领域将会继续发展,并且应用越来越广泛。

参 考 文 献

[1] Trimble S. Turning up the Heat on CMCs [J]. Flight International, 2010,11:23 - 29.

[2] Saravanamuttoo H I H, Rogers G F C, Cohen F. Propulsive/Overall Efficiency [M]. Prentice Hall, 2001.

[3] Committee on Aviation Environmental Protection Environmental Report [R]. ICAO, 2007.

[4] Sweetman B. The Short Happy Story of the Propfan [J]. Air & Space Magazine, 2005,9.

[5] Teos Forum. Fuel metering demonstrator project by Hispano Suiza [J]. Technology for Energy Optimized Aircraft Equipment and Systems, Paris, France, 2006.

[6] Sirak M. Rolls Royce Eyes Oil-less Engines, Other Innovative Propulsion Concepts [N]. Defence Daily, 2006 - 6 - 8.

[7] Clark D J, Jansen M J, Montague G T. An Overview of Magnetic Bearing Technology for Gas Turbine Engines [J]. NASA/TM - 2004 - 213177, 2004.

[8] Alves P S. Alavi B M. Magnetic bearing improvement program at NOVA [J]. ASME International Gas Turbine Conference, UK. 1996.

附录 A　压气机级性能

本附录阐述与多级轴流式压气机的级性能分析有关的分析过程,而这些压气机则是当前现代航空燃气涡轮发动机所用那些压气机之典型。

在轴流式压气机的基本形式中,轴流式压气机由多个压气机级连续排列而构成,轴流式压气机的一个单级则由旋转叶片(转子)和静止的导向叶片组件(静子)组成,转子叶片与静止的静子导向叶片处于同一轴上,相对于后者而旋转。

由于气流沿轴向流经压气机,压气机的每一级都对压缩过程有贡献,这也意味着,如果已知每一级的性能,估算出整个压气机的性能应是可能的。由此产生的分析过程称为"逐级叠加",并已证明为使整个压气机性能模型化,在估算压气机特性线图时,这是一个有用工具。

下面将对压气机级特性的基点、所涉及的术语和一般可接受的数据表示方法,提供一些深入的了解。尔后的附录(附录 B)给出方法来求得排列在转轴上的压气机级数据,为的是获得整个压气机特性。

A.1　压气机级特性的基点

压气机一个单级有一组旋转叶片,其通过改变气流的角动量来向气流施加能量。旋转叶片后面是一排静止叶片(静子),用于使气流扩压,并改变气流方向,以使其以合适的方式进入下一排旋转叶片。

典型的压气机单级原理图如图 A-1 所示。参见该图的上图,有关变量的名称如该图的下图所示:

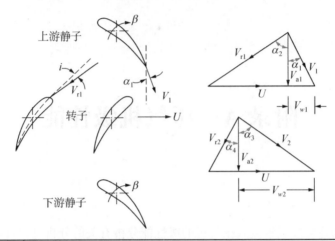

V_1	气流流入压气机级的绝对速度
V_{r1}	流入压气机级的气流相对于旋转叶片的速度
U	叶片切线速度
α_1	由绝对速度 V_1 与轴向基准线所形成的夹角。注意,此角度是与上游静子叶片后缘(中弧线)切线所形成的角度,是由 β 角定义的上游静子方位所确定的角度
α_2	相对速度矢量 V_{r1} 与轴向基准线所形成的夹角。注意,V_{r1} 将以来流角 i(即与叶片中弧线切线的夹角)进入旋转叶片
V_2	空气流出转子的绝对速度
V_{r2}	流出转子的气流相对于旋转叶片的速度(即与后缘(中弧线)相切)
α_3	绝对速度 V_2 与轴向基准线所形成的夹角,注意这是气流进入下游转子时的角度
α_4	相对速度矢量 V_{r2} 与轴向基准线所形成的夹角
V_{w1}	流入气流的切向速度分量,通常称为级进口处的"切向分速度"
V_{u2}	转子出口处气流切向速度分量,通常称其为级出口处的"切向分速度"
V_{a1}	气流流入转子速度的轴向分量
V_{a2}	气流流出转子速度的轴向分量
β	静子控制角

图 A-1　轴流式压气机级的级速度

应该注意到,此图示出静子可控的可能性。事实上,静子角 β 的设定值确定了进气气流角 α_1 的值,其又影响单级的总性能。有关 β 角的影响,将在下一节的结尾予以讨论。

A.2　能量从转子向气流转换

有许多有价值的参考文献,它们阐述了转子和气流之间基本的相互影响[1—3]。

为了了解压气机级性能,我们将这些文献中所含信息综述如下。

按如下方程根据转子引起的角动量变化确定轴上的扭矩:

$$T = \left[\frac{m_2 r_2 V_{w2}}{t}\right] - \left[\frac{m_1 r_1 V_{w1}}{t}\right] \tag{A-1}$$

式中,m_1 为进入转子的空气质量;m_2 为流出转子的空气质量;r_1 为转子进口半径;r_2 为转子出口半径。

假设稳态流动,恒定半径,并设定 $m/t = w$(质量流量),则扭矩表式(A-1)转化为

$$T = wr(V_{w2} - V_{w1}) \tag{A-2}$$

由于功率与扭矩乘以角速度成比例,并可以看到,叶片速度由 $U = \omega r$(ω 为角速度)所确定,得到功率的表达式为

$$功率 = wU(V_{w2} - V_{w1}) \tag{A-3}$$

从热力学考虑,功率也可以用空气总焓升高的方式来表示。因此,可将功率表述为

$$功率 = c_p w(T_2 - T_1) \tag{A-4}$$

式中,T_1 为转子进口处绝对温度;T_2 为转子出口处绝对温度;c_p 为空气的定压热容量。

由式(A-3)和式(A-4),可以建立级内温升与角动量变化之间的关系式如下:

$$c_p(T_2 - T_1) = U(V_{w2} - V_{w1}) \tag{A-5}$$

由图 A-1 所示出的速度图,我们看到

$$V_{w1} = V_{a1} \tan\alpha_1$$

和

$$V_{w2} = U - V_{a2} \tan\alpha_4$$

将这些切向分速度表达式代入式(A-5),可以得到

$$c_p(T_2 - T_1) = U(U - V_{a2} \tan\alpha_4 - V_{a1} \tan\alpha_1)$$

如果假设进口和出口轴向速度矢量在数值上相等,此方程可简化为

$$\frac{c_p \Delta T}{U^2} = 1 - \frac{V_a}{U}(\tan\alpha_1 - \tan\alpha_4) \tag{A-6}$$

式中,$\frac{c_p \Delta T}{U^2}$ 这一项,通常称为"温升系数"或"做功系数",用符号"ζ"表示;$\frac{V_a}{U}$ 项称为

"流量系数",由符号"φ"表示。观察由下面式(A-7)确定的流量,可容易地简化式(A-6)。

$$w = \rho A V_a \qquad (A-7)$$

式中,ρ 为当地的空气密度;A 为压气机级的环形面积。

根据此表达式,我们可写出

$$\frac{V_a}{U} = \frac{w}{\rho A U} \qquad (A-8)$$

如果用表达式 P/RT(基本气体定律)来替代密度 ρ,则进一步看到

$$\frac{V_a}{U} = \frac{wRT}{APU} \qquad (A-9)$$

如果现在代入 $U = 2\pi Nr$(此处 N 是旋转速度,以每分钟转数(r/min)计),可以得到

$$\varphi = \frac{V_a}{U} = \frac{wrt}{2\pi rAPN} = \left[\frac{R}{2\pi rA}\right]\frac{w\sqrt{T}}{P}\frac{\sqrt{T}}{N} \qquad (A-10)$$

对于某一固定的 $N/\sqrt{T}$ 值,流量系数直接与流经压气机级的无量纲流量有关。

重新回到式(A-6),可以看到,对于给定的 α_1 和 α_4 值,此表达式是线性的。由此表达式所绘制的图形如图 A-2 所示。此条直线是由式(A-6)所获得的理想或无损失的表达。

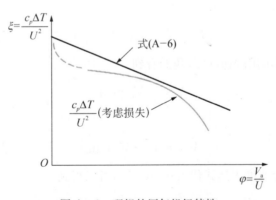

图 A-2　理想的压气机级特性

考虑流动的摩擦损失和湍流损失导致做功的效率降低,如图中曲线所示。这一陈述的实际解释是达不到由 α_1 和 α_4 所表示的转动角度,在工作范围的极端值下,这一情况更是明显。由于温升系数和运用等熵效率,流经压气机级的压力可能下降。确认等熵效率定义如下:

$$\eta_s = \frac{T_2' - T_1}{T_2 - T_1} \tag{A-11}$$

式中，$T_2' - T_1$ 为理想温升。

现在可以定义压力系数：

$$\psi = c_p \frac{(T_2' - T_1)}{U^2} = \frac{c_p T_1}{U^2} \left[\left(\frac{P_2}{P_1} \right)^{\frac{\gamma-1}{\gamma}} \right] \tag{A-12}$$

这些参数共同描述了压气机级的性能。常见的做法是，以压力系数（理想温升）和效率来表示级性能，如图 A-3 所示。

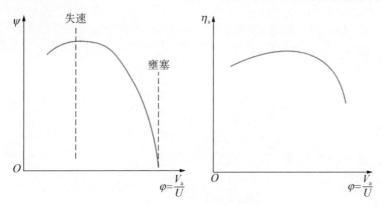

图 A-3　压气机级的级效率

图 A-3 表明，有两个值得关注的基准条件。级失速一般出现在最大压力升高点或在此点附近。同样，当轴向流速 V_a 增加达到迎角（与转动叶片相关）变成负值和（或）马赫数接近壅塞状态的那个点时，也可将其说成是压气机级出现壅塞。在任何一种情况下，损失上升到压力系数陡峭下降的那个点。

再次返回到式（A-6）和图 A-1 所示出的速度三角形，可以看到，α_4 基本受转动叶片的设定值所控制，而 α_1 受到上游静子的设定值所控制。静子的角度控制措施（如图 A-1 中的参数 β 所示），允许外部控制 α_1 和最终对气流所做的功。

使用 β 作为静子的控制参数，很显然，β 增大将导致 α_1 增大，反过来导致 ζ 相应下降，这意味着，对于不同的 β 设定值，ζ 相对于 φ 的二维曲线如图 A-4 所示。

利用静子控制以调节给定压气机级的做功的方法可以重新进行流

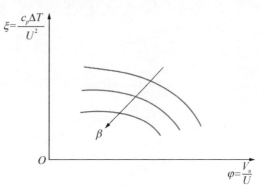

图 A-4　可变静子的级性能

量、温度和压力匹配,以使得在发动机加速过程中不需要通过级间放气来管理压气机失速问题。

参 考 文 献

[1] Saravanamuttoo H I H, Rogers G F C, Cohen H. Gas Turbine Theory [M]. Pearson Education Ltd,2001.
[2] Shepherd G D. Principles of Turbomachinery [M]. MacMillan Company, New York, 1956.
[3] Hesse W J. Munford N V S Jr. Jet Propulsion for Aerospace Applications [M]. 2nd edn, Pitman Publication Corp. , New York, 1964.

附录 B　压气机特性线图评估

为了进行推进系统性能动态分析,喷气发动机模拟可能是一种非常有用的工具。精确描述燃气涡轮发动机在其整个动态范围内特性的模型,要求以能在计算机上呈现的形式来描述其主要部件。在附录 C 中较为全面地阐述了此模型。但是,为了展开这项讨论,可以说,所需要的压气机描述是以特性图线的形式呈现的,它给出无量纲流量和等熵效率与压力比和无量纲速度的函数关系。典型的压气机特性线图如图 B-1 所示。

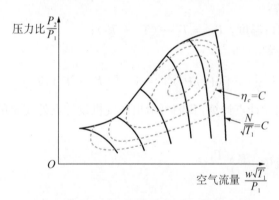

图 B-1　典型的压气机特性线图

图 B-1 所示出的所有参数,都以无量纲的形式出现,图中 T_1 和 P_1 是在压气机进口处测得的温度和压力,而 T_2 和 P_2 是压气机出口处的状态参数。

这应是意料之中的,图中所示出的特性曲线是部分发动机供应商长期耗资研制所取得的结果。也可以肯定地说,发动机性能在很大程度上是由压气机所确定的,在一位经验丰富的工程师掌控下,可从压气机特性线图中推断出有关发动机设计的很多东西。因此,这些特性线图属于高度的知识产权保护范畴,系统分析时很少能够利用。然而,执行系统分析时一个良好模型的影响力,对于寻求这些特性线图的估算方法起到很大的促进作用。本附录提供了一种用于描绘/估算任一多级轴流压气机性能的方法。

　　这里所述的估算其基础在于,制订一组有代表性的级特性,然后叠加级数据,以建立一个完整的压气机特性线图。

　　呈现级数据时所使用的术语名称已经在附录 A 予以定义。

　　压气机特性线图估算的起点是收集有关在讨论发动机的可用数据。开展适当的工程查询工作,通常可获得下列信息:

(a)	推力	F
(b)	单位燃油消耗率	SFC
(c)	涡轮进口温度	T_3
(d)	压气机总增压比	P_2/P_1
(e)	设计点转子转速	N
(f)	压气机级数	n
(g)	压气机空气流量 w 或单位推力	F/w

　　由已知条件,我们可以计算:

　　(1) 燃油流量 $w_{Fe} = F \times SFC$;

　　(2) 流经燃烧室的温升: $T_3 - T_2 = w_{Fe} \Delta H_f / c_P$,式中 ΔH_f 是燃油的低发热值, c_P 是空气的比热容;

　　(3) 压气机出口温度: $T_2 = T_3 - (T_3 - T_2)$;

　　(4) 压气机效率:

$$\eta_c = [(P_2/P_1)^{\frac{\gamma-1}{\gamma}} - 1]/[(T_2 - T_1)/T_1]$$

　　由这些简单的设计点计算,我们可给出压气机设计点处完整的热力学状态定义如下:

无量纲空气流量: $\dfrac{w \sqrt{T_1}}{P_1}$

压力比: $\dfrac{P_2}{P_1}$

无量纲转子转速: $\dfrac{N}{\sqrt{T_1}}$

等熵效率: η_c

　　估算压气机特性时的基本要求是级特性的可用性。对于任何特定的发动机,级数据甚至比压气机特性线图更不易于看到并更受知识产权保护。但是,通过按比例缩放从公开文献中获得的无量纲数据,有可能得到合理的估值。在图 B-2 和图 B-3 中,给出了这些数据。

　　所幸的是,有为数众多的研究人员对压气机级进行了实验,并将他们的实验结果发表于公开的文献上。通过收集和归纳这些数据,能够详细说明某个特定压气机的设计情况。

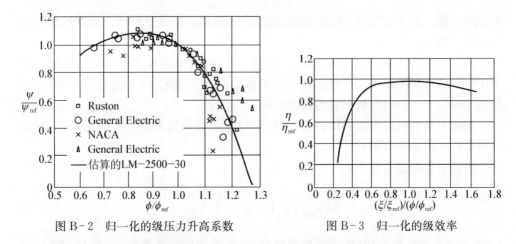

图 B-2 归一化的级压力升高系数   图 B-3 归一化的级效率

业已发现,最大级效率点允许任意级性能的转换,"堆叠"成如图 B-2 所示一个公共数据集。

考虑所呈现数据的压力上升系数,通过选择代表最大压力上升点的基准,发现可使数据形成一条有代表性的单一曲线[1]。正如 B.1 节所要表明的那样,这些数据的使用,以如下的假设为基础,即基准状态可被解释为压气机内每一级的设计点。

类似的级效率处理如图 B-3 所示。在此情况下,可使用略有不同的参数组合进行数据汇集。但是,就这里所阐述的目的而言,已发现由豪厄尔(Howell)[2]首先呈现的这些数据运作相当好。

B.1 节针对压气机的每一级详细阐述图 B-2 和 B-3 的数据。B.2 节给出匹配计算,针对偏离设计的所有各点,产生总的压气机特性线图。

B.1 设计点分析

设计点分析的明确目的在于计算压气机每一级的环形面积,并计算压气机设计点上每一级的级性能。

显然,如果已知目标压气机的所有方面,则应不需要建立假设。这一过程已有所演化,因为通常很少会有完整的压气机定义可供使用。因此,如下若干条假设是必需的:

(1)叶片半径:假设,以叶片平均半径作一维计算将满足要求。如果已知每一级叶片的平均半径值,则当然可以使用。但是,在大多数情况下,这乃是未知的,并且整个压气机恒定半径的假设,通常将产生合适的结果。一般而言,必须由所讨论发动机的前视草图或简图,来对此半径进行估值。

(2)流通面积:由转子级的轮毂和叶尖半径所确定的环形面积来定义某个给定级的流通面积。而且,知道每一级的流通面积将是有用的。缺少这些数据时,则有必要估算压气机进口处的流通面积。发动机和(或)压气机前视图草图连同某个一维尺寸(诸如总直径),将可以确定此草图的比例,以获得压气机第一级轮毂和叶尖半径的估值。对于压气机性能的初次估值而言,这些数据是足够的。由这些数据可得出叶片通道的平均半径。

(3)定压比热:用于这些估算的一个基本假设是,恒定压力下的空气比热在整个压气机内将保持不变。严格而言这并不真实,但是,与级效率的可能变化相比,比热的变化很小,因此,可将其视为次要影响。

利用上面的假设可以继续进行设计点分析,从级流量系数计算开始,随后是流经整个压气机的等熵温升。

级流量系数定义如下:

$$\varphi_d = R\left(\frac{60}{2\pi rA}\right)\left[\left(\frac{w\sqrt{T_1}}{P_1}\right)\Big/\left(\frac{N}{\sqrt{T_1}}\right)\right] \tag{B-1}$$

式中,r 为平均叶片半径;A 为环形流通面积;R 为通用气体常数;φ_d 值可用于选取图 B-2 所示的归一化级特性。

等熵温升定义如下:

$$T_2' - T_1 = T_1\left[\left(\frac{P_2}{P_1}\right)^{\frac{\gamma-1}{\gamma}}\right] \tag{B-2}$$

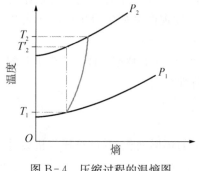

图 B-4　压缩过程的温熵图

这一参数给出对无损温升的估值,如图 B-4 温熵图所示。

实际上,存在着由如下方程定义的压缩效率所描述的损失:

$$\eta_c = \frac{T_2' - T_1}{T_2 - T_1} \tag{B-3}$$

因此由如下方程确定实际温升:

$$T_2 - T_1 = \frac{1}{\eta_c}(T_2' - T_1) \tag{B-4}$$

现在压气机设计人员必须针对压气机的每一级确定这一温升的分配。为了估算整个压气机特性线图,我们必须预测他们可能会做什么。

最简单的假设是设计点温升沿每一级均匀分布。这未必是十分正确,但是,将为确定各级特性提供一个合理的起点。因此各级温升可简单地表达为

$$\Delta T_s = \frac{T_2 - T_1}{n} \tag{B-5}$$

式中,n 为级数。下标 s 表示任何一级。由上面的假设可直接得出结论,即每一级的等熵效率与整个压气机的等熵效率相同,因此,单级设计点参数为

$$\eta_{sd} = \eta_c \tag{B-6}$$

和

$$\psi_{\mathrm{d}} = \frac{c_p \Delta T'_s}{U^2} \tag{B-7}$$

式中，$\Delta T'_s = \eta_{\mathrm{sd}} \Delta T_s$，而

$$\zeta_{\mathrm{d}} = \frac{\psi_{\mathrm{d}}}{\eta_{\mathrm{sd}}} \tag{B-8}$$

　　将这些设计点参数用于图 B-2 和图 B-3，我们可以获得一组级特性，将它们叠加以估算整个压气机特性线图。在着手执行级特性叠加过程之前，剩下尚要做的唯一任务是计算每一级入口的环形流通面积。通过固定每一级的环形流通面积，我们迫使压气机级在前面已确定的设计点下工作。

　　现将计算步骤说明如下。

　　第一步：计算级出口状态：

$$P_{2s} = P_{1s} \left[1 + \frac{T'_{2s} - T_{1s}}{T_{1s}} \right]^{\frac{\gamma-1}{\gamma}} \tag{B-9}$$

$$T_{2s} = T_{1s} + \frac{1}{\eta_c}(T'_{2s} - T_{1s}) \tag{B-10}$$

　　第 2 步：计算下一级进口处的流量参数（注意 w 为常数）：

$$\frac{w\sqrt{T_{2s}}}{P_{2s}} = \frac{w\sqrt{T_{1s}}}{P_{1s}} \left(\frac{P_{1s}}{P_{2s}} \right) \left[\frac{\sqrt{T_{2s}}}{\sqrt{T_{1s}}} \right] \tag{B-11}$$

　　第 3 步：计算下一级进口处的无量纲转速：

$$\frac{N}{\sqrt{T_{2s}}} = \frac{N}{\sqrt{T_{1s}}} \left[\frac{\sqrt{T_{1s}}}{\sqrt{T_{2s}}} \right] \tag{B-12}$$

　　第 4 步：计算下一级进口处的环形面积：

$$A_2 = R \left(\frac{60}{2\pi r \varphi_{\mathrm{d}}} \right) \frac{w\sqrt{T_{2s}}}{P_{2s}} \tag{B-13}$$

对所有各级，重复步骤 1~4。此过程导致下面所示形式的环形面积表：

级序号	环形面积
1	A_1
2	A_2
3	A_3
n	A_n

B. 2　级特性叠加分析

一旦已经确定一组级特性,并且已经计算出每级的环形面积。就能够使各级彼此匹配,以获得整个压气机的工作点。这些计算通常需要迭代,因为它们受实际情况所限,即必须使每一级的工作点都位于其自己的特性线上。某一具体级工作的范围受到流动壅堵以及喘振或失速所限制,前者出现在流量系数 $\varphi = V_a/U$ 为大值(见附录 A)的情况,后者则出现在 φ 为低值的情况。

级特性的叠加计算很简单,按如下步骤进行:

(1) 选择转速 N,旨在计算无量纲流量、压力比和总效率,它们代表某条给定的"经修正转速线"上的各有效点。图 B-1 所示出的压气机特性线图,由 $N/\sqrt{T_1}$ 为常数的曲线族所组成。这些单独的曲线或"转速线"确定针对恒定标准进气条件 T_1 和 P_1 而进行的计算。

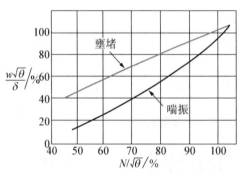

图 B-5　典型的涡轮喷气发动机流量范围

(2) 选择无量纲流量 $w\sqrt{T_1}/P_1$ 某一任意值。因为无量纲流量的许多值将会导致无效结果,这有助于遏制对合理值的猜测。这里,与各种无量纲速度下这一参数典型范围有关的经验和知识,是非常有用的。例如,对于某一典型航空发动机压气机,典型的无量纲流量相对无量纲速度的关系曲线如图 B-5 所示。这些数据具有代表性,并且用设计点状态的百分比来表示。关于这一曲线的一系列观察与这一讨论相关。

a. 在速度范围的上端,最大和最小流量值交会于一点。在这些状态下,后几级出现壅堵,并且单一无量纲流量 $w\sqrt{T_1}/P_1$ 值也许是可能的。

b. 在较低转速下,流量范围较宽,表示转速线较平缓。我们还可预料,在低速状态下,前几级正在以接近于失速的某个状态运行。通过我们的计算,或许可证实这一点。

c. 以无量纲形式表示的最低转速,量级为最佳环境条件下设计最大值的 50%。致力于使压气机以发动机慢车状态运行乃至关重要。因此,50% 转速线代表大多数压气机设计值的下限。

(3) 由如下的公式,计算第一级压气机的流量系数值:

$$\varphi = \frac{v_a}{U} = R\left(\frac{60}{2\pi r_1 A_1}\right)\frac{w\sqrt{T_1}}{P_1}\left(\frac{N}{\sqrt{T_1}}\right) \tag{B-14}$$

式中,r_1 为平均叶片半径;A_1 为级环形面积。

（4）在级特性曲线上，查找与 φ 的计算值相对应的 ψ 和 η 值。

（5）由这些级性能值，现在可以计算流经压气机级的温度和压力升高值如下：

$$T'_2 - T_1 = \frac{\varphi_s U^2}{c_p} \tag{B-15}$$

$$T_2 - T_1 = (T'_2 - T_1)/\eta_s \tag{B-16}$$

$$\frac{P_2}{P_1} = \left[1 + \frac{(T'_2 - T_1)}{T_1}\right]^{\frac{\gamma}{(\gamma-1)}} \tag{B-17}$$

（6）级出口状态确定下一级压气机的进口状态，并因此由如下公式确定：

$$T_2 = T_1 + (T_2 - T_1) \tag{B-18}$$

$$P_2 = (P_2/P_1)/P_1 \tag{B-19}$$

现在，能够计算与下一级有关的参数如下：

$$\frac{N}{\sqrt{T_2}} = \frac{N}{\sqrt{T_1}}\left[\frac{\sqrt{T_1}}{\sqrt{T_2}}\right] \tag{B-20}$$

$$\frac{w\sqrt{T_2}}{P_2} = \frac{w\sqrt{T_1}}{P_1}\left(\frac{P_2}{P_1}\right)\left[\frac{\sqrt{T_2}}{\sqrt{T_1}}\right] \tag{B-21}$$

对于压气机的每一级，重复上面的步骤（2）～（6），直到已知每一级的工作点，并已知整个压气机的工作增压比和温升。

逐渐增多 $w\sqrt{T_1}/P_1$ 的选择值，使其覆盖从喘振到壅塞的整个转速线范围，可以确定整个转速线。此外，通过增加转速并重复整个过程，可以确定每一转速线，并获得整个压气机的估算性能特性线图。

机敏的读者也许会建议，必须应用有关喘振的某些准则。这一意见是绝对正确的。通常，使用最大增压比或 ψ 准则来限制某一给定压气机级可能的流量范围。对于后部各级，这尤其是正确的。在低转速下，前部各级可能以失速状态工作，同时整个压气机将仍然工作（尽管效率降低）。这一事实成为采用诸如放气阀此类装置使前几级压气机放气的原因。但是，在高速下，后几级首先趋向于失速。通常公认当后几级达到 ψ 最大值时，整个压气机将失速。

在这一点上，关于计算过程的最后评论似乎是合适的。在计算进行过程中将会发现，第一级下游各级的 φ 值很可能超出针对该级而假设或估算的数据范围。这只是意味着发生级壅塞和 $w\sqrt{T_1}/P_1$ 值太高。因此，代之以低 $w\sqrt{T_1}/P_1$ 值时，不一定需要计算。

参 考 文 献

[1] Muir D E, Saravanamuttoo H I H, Marshall D J. Health monitoring of variable geometry gas

turbines for the Canadian Navy [J]. ASME Journal of Engineering for Power, 1988, 111 (2), 244 - 250.

[2] Howell A R, Calvert W J. A new stage stacking technique for axial flow compressor performance prediction [J]. Transactions of the ASME, 1978, 100:698 - 703.

附录 C　燃气涡轮发动机的
热力学模型

为了解和控制诸如燃气涡轮发动机这样的一种复杂系统,开发发动机以及支持和控制发动机的各系统的数学模型,则是非常有用的。

共有三种基本的建模方法,可用于支持燃气涡轮发动机的性能分析。

(1) 线性小扰动法。此时,围绕某个特定的工作点形成发动机功能参数的线性近似值。在进行与第3章中所阐述的转速调速器性能有关的响应和稳定性分析时,使用这样一种发动机建模方法。这一线性化的建模方法完全由施瓦岑巴赫(Schwarzenbach)和 Gill(吉尔)研究而成[1]。

(2) 全范围模型。由拓展线性法并建立作为覆盖全部工作范围函数的偏导数模型,获得全范围模型,以便于对油门全行程变化进行研究。

(3) 以部件为基础的方法,此时根据发动机主模块(压气机、燃烧室、涡轮等)的空气动力学特性、热动力学特性和机械特性,形成各个模型,并将其综合形成完整的发动机模型。

从全面性角度考虑,这里阐述了以上所有三种方法。但重点在于上面所列的第三种方法,它是这三种方法中最严格和最全面的方法。

C.1　线性小扰动建模

最简单形式的线性模型,以一阶滞后为基础,此时发动机轴上的扭矩被强制转化为转速和燃油流量的函数。从这一理念出发,可获得转速瞬时变化率以及用于研究发动机转速如何响应燃油流量细微变化的模型。

随着燃油控制器件逐渐进化,已发现压气机出口压力对于燃油程序化而言是一个有用的参数。因此,拓展线性模型,以描述燃烧室压力的动态特性。此外,通过确认瞬变期间与气流变化有关的所谓"打包滞后",形成线性化模型。

C.1.1　转子动力学

可将燃气发生器转子上产生的扭矩表示如下:

$$Q = f(N, w_{\text{Fe}}) \qquad (\text{C}-1)$$

使用泰勒级数,展开此函数,略去较高阶项,得到

$$\Delta Q = \frac{\partial Q}{\partial N}\Delta N + \frac{\partial Q}{\partial w_{Fe}}\Delta w_{Fe} \qquad (C\text{-}2)$$

考虑转子轴的加速度,从能量角度考虑,我们得到

$$J_R \frac{d\Delta N}{dt} = \Delta Q \qquad (C\text{-}3)$$

联立式(C-2)和式(C-3),我们得到

$$J_R \frac{d\Delta N}{dt} = \frac{\partial Q}{\partial N}\Delta N + \frac{\partial Q}{\partial w_{Fe}}\Delta w_{Fe} \qquad (C\text{-}4)$$

我们可以使用拉普拉斯符号,将此式表达为图 C-1 所示的简单框图形式。图中的上部框图对于围绕某个给定工作点的小扰动是有效的。但是,如果我们想要能够检查不同的工作状态下的动态响应,必须使用 δ 和 $\sqrt{\theta}$ 以无量纲的形式来表达各变量,以分别补偿进气压力和温度的变化。图 C-1 中的下部框图,以无量纲的形式表现式(C-4)。

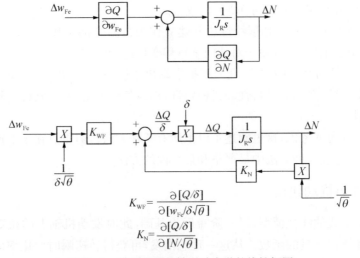

$$K_{WF} = \frac{\partial [Q/\delta]}{\partial [w_{Fe}/\delta\sqrt{\theta}]}$$

$$K_N = \frac{\partial [Q/\delta]}{\partial [N/\sqrt{\theta}]}$$

图 C-1 带压力项的转子动力学的线性框图

式(C-4)现在变成如下形式的与燃油流量和转速有关的简单一阶滞后:

$$\frac{\Delta N}{\Delta w_{Fe}}(s) = \frac{K_e}{(1+\tau_e s)} \qquad (C\text{-}5)$$

在上面的式(C-5)中,通常引用 K_e 作为发动机增益,τ_e 作为发动机时间常数。按如下公式可方便地计算这些项:

$$K_e = \left[\frac{\partial(Q/\delta)}{\partial/(w_{Fe}/\delta\sqrt{\theta})} \right] \Big/ \left[\frac{\partial(Q/\delta)}{\partial(N/\sqrt{\theta})} \right] \tag{C-6}$$

和

$$\tau_e = (J_R\sqrt{\theta}/\delta) \Big/ \left[\frac{\partial(Q/\delta)}{\partial(N/\sqrt{\theta})} \right] \tag{C-7}$$

这些公式给出转子对燃油流量变化的响应,而不考虑燃烧室压力的动态相应。通过确认燃烧压力对发动机扭矩的产生以及对流入和流出燃烧室的流量平衡两者可能的贡献,可以方便地扩展此模型,以包括压力项。

现在可将模型方程表达如下。

C.1.2 带压力项的转子动力学

扭矩表达式变为

$$Q = f(N, w_{Fe}, p_c) \tag{C-8}$$

将此函数展开为如下的泰勒级数:

$$\Delta Q = \frac{\partial Q}{\partial N}\Delta N + \frac{\partial Q}{\partial w_{Fe}}\Delta w_{Fe} + \frac{\partial Q}{\partial p_c}\Delta p_c \tag{C-9}$$

再则,由转子轴加速,我们可以获得能量方程如下:

$$\begin{aligned} J_R \frac{d\Delta N}{dt} &= \Delta Q \\ &= \frac{\partial Q}{\partial N}\Delta N + \frac{\partial Q}{\partial w_{Fe}}\Delta w_{Fe} + \frac{\partial Q}{\partial p_c}\Delta p_c \end{aligned} \tag{C-10}$$

C.1.3 压力动力学

在某种程度上类似于转子扭矩方程,可以看到,流经发动机的空气流量可以表达为

$$w = f(N, w_{Fe}) \tag{C-11}$$

如同扭矩表达式一样,也可将此表达式展开为如下的泰勒级数:

$$\Delta w = \frac{\partial w}{\partial N}\Delta N + \frac{\partial w}{\partial w_{Fe}}\Delta w_{Fe} \tag{C-12}$$

考虑燃烧室内质量的连续性,能够将燃烧室内压力的变化表达为

$$\frac{d(\Delta p_c)}{dt} = \frac{RT_2}{V}\Delta w \tag{C-13}$$

联立式(C-12)和式(C-13),我们可以获得如下的燃烧室内压力变化率的表达式:

$$\frac{V}{RT_2}\frac{\mathrm{d}\Delta p_c}{\mathrm{d}t} = \frac{\partial w}{\partial N}\Delta N + \frac{\partial w}{\partial w_{Fe}}\Delta w_{Fe} \tag{C-14}$$

我们可以用框图的形式来表达式（C-12）和式（C-14），如图 C-2 所示：

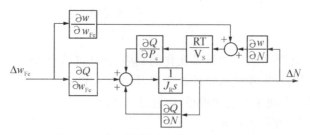

图 C-2　转子线性动力学和压力动力学

C.2　全范围模型:拓展线性法

前一节所阐述的发动机动态特性的线性近似值,只有在发动机转速范围内单个工作点才是有效的。因此,在某个特定转子转速下对构成系数的各偏导数进行评定,仅仅几个百分点的偏离就足以导致问题。旨在检验控制概念动态稳定性的研究,将要求在某个规定转子转速下每次进行单独评定,直到完成对整个工作包线的调查。

可以拓展小扰动法,允许以合理精确度来表现油门全行程瞬变。图 C-3 表明了如何对单转子燃气涡轮发动机的燃气发生器转子完成这一评估。通过将稳态燃油流量与输送至发动机的实际燃油油量进行比较,以形成一个过供油和欠供油项 Δw_f,确保整个功率范围的发动机增益修正值 K_e。同样,安排转子扭矩增量 ΔQ,以改变回路增益,以使得发动机时间常数 τ_e 值与小扰动值相匹配。

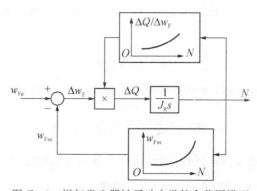

图 C-3　燃气发生器转子动力学的全范围模型

所示的图 C-3,代表一种特定的进气口状态。但是,如同以前便于使进气口状态变化一样,很容易使这些变量实现无量纲化。

应该确认,这一全范围建模技术,仅对于围绕发动机稳态工作线产生的小偏离才有效。大幅度的燃油流量偏离,将不会给出有代表性的发动机特性。所幸的是,由有代表性的燃油控制模型所提供的加速限制和减速限制,将倾向于使发动机响应维持在有效限制值范围内。

C.3 以部件为基础的热力学模型

可以在描述主要部件的基础上,建立燃气涡轮发动机的动态模型。这一模型的基本概念源自于设计过程,经由此过程,各设计团队产生主要部件工作设计图和原型件,然后完成使这些部件相互匹配的任务以获得一台工作发动机。

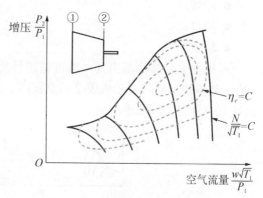

图 C-4 典型的压气机特性线图

上面所述的设计工作,通常形成对某个部件的完整描述,因为可以在各自的基础上对其进行试验。例如,压气机将被描述为如图 C-4 所示的一组性能曲线。在该图中,下列表达式适用:

$$\frac{P_2}{P_1} = 总增压比$$

$$\frac{w\sqrt{T_1}}{P_1} = 无量纲流量$$

$$\frac{N}{\sqrt{T_1}} = 无量纲转子转速$$

$$\eta = 等熵效率$$

这样的特性图线通常已经通过计算或通过台架试验而获得。尽管通常是多级压气机,在这一曲线中,仅俘获其整体性能。

在这一表述中,将部件描绘成一维流动装置,其空气动力特性很快,以至于可将其视为准稳定态。此外,空气比热的任何变化,既可以忽略,也可嵌入由如下方程表达的等熵效率中:

$$\eta_c = \left[1 - (P_2/P_1)^{\frac{\gamma-1}{\gamma}}\right] / \left[\frac{(T_2 - T_1)}{T_1}\right] \tag{C-15}$$

式中,γ 为比热比。

最后,此一维处理方法忽略了由于进口流动畸变引起的性能变化以及压气机范围内所有相关的动态影响。不管这些限制如何,还是对由于油门位置变化或可变几何件(诸如可变喷口)的任何重新定位而引起的压气机工作点的偏离,给出了良好的估算。

采用主要部件之间的质量和能量守恒定律,可以构建整个发动机的模型;它们包括:

- 进气道;
- 压气机;
- 燃烧室;
- 涡轮;
- 喷管;
- 喷口;
- 转子。

凡每一主要部件都由其一维准稳定性能特性图线予以描述,则可给出如图 C-5 所示的单转子喷气发动机模型的总框图。为支持这一模型而需要的方程,将在下面各节中分别予以描述。

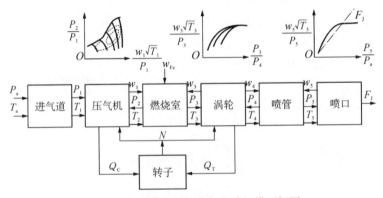

图 C-5　单转子涡轮喷气发动机模型框图

C.3.1　进气道

就大多数建模用途而言,可将进气道看作是理想的。这样的假设意味着模型中首要关注的是发动机性能,并意味着将采用正确设计的钟形进气道在精心设计的环境下进行任何支持试验。

因此,可以假设:

$$P_1 = P_a$$
$$T_1 = T_a$$

式中,P_1 为压气机面上的总压;T_1 为压气机面上的总温;P_a 为环境压力状态;T_a 为环境温度状态。

对于非理想状态,需要建立进气道损失模型。例如,如果模型预期用于描述飞行状态,则必须定义飞行马赫数,并赋予进气道某个等熵效率。在这种情况下,压气

机面上的状态将变为

$$P_1 = P_a\Big[1 + \eta_i\,\frac{\gamma-1}{2}Ma^2\Big]^{\frac{\gamma}{\gamma-1}} \tag{C-16}$$

$$T_1 = T_a\Big[1 + \frac{\gamma-1}{2}Ma^2\Big] \tag{C-17}$$

式中,Ma 为飞行马赫数;η_i 为进气道效率;γ 为空气比热比($a=1.4$)。

可以预期,进气道的等熵效率相当高(通常约为 95%)。

C.3.2　压气机

压气机模型以上面图 C-5 给出的性能线图为基础。提供给此模块的输入是:

N:转子转速;

T_1:进口总温;

P_1:进口总压;

P_2:压气机出口压力。

利用这些输入,能够访问性能图线,并获得无量纲空气流量 $w_1\sqrt{T_1}/P_1$ 值和效率 η_c 值。

需要采用某些便捷的方法来描述这些性能线图。最常见的方法是以表格形式和某些查表运算形式直接使用数据。一旦已经获得性能图线数据,可按如下公式计算出口状态:

$$T_2 = T_1 + \frac{T_1}{\eta_c}\Big[1 - \Big(\frac{P_2}{P_1}\Big)^{\frac{\gamma-1}{\gamma}}\Big] \tag{C-18}$$

和

$$w_2 = \frac{w_1\sqrt{T_1}}{P_1}\frac{P_1}{\sqrt{T_1}} \tag{C-19}$$

使用这些数据,可用如下公式计算驱动压气机所需扭矩:

$$Q_c = \frac{60c_p J w_1(T_2-T_1)}{2\pi N} \tag{C-20}$$

式中,Q_c 为压气机扭矩;J 为热功当量;c_P 为流经压气机空气的平均比热容。

C.3.3　燃烧室

就建模而言,将燃烧室作为一个储能器来处理,此时质量连续性方程确定燃烧室内的压力变化。此外,将其作为化学反应器来处理,此时,在空气中燃烧燃油,使出口燃气的温度升高。

提供给此模块的输入(见图 C-5)是:

w_1:压气机空气流量;

w_3:涡轮燃气流量；

T_2:压气机出口温度；

w_{Fe}:发动机燃油流率。

通常使用简化形式的质量连续性定律来描述燃烧室内的压力升高：

$$\frac{\mathrm{d}P_2}{\mathrm{d}t} = \frac{RT_2}{V}(w_2 + w_{Fe} - w_3) \tag{C-21}$$

式中，R 为气体常数；V 为燃烧室容积；P_2 为燃烧室出口压力。

将这一表达式对时间进行积分，给出燃烧室压力动态特性的估算值。可按如下简单的比例关系计算燃烧室出口压力：

$$\frac{P_2 - P_3}{P_2} = PLF \tag{C-22}$$

式中，PLF[①] 是燃烧室压力损失系数。PLF 值的量级为 $0.04 \sim 0.05$。但是，可使压力损失估算值有所改善，方法是使其成为无量纲流量的函数：

$$\frac{P_2 - P_3}{P_2} = PLF \times \frac{R}{2}\left(\frac{w\sqrt{T_2}}{AP_2}\right)^2 \tag{C-23}$$

现在将式中的压力损失系数表示如下：

$$PLF = k_1 + k_2\left(\frac{T_3}{T_2} - 1\right) \tag{C-24}$$

并且，$w\sqrt{T_2}/AP_2$ 是燃烧室平均横截面处的无量纲流量。

式(C-24)所给出的压力损失表达式，将在整个发动机工作范围内给出经改进的精度。但是，用于系统分析的许多模型使用较为简单的形式，取得良好结果。

最后，由能量守恒方程获得流经燃烧室时燃气温度变化的简单表达式：

$$T_3 - T_2 = \frac{w_{Fe}\Delta H_{Fe}}{c_{pa}w_2} \tag{C-25}$$

式中，ΔH_{Fe} 为燃油的低发热值；c_{pa} 为流经燃烧室的平均比热容。

此外，对此方程的更精确处理，将计及燃油低发热值以及燃烧室进口和出口处的比热值(由焓表示)随温度的变化。但是，除非需要将此模型用于估算发动机热动力学性能，否则这种额外增加的复杂性对系统分析的影响很小。

C.3.4 涡轮

涡轮模型以下面图 C-6 给出的性能图线为基础。在图 C-5 中，提供给涡轮模块的输入是转子转速 N，涡轮进口温度 T_3，涡轮进口压力 P_3，涡轮出口压力 P_4。

---

① 原文为 pressure loss factor。——译注

利用这些输入,能够访问性能图线,并获得无量纲空气流量 $w_3 \sqrt{T_3}/P_3$ 值和涡轮效率 η_T 值。

如同压气机性能线图一样,需要采用某些便捷的方法来描述这些线图。一旦已经获得线图数据,可按如下公式计算涡轮出口状态:

$$\frac{T_3 - T_4}{T_3} = \eta_T \left[1 - \left(\frac{1}{P_3/P_4} \right)^{\frac{\gamma-1}{\gamma}} \right] \tag{C-26}$$

和

$$w_3 = \frac{w_3 \sqrt{T_3}}{p_3} \left(\frac{P_3}{T_3} \right) \tag{C-27}$$

同样,可以按如下公式计算涡轮扭矩:

$$Q_T = \frac{60 c_{pT} J w_3 (T_3 - T_4)}{2\pi N} \tag{C-28}$$

式中,Q_T 为涡轮扭矩;c_{pT} 为流经涡轮的燃气的平均比热容。

如果未就涡轮性能线图对这一计算的适用性进行评论,涡轮建模框图将是不完整的。典型涡轮的全性能线图如图 C-6 所示。本质上,像任何导向器一样,涡轮导向器的工作范围很大。这意味着流量特性在很大程度上与转子转速无关。

尽管很大程度上确实如此,但显然仍存在与转子转速的某些相关性。这是因为在转子内发生某些膨胀。此外,如果涡轮是多级的,我们预期将会在与减少壅堵值有关的数据中看到越来越多的转速相关性。

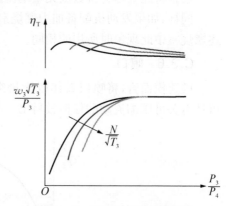

图 C-6　典型的涡轮性能特性

图 C-6 中的效率曲线表明某种程度上更加明显的转速相关性。但是,计算将表明,压气机工作线将在很大程度上取决于流动特性,而涡轮进口温度将与效率有较大的相关性。

目标发动机模型的涡轮性能线图的适用性与压气机相比,问题少得多。如果可得到实际数据,显然应予以使用。但是,使用来自其他类似涡轮的公开数据,并围绕设计点定标这些数据以与目的相称,可获得非常良好的效果。事实上,将涡轮看作几乎没有速度相关性的喷口,可获得相当满意的系统分析结果。

提醒建模人注意,大多数系统分析的目的在于获得良好的动态响应,同时避免压气机喘振。涡轮数据变化对这一结果的影响通常很不明显。

显然,如果作为发动机设计和研制项目的一部分,打算将此模型用于估算发动机的热动力学性能并将数据转发给涡轮和压气机的设计人员,则模型的精度更加重要。但是,在这些情况下,建模人员通常有途径得到由涡轮设计人员提供给他们的更精确的数据。

C.3.5 喷管

喷管模型在各方面都类似于燃烧室。在图 C-5 所描绘的示例中,未设置加力燃烧室,模型简化为一个带压力损失的简单聚能器。因此,有关喷管的方程为

$$\frac{\mathrm{d}P_4}{\mathrm{d}t} = \frac{RT_4}{V_j}(w_4 - w_5) \qquad (C-29)$$

式中,P_4 为涡轮出口压力;T_4 为涡轮出口温度;V_j 为喷管容积;w_4 为涡轮流量;w_5 为喷口流量。

我们可以使用在燃烧室分析时所使用过的同样的压力损失系数方法,即

$$\frac{P_4 - P_5}{P_4} = PLF \qquad (C-30)$$

通常将此处理为常数或无量纲流量的函数,所用方式与燃烧室所用完全类似。

同样,如果发动机配备加力燃烧室,使用能量守恒定律计算温升,所用方式与描述燃烧室中此现象时所用的相同。

C.3.6 喷口

就建模而言,将喷口看作以无量纲形式描述的空气动力学装置(见图 C-7)。可从有关可压缩流动的任何教科书[2]中,获得图 C-7 中的数据。

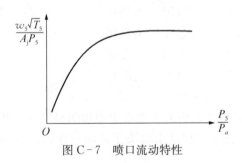

图 C-7 喷口流动特性

在所示数据中包括喷口面积 A_j。这样处理可以方便地控制喷口面积,以便调节性能或可以实现可变喷口控制(在使用加力燃烧室时将是必需的)。

C.3.7 转子

图 C-4 所示框图中最后的模块是发动机转子。提供给这一模块的输入是涡轮扭矩 Q_T 和压气机扭矩 Q_C。

控制转子转速的方程是如下形式的能量守恒方程:

$$\frac{\mathrm{d}N}{\mathrm{d}t} = \frac{60}{2\pi J_{\mathrm{R}}}(Q_{\mathrm{T}} - Q_{\mathrm{C}}) \qquad (\mathrm{C}-31)$$

式中，J_{R} 为转子极惯性矩；N 为转子转速（以 r/min 计）。

参 考 文 献

［1］ Schwarzenbach J，Gill K. System Modeling and Control A ［M］. 3rd edn，Butterworth，Heinemann，1992.

［2］ Shapiro A H. The Dynamics and Thermodynamics of Compressible Flow ［M］. Ronald Press，1953.

附录 D   经典反馈控制导论

本附录给出经典反馈控制导论,内容涉及应用于单输入、单输出线性控制系统时的稳定性和控制的基本原理。讨论的要点在于传递函数的概念,这是一种以框图形式描述控制系统各动态要素的方法,是对使用传统数学微分方程做法的一种替代[1]。

此外,随后讨论中所包含的内容是应用拉普拉斯变换来观察"频域"内控制系统行为,当控制系统参数变化时,向系统设计人员提供控制系统行为的独特图形视图。

D.1   闭环

可将泛型闭环控制系统(见图 D-1)描绘成一种控制某一过程输出的方法,即比较所需要的输出与实际输出,并使用这一比较结果作为输出,形成控制动作,改变过程输出,逼近所需目标。

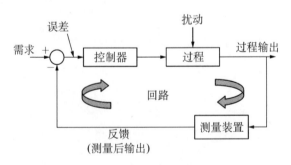

图 D-1   泛型闭环控制系统

在此图中,系统的输入(即系统需求)与反馈信息(是对实际输出的某种度量)进行比较,以确定"误差"。由控制器利用这一误差,产生对过程的一个输入,促使输出逐渐接近所需的设定值。此图还示出某种扰动输入,代表来自控制回路外部并可能对过程产生影响的外部变化。

在燃气涡轮推进系统中扰动输入的示例是,进气状态变化,或由于来自发电系统或液压系统的需求引起机械功率提取发生变化。由于外部扰动而引起的过程输出的任何变化都反馈至控制器,其将提供相应的纠正措施。

可以直观地看到,控制器对于非常小的误差都必须是"敏感的",即只要过程控制是有效的,小的误差就必须能够产生显著的响应。换言之,控制器必须具有"高增益"。采用高增益闭环系统,绕回路一周的时间滞后可能引起系统"不稳定",这一事实并不那么直观。

了解"稳定性"概念并设法设计出在稳定性和性能方面表现良好的闭环系统,正是经典反馈控制的本质。本附录的目的在于使读者对此主题有简要的了解。

D.2 框图和传递函数

首先,我们需要了解如何以框图的形式表示传统的时间微分方程,与使用单纯的数学概念相比,用此方法能够较为容易地使动态特性直观化。为了对这一概念有最好的解释,让我们来考虑图 D-2 所示的简单的弹簧-重块系统。

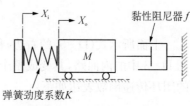

图 D-2 弹簧-重块系统

该系统的力平衡方程为

$$(x_i - x_o)K - f\left[\frac{\mathrm{d}x_o}{\mathrm{d}t}\right] = M\left[\frac{\mathrm{d}^2 x_o}{\mathrm{d}t^2}\right] \tag{D-1}$$

使用算符 $D(D = \mathrm{d}/\mathrm{d}t)$,我们可将此方程改写为

$$(x_i - x_o)K - fDx_o = MD^2 x_o \tag{D-2}$$

为了以框图的形式来表示该系统,我们将最高阶导数项放置在方程的左边,则有

$$D^2 x_o = \frac{1}{M}\left[(x_i - x_o) - fDx_o\right] \tag{D-3}$$

现在,构成如图 D-3 所示的框图是一项容易的任务:

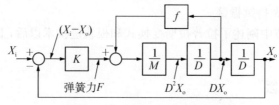

图 D-3 弹簧-重块系统框图

每一方框的输出是该方框的输入与该方框内文字的乘积。含有 $1/D$ 项的方框,代表积分过程,积分常数是 $t = 0$ 时积分器输出的初始值。

图 D-3 中的框图给出具有两条反馈回路的系统。内回路反馈黏性阻尼器力，将其从弹簧力中减去，产生作用于该重块上的净力。然后，反馈重块位置，并将其从输入中减去，以获得弹簧变位。

对于任何具有负反馈的闭环系统，可由下列方程确定系统输入和输出之间的关系：

$$\frac{输出}{输入} = \frac{正向路径元素之积}{1 + 绕回路一周的所有元素之积} \tag{D-4}$$

因此，可以将内回路改写为与重块速度和弹簧力有关的单一表达式，即

$$\frac{Dx_o}{F} = \frac{1}{(MD + f)} \tag{D-5}$$

上面所示式(D-5)的右边，称为内回路的传递函数，现在可以用单一方框替代图 D-3 中的内回路，其变成整个系统正向路径中的一个元素。因此，可将整个系统的闭环传递函数表达如下：

$$\frac{x_o}{x_i} = \frac{(K/D)[1/(MD + f)]}{1 + (K/D)[1/(MD + f)]} \tag{D-6}$$

可进一步将式(D-6)改写为

$$\frac{x_o}{x_i} = \frac{1}{(D^2/\omega_n^2) + (2\zeta/\omega_n)D + 1} \tag{D-7}$$

这是表示二阶传递函数的标准方法，式中自然频率 ω_n 等于弹簧劲度系数 K 除以重块质量 M。ζ 项为阻尼比，等于 $f\omega_n/2K$。

当阻尼比为 1 时，二阶表达式的根为实数，并且相同。阻尼比进一步增大，导致实根分开，随着阻尼比的增大，分开间距相应加大。这种解的状态表示此时黏性阻尼起主导作用，输出对输入变化的响应变得迟缓。

当阻尼比减小到 1.0 以下时，根变成两个共轭复数。当阻尼比值小于 0.7 时，输出对输入变化的响应变得围绕该点而振荡。当阻尼比为 0 时，将会看到以等于自然频率 ω_n 的频率做持续振荡。

待到在 D.5 节中阐述了拉普拉斯变换式和根轨迹技术以后，上面讨论的重要性将会变得更清晰。

D.3 稳定性概念

稳定性是对系统性能的定性描述。理想的情况是，我们希望输出能够对输入的变化做出快速而精确的响应。但是，如果为了试图改善响应特性和精度而持续增大控制器的增益(灵敏度)，输出最终会开始呈现振荡状态。此种现象是由于绕控制回路一周的时间滞后而引起，并可能导致不稳定。达到不稳定时，输出可能持续振荡，

或振荡可能持续增大,直到输出已达到其最大极限值。

为了了解这一影响,让我们返回到前面 D.2 节所给出的泛型闭环示例,但做了以下少许改变:

(1) 在误差信号线路中插入一个电门。

(2) 假设至控制回路的输入保持为常数。

(3) 假设扰动输入为 0。

现在考虑至控制器的正弦输入,此时误差路径内的电门设定为开路,如图 D-4 所示。注意,现在用一个简单增益 G 来表示控制器。

由图 D-4 可以看出,如果反馈信号(测量后输出)与原始信号在幅值上相等,而相位准确相差 180°,即使电门闭合,至控制回路的输入固定不变,振荡仍将继续。换言之,照样以相同振幅继续振荡。出现此状态时,可将此系统说成是具有"临界稳定性"。

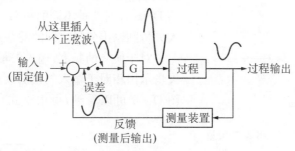

图 D-4　稳定性概念图示说明

稳定性规则

当某个闭环系统(具有负反馈)中绕回路一周的相位滞后为 180°(1/2 循环)时,为了系统稳定,绕回路一周的增益必须小于 1.0。还应注意,如果回路增益大于 1,当绕回路一周的相移为 180°时,系统将呈现发散振荡特性。

根据上述规律,为了确定闭环系统的稳定性,需要分析系统的开环特性。为了从响应和稳定性角度来确定闭环控制系统的可接受性,下面的 D.4 节将阐述进行分析或试验时所采用的技术。

D.4　频率响应

由于趋近不稳定时闭环系统呈现振荡特性,作为对闭环系统进行分析和试验的一种方法,频率响应概念也许已成为当前控制系统工业界评估这些系统相对稳定性最普遍使用的方法。

无论是使用分析方法或是通过试验,目标是在需关注的整个频率范围内加入正弦输入,并在每一频率下测量输入和输出之间的幅值比和相位角漂移值。对于线性系统,结果与信号幅值无关。

通常,物理系统在低频下会紧密跟随输入指令,仅存在很小的相位滞后。但是,当频率超过系统的带宽时,结果表明衰减和相位滞后快速增大。

如同上面所提及的,这是确定闭环系统稳定性的开环元素。因此,为了确定系统的相对稳定性,分析(或试验)的重点应是开环频率响应特性。

频率响应计算

在数学上,可将频率响应表达为输出矢量与输入矢量之比与 $j\omega$ 的函数关系,表达式如下:

$$\frac{x_o}{x_i}(j\omega) = \left|\frac{x_o}{x_i}\right| \angle \frac{x_o}{x_i} \qquad (D-8)$$

上述式(D-8)的右边是输出与输入矢量模量之比和两个矢量之间的相位角。

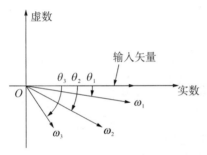

图 D-5 复平面内的频率响应矢量

完成频率响应计算过程的方法如下:针对 ω 值的范围,将 $D = j\omega$ 代入系统的传递函数。图 D-5 针对 3 种不同的频率,表明复平面内输入矢量和输出矢量之间的关系。

对于所有的频率,输入矢量保持常数,输出矢量示出相对于输入矢量的衰减和相移。根据图 D-5 可以看到,可由下式获得响应矢量的长度:

$$|x_o| = \sqrt{(R^2 + I_m^2)} \qquad (D-9)$$

式中,R 和 I_m 是矢量的实数和虚数分量。此矢量相对于输入矢量的长度是幅值比。同样,可由下式获得输入矢量和输出矢量之间的相移:

$$相移(\theta) = \arctan\left(\frac{I_m}{R}\right) \qquad (D-10)$$

下面是两个最常见线性传递函数的频率响应示例。一阶滞后的形式如下:

$$\frac{1}{(1+\tau D)}$$

式中,τ 称为时间常数,以时间为单位。第二个示例为二阶系统,其传递函数与前面 D.2 节式(D-7)所描述的相同[①],并具有如下形式:

$$\frac{1}{(D^2/\omega_n^2) + (2\zeta/\omega_n)D + 1}$$

式中,ω_n 为自然频率;ζ 为阻尼比。

---

① 原文此处误为 Section A. 1. 2。——译注

首先,我们需要提出与频率响应曲线有关的约定。为方便起见,以对数坐标的形式画出幅值比和频率这两者的曲线。可按如下公式将幅值比转换为分贝(dB):

$$增益(dB) = 20\lg(幅值比) \tag{D-11}$$

使用上面的约定,使得形成频率响应增益曲线变得相对容易,因为它们具有线性渐近线,并且仅增加各传递函数的增益,就能够同时生成系列传递函数。

图 D-6 和图 D-7 给出有关上述两个示例的频率响应曲线。

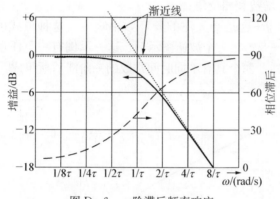

图 D-6　一阶滞后频率响应

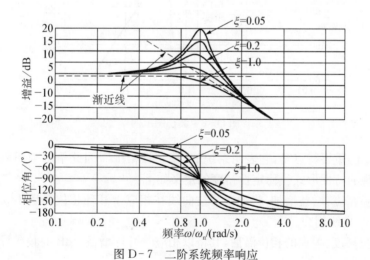

图 D-7　二阶系统频率响应

一阶滞后曲线具有一个归一化的频率刻度,其是滞后时间常数的函数。注意,两个增益渐近线在频率 $1/\tau$ 处相交。低于此频率,增益逼近 0 dB(其等效于幅值比 1.0)。高于此频率时,频率每增加一倍(一个倍频程),增益降低大约 6 dB(系数 2.0)。相位滞后曲线从 0 到 90°,在拐点频率 $1/\tau$ 处,穿过 45°。

二阶系统曲线的频率刻度,采用自然频率 ω_n 的小数倍来表示。增益曲线围绕自然频率渐近,频率低于该点时,增益趋向于 0 dB。高于该频率时,渐近线表明每一倍频程衰减 12 dB(一阶滞后的两倍)。如图所示,当阻尼比低于大约 0.7 时,存在一个输入放大。当阻尼比低到 0.05 时,这一放大为 +20 dB,其相当于幅值比 10.0。

相位滞后曲线在它们趋向 180° 最大值的途中,在自然频率点处穿过 90° 相位滞后。相位曲线的形状随阻尼比而变化。

上述示例包含产生频率响应曲线所需要的一切,因为所有传递函数都可简化为一系列一阶和二阶项,可按上面所述对它们进行处理。简单增加增益和相移,以获得整个系统的综合增益和相位角。

对于稳定性分析,这是受关注的开环频率响应。这种形式的曲线称为"波德(Bode)图[①]",图 D-8 给出一个波德图示例。这一示例有一个任意的三阶开环传递函数,由一个积分器和两个具有不同时间常数的一阶滞后所组成。

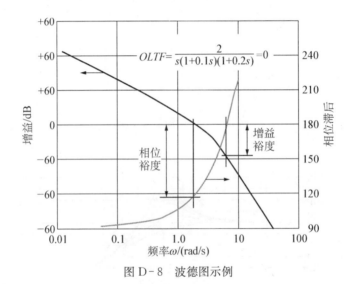

$$OLTF = \frac{2}{s(1+0.1s)(1+0.2s)} = 0$$

图 D-8　波德图示例

波德图的重要特点是,它表明系统的"稳定性裕度",因此给出当回路闭合时系统将会呈现的特性形式。稳定性裕度的定义如下:

- 增益裕度:增益增加,将导致增益曲线在相应于开环相位滞后 180° 的频率点与 0 dB 线相交。
- 相位裕度:附加的相位滞后,其将以相应于开环增益 0 dB 的频率导致开环相位 180°。

在此示例中,增益和相位裕度的近似值分别为 18 dB 和 62°。

合适的稳定性裕度取决于系统、系统应用以及可用于分析时所用参数的置信

---

① 波德图是由荷兰裔美国科学家亨德里克·韦德·波德在 1930 年发明的,是线性时不变系统传递函数对频率的半对数坐标图,其横轴频率以对数刻度表示。其又称为幅频响应和相频响应曲线图。——译注

度。某些系统对增益的敏感度大于对相位的敏感度,反之亦然。在我们的示例中,增益属于更临界的稳定性判据,增加增益大约 18 dB(其大约是系数 8)将导致临界稳定性,以大约 7 rad/s 的频率作持续振荡。

D.5 拉普拉斯变换

拉普拉斯变换为控制系统工程师提供了另一种方法,通过导入简单的变换方法,显现闭环控制系统的特性,由此可将系统对各种时间函数(包括阶跃函数、斜坡函数)和频率输入的时间响应之发展过程,简化为简单的代数运算。

可认为拉普拉斯变换方法与对数的使用相类似,此时利用表格将原始函数变换为一个新域,使乘法过程和指数函数得以简化。在执行某种简化过程(例如加法用于乘法)之后,使用反对数对答案进行变换,从变换域返回到实数域。

拉普拉斯变换的用途在于,将时间传递函数转换到频域(也称为 s 平面),此时有

$$F(s) = \mathscr{L}f(t) \qquad (\text{D-}12)$$

式中,$\mathscr{L}$ 项代表拉普拉斯变换,并且

$$\mathscr{L}f(t) = \int_0^\infty f(t)\mathrm{e}^{-st}\,\mathrm{d}t \qquad (\text{D-}13)$$

在 s 平面内,$s = \alpha + \mathrm{j}\omega$,此处,虚数项代表频率,而实数项确定该频率的衰减(或扩展)率,如图 D-9 所示,图中示出该平面内 6 个不同位置的概念。

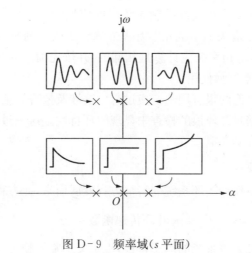

图 D-9 频率域(s 平面)

拉普拉斯变换可将时间函数(包括系统动态元素的传递函数)转换为频域。可使用标准表格来表明许多常见时间函数(如阶跃函数、斜坡函数和正弦函数)的拉普拉斯变换。传递函数的变换,只需要用拉普拉斯算符 s 替代 D 算符。

对系统响应的计算涉及简单代数，以产生系统输出，它是输入变换与系统变换之积。由于系统输出仍在拉普拉斯域内，我们使用拉普拉斯逆变换过程（再次使用标准表格）将答案转换到时域。

下面给出这一过程的示例。考虑阶跃函数输入在 $t=0$ 的时刻开始对一阶滞后环节起作用。图 D-10 针对时域和 s 域两者，以图解形式表示这一情况。$H(t)$ 项表示阶跃函数，对于 $t < 0$，其等于 0；对于 $t \geqslant 0$，其等于 1。

D-10 时域和 s 域的阶跃函数响应图

这一阶跃函数的拉普拉斯变换是 $1/s$，因此，s 域内的响应为

$$x(s) = \frac{1}{s(1+\tau s)} = \frac{1}{s} - \frac{\tau}{(1+\tau s)} \text{（部分分数）} \tag{D-14}$$

可将式（D-14）写成如下的形式：

$$x(s) = \frac{1}{s} - \frac{1}{\left[s + (1/\tau)\right]} \tag{D-15}$$

如果我们现在转换这 2 项使其返回到时域，可得到

$$x(t) = 1 - e^{-t/T}, \text{当 } t \geqslant 0 \text{ 时} \tag{D-16}$$

上面对拉普拉斯变换在线性控制系统中的应用给出非常简要的综述。所幸的是，先前所讨论的许多有关 D 算符的程序基本未作更改。例如，除了我们现在将 $s = j\omega$ 代入传递函数之外，频率响应计算是相同的，并按先前一样进行。在控制系统实践中，s 项和 D 项常常互换使用。

另有一个仍需讨论的很有用的变换过程。这涉及拉普拉斯变换和频域，它可使控制系统工程师根据对开环根的检查来显现闭环特性。这一过程称为"根轨迹"，将在下面 D.5.1 节中予以阐述。

D.5.1 根轨迹

根轨迹技术是由任一闭环系统的特征方程发展而来，此方程为

$$1 + \text{开环传递函数} = 0 \tag{D-17}$$

该方程的根定义了该系统的动态特性，也定义了临界稳定性的条件。此时如果绕回路一圈的增益为 1，并且绕回路一圈的相位滞后为 $180°$，将出现持续振荡。此特征方程还可表达为

$$\text{绕回路一圈的所有元素之乘积} = -1 = |1.0| \angle 180° \tag{D-18}$$

让我们考虑一个具有如下形式特征方程的典型控制系统示例：

$$\frac{K(s+z_1)(s+z_2)}{(s+p_1)(s+p_2)(s+p_3)} = |1.0| \angle 180° \qquad (D\text{-}19)$$

分子上的 z 值称为零点，因为当 s 设定为其中任何一个 z 值时，表达式趋于零。在分母中，p 值被称为极点，因为当 s 设定为其中任何一个 p 值时，表达式趋于无穷大。

由此可知，如果在一个频域（s 平面）内，从所有的零点至根轨迹上任一点的所有矢量角之和中减去从所有的极点至根轨迹上同一点的所有矢量角之和等于 180°，我们可定义此频域内所有点的一个轨迹，将能够看到当 K 值从 0 到无穷大变化时，系统的闭环根如何在 s 平面内移动。

根轨迹上任一点的 K 值，只是从零点至根轨迹上该点的矢量长度（模量）之积除以从各极点至同一点的矢量长度之积。

这些根轨迹在 s 平面内的定位，是一个由一系列简单规则支持的简单过程，这些规则可使分析人员能够快速画出这些根轨迹。根轨迹的数目等于极点的数目，并且这些根轨迹沿着预定的渐近线，从各极点向零点移动，或在没有零点的情况下，则从各极点向无穷大移动。

下面是根轨迹构成规则的综述，随后给出一个使用开环系统传递函数的示例，此函数曾用于产生图 D-8 所示的波德图。

D.5.2　根轨迹构成规则

使用几个能够适用于任何线性控制系统的简单规则，能够容易地绘制出根轨迹。将这些规则综述如下，它们对于首次使用者是相当直观的。

规则 1： 根轨迹沿着某个预定的渐近线从每一极点（此处回路增益为零），移动至某个有关的零点或移动至无穷大。

规则 2： 根轨迹在 s 平面内，总是沿实轴存在于极点与零点的个数之和为奇数的左侧线段（见图 D-11）。

规则 3： 当极点数大于零点数（大多数情况）时，则在无穷大处有一个附加零点。这些根轨迹将渐近至角度由如下公式定义的直线：

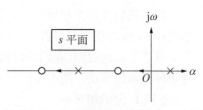

图 D-11　带实轴极点和零点的根轨迹

$$\theta = \frac{180 + i360}{n - m}$$

式中，n 和 m 分别是零点和极点的数目。此方程适用于 $i = \pm0, \pm1, \pm2, \cdots$，直到达到所有 $(n-m)$ 角与 360° 倍数无差异。

规则 4： 实轴上发出辐射状渐近线的起始点（见图 D-12 的点 r）将由下列方程给出：

$$\alpha = \frac{\sum(\text{极点之值}) - \sum(\text{零点之值})}{n - m}$$

规则5：当实轴上有两个邻近的极点时，在两个极点之间的根轨迹上，将出现一个分离点，如图D-13示例所示。

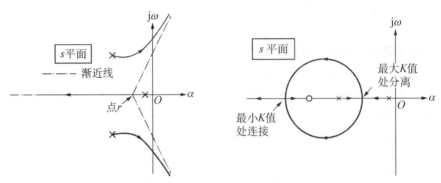

图D-12 三极点系统的根轨迹渐近线　　　　图D-13 分离点示例

为了说明根轨迹理论如何发挥作用，我们需要将此技术与早先所列出的常规分析方法相联系。为了实现这一目的，考虑下列示例，其使用的开环传递函数与图D-8波德图中所用的相同。下面用拉普拉斯算符 s 替代 D 算符，并用变量 K 来表示回路增益，给出此函数：

$$\text{开环传递函数} = \frac{K}{s(1+0.1s)(1+0.2s)}$$

重新排列此方程，并将系统特征方程表达为1+回路=0，则有

$$1 + \frac{50K}{s(s+10)(s+5)} = 0$$

现在我们可以在频域内将上述系统表示为沿着实轴具有3个极点的一个开环系统：一个极点在原点位置，一个极点在-5位置，一个极点在-10位置。

基于上面的规则，我们可以构成根轨迹，以表明当回路增益从0增加到无穷大时闭环根如何移动。图D-14示出了此系统、其开环极点、相关的根轨迹，以及针对3个不同 K 值的闭环根。

当 K 值增大时，闭环根沿着根轨迹移动。两个开环极点之间的根轨迹分为两个独立轨迹，然后趋向渐近线移动，最后在 $K = 16$ 处与 $j\omega$ 轴相交。对于这一回路增益值，系统是临界稳定，以大约 $7\,\text{rad/s}$ 的频率持续振荡。这与我们从图D-8波德图所获得的预测极其相同。

沿着这些轨迹的闭环根是一对共轭复数，并且此二阶元素的自然频率等于从原点到闭环根的矢量长度，如图中的箭头所示。与共轭复数根有关的阻尼比，等于图中针对 $K = 2$ 处的根所示 ϕ 角的余弦值。因此，可以看到，用于二阶系统的标准格

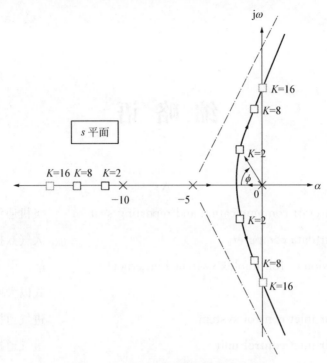

图 D-14　示出闭环根的根轨迹曲线

式在从动力学角度观察系统特性如何时是有用的。

当增益增大时,第 3 个实数根沿着实轴移动到左侧,趋向负无穷大方向。

上面的简单示例说明,通过描绘频域内的开环特性,观察系统闭环特性是多么简单。借助此技术还说明了频率响应概念,因为幅值比只是从极点到 jω 轴上任一点的矢量之乘积,而相移则是来自与之相同的各矢量其角度之和。

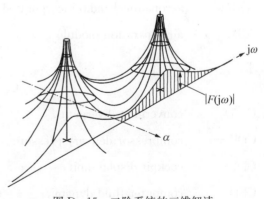

图 D-15 是对 s 平面内具有两个共轭复数极点的二阶系统的三维解读,为的是试图帮助读者直观了解上面的概念。通过 jω 轴取一切面,轮廓形状对于频率响应的幅值比是相等的。

图 D-15　二阶系统的三维解读

参 考 文 献

[1] Langton R. Stability and Control of Aircraft Systems [M]. John Wiley & Sons, Ltd, UK, 2006.

缩 略 语

A

ACARS   aircraft communication and reporting system   飞机通信和报告系统

ADC   air data computer   大气数据计算机

AFDX   avionics full duplex switched ethernet   航空电子全双工交换式以太网

AICS   air inlet control system   进气道控制系统

AICU   air inlet control unit   进气道控制装置

AMAD   aircraft mounted accessory drive [①]   安装在飞机上的附件传动装置

APU   auxiliary power unit   辅助动力装置

ARINC   aeronautical radio incorporated   航空无线电公司

ASM   air separation module   空气分离模块

C

C - D   convergent-divergent   收敛-扩张

CDP   compressor delivery pressure   压气机出口压力

CDU   cockpit display unit   驾驶舱显示组件

CFD   computer fluid dynamics   计算流体动力学

CLA   condition lever angle   变距手柄角

CMC   ceramic-metal composite   陶瓷-金属复合材料

CPP   controllable pitch propeller   可控桨距螺旋桨

---

① 此处的原文全称与 8.1 节中所使用的"airframe-mounted accessory drive"不符。——译注

CRP	controllable reversible pitch	可控可逆桨距
CSD	constant speed drive	恒速传动
CSU	constant speed unit	恒速装置

D

DEEC	digital electronic engine control	数字式电子发动机控制

E

EBHA	electric back-up hydraulic actuator	电备份液压作动器
ECIU	engine-cockpit interface unit	发动机-驾驶舱接口装置
ECAM	electronic centralized aircraft monitor	电子式飞机集中监控器
ECS	environmental control system	环境控制系统
EDP	engine driven pump	发动机驱动泵
EDU	engine display unit	发动机显示装置
EEC	electronic engine control	电子式发动机控制
EFPMS	electric fuel pumping and metering system	电子式燃油泵送和计量系统
EHA	electro hydrostatic actuator	电子液压作动器
EHD	elasto-hydro-dynamic	弹性流体动力学
EHSV	electro-hydraulic servo valve	电液伺服阀
EICAS	engine indication and caution advisory system[①]	发动机指示和戒备提示系统
EMI	electro-magnetic interference	电磁干扰
EPR	engine pressure ratio	发动机压力比

---

① 此处的原文全称与 7.2.3.1 节所使用的"engine indication and crew alerting system(EICAS)"不符。波音商用飞机均采用后者,国内译为"发动机指示和机组告警系统"。——译注

F

FAA	Federal Airworthiness Authority	(美国)联邦航空局
FADEC	full authority digital electronic control	全权数字式电子控制
FMU	fuel metering unit	燃油计量装置
FRTT	fuel return to tank	燃油返回燃油箱

G

| GE | General Electric | 通用电气公司 |

H

HBV	handling bleed valve	控制放气阀
HIRF	high intensity radiated frequencies	高强度辐射频率
HP	high pressure	高压

I

ICAO	International Civil Aviation Organization	国际民航组织
IBV	interstage bleed valve	级间放气阀
IDG	integrated drive generator	综合驱动发电机
IEPR	integrated engine pressure ratio	综合发动机压力比
IGV	inlet guide vanes	进气导向叶片
IP	intermediate pressure	级间压力

L

LCF	low cycle fatigue	低循环疲劳
LP	low pressure	低压
LVDT	linear variable differential transformer	线性可变差动变压器

M

| MCL | maximum climb | 最大爬升 |

MCR	maximum cruise	最大巡航
MEA	more electric aircraft	多电飞机
MEE	more electric engine	多电发动机
MR	maximum reverse	最大反向
MTO	maximum take-off	最大起飞

N

NGS	nitrogen generation system	氮气发生系统
NTSB	National Transportation Safety Board	国家运输安全局

O

OLTF	open loop transfer function	开环传递函数
O&M	overhaul & maintenance	翻修和维护

P

PCU	propeller control unit	螺旋桨控制装置
PEC	propeller electronic control	螺旋桨电子控制器
PEM	power electronic module	功率电子模块
PHM	prognostics and health monitoring	预测和健康监控
PLA	power lever angle	功率杆角度
PLF	pressure loss factor	压力损失系数
PMA	permanent magnet alternator	永磁发电机
PTIT	power turbine inlet temperature	动力涡轮进口温度
PW	Pratt & Whitney	普拉特-惠特尼公司

R

R&O	repair and overhaul	修理和翻修
RAT	ram air turbine	冲压空气涡轮
RR	Rolls Royec	罗尔斯·罗伊斯公司

RTD	resistance temperature device	电阻温度装置

S

SD	shut-down	停车
SFAR	special federal airworthiness regulation	特殊联邦航空条例
SHP	shaft horsepower	轴马力
SLS	sea level static	海平面静压
SOV	shut-off valve	切断阀
STOVL	short take-off and vertical landing	短距起飞和垂直着陆

T

TEOS	technology for energy optimized aircraft equipment & systems	用于能量优化飞机设备和系统的技术
TGT	turbine gas temperature	涡轮燃气温度
TIT	turbine inlet temperature	涡轮进口温度
TM	torque motor	扭矩马达
TRU	transformer rectifier unit	变压器整流装置

U

UAV	unmanned air vehicle	无人驾驶航空器

V

VIF	vectoring in flight	飞行矢量
VLSI	very large scale integration	超大规模的综合
VSCF	variable speed constant frequency	变速恒频
VSTOL	vertical or short take-off and landing	垂直或短距起飞和着陆
VSV	variable stator vane	可变静子叶片

索　引

β控制模式 beta control mode　90,91

$\dot{N}$(N 变化率) N‑dot　129

PW公司 Pratt & Whitney　3,10,23,95,97—
　99,116,137,192,220,222,225

A

安装(角) stagger　11,16,20,21,23

B

爆破 burst　54,73

比推力 specific thrust　5,27

闭环根 closed loop roots　43,45,50,91,105—
　108,269,270

变距手柄角 condition lever angle（CLA）
　91,100,272

表面损坏 surface damage　150

波德图 Bode diagram　43,266,269,270

不确定性 uncertainty　192,194

布雷顿循环 Brayton cycle　9

C

采样误差 sampling error　69

侧滑 side slip　115,126

超低涵道比涡轮喷气发动机 leaky turbojet
　78

超前—滞后补偿 lead-lag compensation　50

超声速进气道 supersonic inlet　7,120,122,
　125,126

超速 overspeed　32,54,55,64,73,93,95,

97—99,182,185

超限保护 exceedance protection　6

齿轮传动风扇 geared turbofan　220

齿轮箱 gearbox　2,3,7,62,71,93,97,102,
　115,134,155,174,176,180,183,189,220,
　222—224,228,231

出现频度 frequency of occurrence　150

传递函数 transfer function　41—43,103,
　104,107,108,260—262,264—270,275

传输延迟 transport delay　41

喘振边界 surge boundary　33,58

喘振裕度 surge margin　16,18,32,49,97

垂直/短距起落 V/STOL　113,131

磁性塞 magnetic plug　151—153

从数据 slave datum　49,50,61

D

大气数据计算机 air data computer（ADC）
　101,272

带宽 bandwidth　40,45,49,87,93,106,108,
　214,264

单轴发动机 single shaft engine　2,89,93—95

单转子 single spool　5,9,15,22,25,32,77,
　109,252,254

氮氧化物 nitrous oxides　65,222

低循环疲劳 low cycle fatigue　5,199,233,
　274

地面慢车 ground idle　80,90,91,159,227

点火 light-off　65,84,85,99,159,160,178

点火器 igniter 65,84,160

电磁干扰 electro magnetic interference (EMI) 74,273

电子控制器 electronic control 56,59—61

调节比 turn-down ratio 72

调速器重新设定 governor reset 104,106,108

动力涡轮 power turbine 3,77,89,92,93,102—106,108,109,111,173,174,176,179,185

动力涡轮进口温度 power turbine inlet temperature (PTIT) 101,275

短舱 nacelle 6,7,55,74,113,114,131,161,164,194,229

短距垂直起落 STOVL 135,138,276

多电发动机 more electric engine (MEE) 7,226,233,275

多电飞机 more electric aircraft 8,226,228,275

多级压气机 compressor, multi-stage 4,18,253

多区域加力燃烧 multi-zone afterburning 83

F

发动机工作线 engine operating line 12

发动机清水冲洗 engine water-wash 177

发动机时间常数 engine time constant 41,42,106,250,252

发动机停车 engine shut-down 56,62,63,130,148,149,151,180,200,229

发动机性能降级 engine degradation 196,233

发动机压力比 engine pressure ratio (EPR) 5,17,38,79,273

发动机增益 engine gain 41,42,45,250,252

反推力 thrust reversing 5,7,76,88,131—134,229

防爆 explosion proof 74

防冰 anti-icing 7,95,115,130,131,161,162,164,172,178,226,228

防火手柄 fire handle 97

防啸叫衬层 screech liner 84

放气 bleed air 21,23,59,207,247

放气阀 bleed valve 6,16,21,23,32,58,59,96,182,247,274

飞行慢车 flight idle 80,85,90,129,164

飞重 flyweight 35,56—60

风扇 fan 4,17,18,30,61,71,72,74,76,77,79,81,87,114,130,132,134—137,142,147,154,161,164,179,194,195,212,213,219—225

风扇压力比 fan pressure ratio 79,222

辅助动力装置 auxiliary power unit (APU) 1,89,159,178,226,272

负扭矩门限值 negative torque threshold 99

附件 accessories 5,72,121,154,155,158,233,272

附件齿轮箱 accessory gearbox 35,67,71,72,145,147,148,154,155,157—159,180,229,231

附面层 boundary layer 14,122,123,126

复燃加力 reheat 81

G

盖劳特泵 Gerotor 148,157

干推力 dry thrust 83,85,87

高度直减率 altitude lapse rate 79

高功率切换 high power switching 228,231

高斯分布 Gaussian distribution 68

高温计 pyrometer 54

蛤壳门 clamshell door 132

隔振器 isolators 74

根轨迹 root locus 43—45,48,50,91,105—108,262,268—270

功率传送 power transfer 154,155,176,180

功率额定值 power rating 99,100

功率杆角 power Lever Angle (PLA) 34,80,91,100,275

功能完整性 functional integrity 55,64,72,73,97,132,138,156,157,167,231,233

固态推进剂起动机 solid propellant starters 161

故障库 fault library　207,209,213

故障指示器 fault indicator　206－211

关闭 cut-off　16,21,58－60,64,82,86,87, 97,123,124,127,129,147,160,182,222

关节喷口 articulating nozzle　136

惯性分离器 inertial separator　117,178

滚动轴承 rolling element bearings　140－ 142,145,153,232

过滤 filtration　62,117,148,150,151,178, 181

H

哈伦 Halon　177

海平面静止状态 sea level static　26

航改型 aero-derivative　177

合格鉴定 qualification　71,72,101,207－210

合格审定 certification　56,71－73,164,195, 196,225,226

恒速传动 constant speed drive（CSD）157,273

恒速装置 constant speed unit（CSU）89,273

红外抑制 infrared suppression　173

后勤保障 logistics　7,101,201－203,226

"胡桃夹子"式伺服系统 nut-cracker servo　56

滑油箱 oil tank　147－149,162,231

滑油油气分离器 oil de-eration　147,148

回流式燃烧室 reverse flow combustor　96

回油泵 scavenge pump　143,145,147－149, 153,157,158,180,231

惠特尔 Whittle　1,217

火焰保持器 flame holder　28

火焰试验 flame test　72,74

霍尼韦尔公司 Honeywell　2,58,232

J

机械备份 mechanical back-up　60,61

积碳 coking　62,87,144

激波 shockwave　7,26,28,117－127

级间放气 interstage bleed　20,21,23,240

极限调速器 topping governor　55

棘轮棘爪式离合器 pawl and ratchet clutch　159,162

几何误差 geometric error　68

挤压膜阻尼 squeeze film damping　143

计量泵 metering pump　64,231

计量阀 metering valve　35,40,47,56,60,64, 67,86,87,95,97,101

加力燃烧室 afterburner　6,23,24,28,60,84－ 87,131,155,161,162,229,258

加力燃烧室点火 afterburner ignition　84

加拿大普惠公司 Pratt & Whitney Canada　100

加速杠杆 enrichment lever　58,59

监督电子控制器 supervisory electronic control　60

减速齿轮箱 reduction gearbox　2,3,7,56, 63,89,95,116,176,185,219

减速限制 deceleration limiting　6,33,36,38, 39,49,61,93,101,106,109,155,182,253

桨扇发动机 propfan　220,225,226

降速调速器 droop governor　34,39,49,50, 65,67,90,106

结构完整性 structural integrity　72,74

金属屑探测器 chip detectors　99,152,180

进气导向叶片 inlet guide vane（IGV）274

进气道喉道面积 inlet throat area　114,115, 123,124

进气道控制系统 air inlet control system（AICS）123－125,272

进气集气箱 inlet plenum　177

进气滤 inlet filtration　116,177

经修正转速 corrected speed　52,246

军用推力设定值 military thrust setting　81

K

开式转子 open rotor　220,224,225

可变几何（形状）variable geometry　15,23, 28,32,52,53,96,113,114,118,182,229, 233,253

可靠性 reliability　5,36,55,56,61,62,66, 67,73,74,81,159,178,185,193,198－203,

213,220—223,230,231,233

可控桨距螺旋桨 controllable pitch propeller（CPP） 174,272

可选用的加热 selectable heating 131

可移动斜板 movable ramp 121,125

可用性 availability 56,81,167,178,198,202,203,205,209,212,230,233,242

空气/燃油比 air/fuel ratio 38

空气涡轮起动机 air turbine starter 159—162

空中加油 aerial refueling 84

空中客车工业公司 Airbus 125,223,228

控制放气阀 handling bleed valve 96,274

控制模式 control mode 32,33,38—40,42,44,46—49,58,81,91,106,190

快速路径 fast path 46,47,104

L

冷结点 cold junction 54

离合式指针 split needle 93

离心式前置泵 centrifugal backing pump 31,62,95

离心式压气机 compressor, centrifugal 2,93,96

利用燃油进行冷却 fuel cooling 74

联信公司 allied signal 2

流动畸变 flow distortion 68,253

流体弹性动力学 elasto-hydro-dynamic（EHD） 141

螺旋桨 propeller 2—4,6,9,60,69,71,82,89—96,98—100,111,115,116,130,131,147,168,169,171,173—176,182,183,185,186,188,189,216,220,223,224,275

螺旋桨电子控制器 propeller electronic control（PEC） 96,275

M

慢速路径 slow path 46,47,104

猛推油门 hot re-slam 51,52,129

模/数转换器 A/D converter 69

模拟 simulation 35,36,40,51,67—69,168,183,184,241

N

扭矩马达 torque motor 60,61,64,97,276

扭矩平衡 torque balancing 93,103

P

排气喷口 exhaust nozzle 4,6,15,76,78,84,85,127,129—131,135,137,229

排气温度 exhaust gas temperature（EGT） 53,83,84,160,173,209

盘失效 disc failure 194

旁路 bypass 56,62,67,95,121,123—125,148,150,177

喷管 jet pipe 1,4,17,24,25,27,28,76,79,82—85,87,131,254,258

喷气舵 puffer jets 135

喷水加力 water injection 76,81—83,161

喷油环 fuel spray bars 84

喷嘴雾化状态 nozzle spray patterns 65

皮托管 Pitot 113,117,118,120

频率响应 frequency response 42,43,67,108,185,263—266,268,271

平均故障间隔时间 mean time between failures（MTBF） 201

平均修复时间 mean time to repair（MTTR） 201

平均延误时间 mean delay time（MDT） 201

平稳额定值 flat rating 79

Q

歧义 ambiguity 207—209

气流分离 flow separation 115

起动发电机 electric starter generator 160,161,227,229

欠速调速器 under-speed governor 95

切断阀 shut-off valve 31,56,64,82,86,87,95,134,160,164,182,276

全电飞机 all electric aircraft 8,226

全权数字式发动机控制 fadec　73,228

R

燃—燃交替动力 combined gas turbine or gas turbine (COGOG)　168

燃气发生器 gas producer　1,3,4,6,24,30—34,38,40,46,53,58,60—62,71,75—77,79,80,82,84,85,89,91—93,95,96,101—106,109,111,155,159,162,176,178,180,185,186,189,225,229,249,252

燃气发生器控制逻辑 gas generator control logic　38

燃气马力 gas horsepower　1,3,6,89,93,102

燃气扭矩 gas torque　6,92,102—104,106,108

燃烧喷嘴 combustion nozzle　31,41,62,63,82,84,95

燃烧室 burner　2,5,10,12—14,24—26,28,30,31,33,36,38,41,46,49,56,61,64,65,82,84,109,160—162,194,195,212,217,221,223,242,249,251,254—256,258

燃烧室稳定性 combustor stability　37

燃烧室压力限制 combustor pressure limiting　60

燃油—滑油冷却器 fuel-oil cooler　62—64

燃油泵 fuel pump　31,61,62,64,67,71,72,85,86,95,97,155,156,162,180,181,229—231,273

燃油计量装置 fuel metering unit (FMU)　12,31,55,64,97,155,274

燃油净化器 fuel purifier　181

燃油流量微调 fuel flow trim　106,108

燃油密度 fuel density　64

燃油油压驱动 fuel-draulics　233

燃油总管 fuel manifold　28,63,64,67,85—87,181

热电偶 thermocouple　53,54,69

热交换器 heat exchanger　62,95,97,145,164

热气流扰流器 hot stream spoiler　132

热起动 hot start　160

热蠕变 thermal creep　194,196

热应力 thermal stress　81,162,193

热应力疲劳 thermal stress fatigue　194

人机界面 man-machine interface　184

柔性联轴器 flexible coupling　176

S

三维凸轮 three dimensional cam　56

闪电 lightning　74,118,136

上调 up-trim　45,60,99,101

失速边界 stall boundary　84

失效模式 failure modes　54,59,62,73,153,200,203,204,207,209,211

视情维修 on-condition maintenance　7,193,205,209

收敛喷口 convergent nozzle　24

数据管理 data management　206,211,213

数字建模 digital modeling　40

数字式电子发动机控制 digital electronic engine control (DEEC)　60,273

双双通道架构 dual-dual architecture　229

双通道 dual channel　97,218,229

双重喷嘴 duplex nozzle　65

双转子 twin spool　4,5,18,23,77,79,96,192,216,225

水分离器 water separators　172

水分凝聚器 coalescer　181,182

顺桨 feather　91,94,168

瞬变 transient　51,53,69,74,87,249,252

伺服机构 servomechanism　55,57,60,62,67,73

送修 shop visits　195,196,211

速度图 velocity diagram　18,22,237

T

塔形轴 tower shaft　7,71,154

陶瓷基复合材料 ceramic matrix composite (CMC)　217,223

陶瓷轴承 ceramic bearings　153

特征方程 characteristic equation　43,44,108,

268—270

通风 aeration 7,143,144,177,190

通用电气公司 General Electric(GE) 274

同步调速器 isochronous governor 50

同步器 synchronizer 99

推进效率 propulsive efficiency 2,4,5,161, 217—220,222,225

推力管理 thrust management 5,6,17,76, 78,79,81

推力矢量 thrust vectoring 113,131,134, 135,137,138

推力增大 thrust augmentation 6,23,81

W

外部—内部压缩进气道 external/internal compression inlet 118

外来物损伤 foreign object damage (FOD) 197,232

微处理机 microprocessor 55,60,69,73, 98,205

文氏管 Venturi 114

稳定性 stability 3,6,36,40,43,45,46,50, 67,87,91,92,102,104,105,108,125,135, 144,182,198,249,252,254,260—264,266— 268

稳定性裕度 stability margin 40,43,108, 111,266

稳态工作线 steady running line 12,14,38, 39,41,46,51,253

涡轮泵 turbo pump 86,155,161,162

涡轮风扇 turbofan 4,5,17,18,23,30,61, 71,74,76,77,79,92,114,121,131,132, 134,137,147,148,151,154,179,192,216, 219,220,229

涡轮机 turbomachinery 2,5,19,233

涡轮进口温度 turbine inlet temperature (TIT) 5,10,12,18,26,27,53,216,217,223, 242,256,257,276

涡轮燃气温度 turbine gas temperature (TGT) 47,53,80,160,276

涡轮轴 turboshaft 3,92,93,102

涡轮轴发动机 turboprop 2,3,6,89,92,93, 95,101,102,108,111,117,137,216

污染 contamination 56,62,72,161,165,181, 197,233

无涵道风扇 unducted fan 220

无滑油发动机 oil-less engine 231,232

无量纲 non-dimensional 11,15,16,21,22, 24,33,35—37,52,238,241,242,245,246, 250,252,253,255—258

无人驾驶航空器 unmanned air vehicle (UAV) 276

无引气 bleedless 164,226,227

伍德瓦德调速器 Woodward governor 94

误差估计 error budget 65,67,70,71

X

熄火 flame out 33,38,39,49,65,197

陷波滤波器 notch filter 106

响应 response 6,14,15,32,36,40,41,45— 47,49,50,54,67,78,80,84,91,93,95,104, 106,108,109,111,160,169,174,182,184, 186,187,198,201,203,210,211,229,234, 249—251,253,257,261—264,266—268

小扰动 small perturbations 40—42,47,48, 91,103,104,108,249,250,252

斜激波 oblique shock 118—121,123,127

行星齿轮箱 epicyclic gearbox 115,220

性能分析 performance analysis 6,23, 235,249

修理和翻修 repair and overhaul (R & O) 7, 206,275

旋翼 rotary wing 92,93,101—104,106— 109,111

旋翼传动 rotor transmission 92,93,102, 103,106,109,111

旋转失速 rotating stall 125

旋转斜盘 swash plate 61,156,158

巡航 cruise 63,74,90,91,97,100,114,125, 127,129,130,164,165,168,169,171,183,

187,188,190,222,226,230,275

Y

压降调节器 pressure drop regulator　35,56, 60,61,64,67

压力传感器 pressure sensor　66,71,73,74, 97,149

压力恢复 pressure recovery　118—122,128, 129

压气机出口压力 compressor delivery pressure 38,40,46,58,60,82,94,205,249,255, 272

压气机喘振 compressor surge　14,16,18,32, 34,36—39,49,51,58,185,196,257

压气机失速 compressor stall　14—16,18,23, 84,171,172,240

压气机特性线图 compressor map　20,25, 235,241—246,253

氧化稳定性 oxidative stability　144,145

叶片泵 vane pump　62,148,157

叶片伺服作动器 vane servo actuator　52

液压泵 hydraulic pump　7,156,161,228,229

溢流 spill flow　63,64,97,121,127—129,143

引射泵 ejector pump　6,63,97,156

隐身 stealth　77,113

应急电源 emergency power　227,233

应用流体力学 fluidics　56

迎风面积 frontal area　2,77,78,83,117

永磁发电机 permanent magnet alternator (PMA) 275

油门 throttle　16,31,32,39—42,45,46,49—51,60,61,64,79—81,85—87,93,95,97, 105,124,129,133—135,164,183,249, 252,253

油气分离器 de-aerator　147,149,162,179

有限权限 limited authority　59,60

与盐雾有关的损坏 salt-related damage　172

运行和维修 operations and maintenance (O & M)　205,207

Z

振动 vibration　72—74,84,176

整流罩 spinner　114,115,120,126,130,131, 147

整流罩防冰 cowl anti-icing　113,115,164, 226

整体驱动发电机 integrated drive generator (IDG)　158,226

整体叶盘 blisks　221

正激波 normal shock　117,119—125,127—129

正排量 positive displacement　31,56,61,85, 97,148,162,231

质量流量计 mass flowmeter　63,64

轴承集油池 bearing sump　147,148,161,162

轴对称进气道 axisymmetric inlet　126

轴颈轴承 journal bearing　140,141

轴流式压气机 compressor, axial　6,11,18—22,52,82,235,236

轴马力 shaft horsepower　2,101,276

主动流 motive flow　6,63,97,173

转换误差 conversion error　70

转弯导向叶片 turning vanes　173

自动顺桨 auto-feather　91,99

自动同步(SSS)离合器 synchronizing, self shifting (SSS) clutch　188

自然频率 natural frequency　50,262,264—266,270

自由涡轮 free turbine　3,4,89,93,95,102, 109,135,225

总距 collective pitch　93,102,105,108,109, 111

综合发动机压力比 integrated engine pressure ratio (IEPR)　17,79,274

阻流门 blocker doors　134,229

阻尼比 damping ratio　45,104,106,262,264, 266,270

最大爬升推力 maximum climb thrust　80

大飞机出版工程
书 目

一期书目(已出版)

《超声速飞机空气动力学和飞行力学》(俄译中)

《大型客机计算流体力学应用与发展》

《民用飞机总体设计》

《飞机飞行手册》(英译中)

《运输类飞机的空气动力设计》(英译中)

《雅克-42M和雅克-242飞机草图设计》(俄译中)

《飞机气动弹性力学及载荷导论》(英译中)

《飞机推进》(英译中)

《飞机燃油系统》(英译中)

《全球航空业》(英译中)

《航空发展的历程与真相》(英译中)

二期书目(已出版)

《大型客机设计制造与使用经济性研究》

《飞机电气和电子系统——原理、维护和使用》(英译中)

《民用飞机航空电子系统》

《非线性有限元及其在飞机结构设计中的应用》

《民用飞机复合材料结构设计与验证》

《飞机复合材料结构设计与分析》(英译中)

《飞机复合材料结构强度分析》

《复合材料飞机结构强度设计与验证概论》

《复合材料连接》

《飞机结构设计与强度计算》

三期书目(已出版)

《适航理念与原则》

《适航性:航空器合格审定导论》(译著)

《民用飞机系统安全性设计与评估技术概论》

《民用航空器噪声合格审定概论》

《机载软件研制流程最佳实践》

《民用飞机金属结构耐久性与损伤容限设计》

《机载软件适航标准 DO－178B/C 研究》

《运输类飞机合格审定飞行试验指南》(编译)

《民用飞机复合材料结构适航验证概论》

《民用运输类飞机驾驶舱人为因素设计原则》

四期书目

《航空燃气涡轮发动机工作原理及性能》

《航空涡轮风扇发动机结构》

《航空发动机结构强度设计问题》

《风扇压气机气动弹性力学》(英文版)

《燃气轮机涡轮气体动力学:流动机理及气动设计》

《先进燃气轮机燃烧室设计研发》

《燃气涡轮发动机的传热和空气系统》

《航空发动机适航性设计技术导论》

《航空燃气涡轮发动机控制》

《气动声学基础及其在航空推进系统中的应用》(英文版)

《叶轮机内部流动试验和测量技术》

《航空涡轮风扇发动机试验技术与方法》

《航空压气机气动热力学基础与应用》

《航空发动机进排气系统气动热力学》

《燃气涡轮发动机性能》(译著)

《燃气涡轮推进系统》(译著)

五期书目

《民用飞机控制系统设计的理论与方法》

《民用飞机飞行控制系统工程》

《民用飞机导航系统》

《民用飞机液压系统》

《民用飞机电源系统》

《民用飞机传感器与测试技术》

《民用飞机飞行仿真技术》

《民用飞机飞控系统适航性》

《大型飞机电传系统试验技术》

《飞行控制系统:设计与实现》(译著)